Controlling von Informations- und Kommunikationssystemen

Von

Univ.-Doz. Mag.

Dr. rer. soc. oec. Friedrich Roithmayr

Leiter des EDV-Zentrums
der Johannes Kepler Universität Linz

R. Oldenbourg Verlag München Wien

CIP-Titelaufnahme der Deutschen Bibliothek

Roithmayr, Friedrich:
Controlling von Informations- und Kommunikationssystemen /
von Friedrich Roithmayr. – München ; Wien : Oldenbourg,
1988
ISBN 3-486-20743-1

Gesamtherstellung: Grafik + Druck, München

ISBN 3-486-20743-1

Inhaltsverzeichnis

Vorwort

Die vorliegende Arbeit entstand in einer Zeit, in der computergestützte Informations- und Kommunikationssysteme nahezu alle betrieblichen Funktionalbereiche mit hoher Geschwindigkeit durchdrangen und den Steuerungs- und Kontrollmöglichkeiten weit davonzueilen drohten. Analogien zur Entwicklung der Kernenergie und zur Entwicklung im Umweltschutz drängten sich auf. Der Mangel an situationsgerechten Diagnosemodellen führte dazu, daß die Steuerbarkeit derartiger Systeme erschwert bis unmöglich wurde. Dies war einer der Gründe für die Widerstände der Menschen gegen solche Systeme.

Um bei den Informations- und Kommunikationssystemen (abgekürzt: IKS) in den frühen 90-er Jahren nicht eine ähnliche Situation zu erleben, ist eine verstärkte Befassung mit dem Controlling von Informations- und Kommunikationssystemen (abgekürzt: CIKS) angebracht.

Die Aufgabe der Unternehmensführung besteht darin, das Unternehmen in seiner Existenz zu sichern und an die Umweltentwicklungen anzupassen. Die Schwierigkeiten dieser Anpassung liegen in der situationsgerechten Informationsgewinnung, Informationstransformation und Informationskommunikation. Die in den letzten Jahren realisierten Ansätze und Vorschläge, die als mehr oder weniger realistisch charakterisiert werden können, berücksichtigen in zu geringem Ausmaß die Diagnose als Voraussetzung für die Steuerung derartiger Informations- und Kommunikationssysteme.

Aus der Sicht der Unternehmensführung ist es wünschenswert, von einer vergangenheitsbezogenen Betrachtung, wie sie der Revision eigen ist, stärker zu einer zukunftsorientierten, planenden, aktionsorientierten Betrachtung zu gelangen.

Dies setzt ein informationsorientiertes Management voraus. Bezeichnend für die Situation der Unternehmen ist die Aussage eines Leiters des Rechnungswesens (dem auch die Informationsverarbeitung untersteht) eines großen Produktionsbetriebs im Hinblick auf seine Informationsverarbeitung: "Der Rechnungshof, die Wirtschaftsprüfung und das Finanzamt haben anläßlich der letzten Prüfung die Ordnungsmäßigkeit der Buchführung bestätigt - demnach ist auch die Informationsverarbeitung des Unternehmens ordnungsmäßig." Diese Auffassung ist kein Einzelfall, sondern steht stellvertretend für eine Vielzahl von Unternehmen.

Infolgedessen ist es gerechtfertigt, das Controlling von Informations- und Kommunikationssystemen aufzugreifen und einer eingehenden Untersuchung zu unterziehen, insbesondere deshalb, um für die Diagnose von Informations- und Kommunikationssystemen die geeigneten Meßvorschriften zur Verfügung zu stellen.

Ausgehend von einer Situationsanalyse werden in dieser Arbeit theoretische Grundlagen und darauf aufbauend Konzepte entwickelt, die es den Unternehmen ermöglichen, ein Controlling zu konzipieren. Wenn hier von Controlling gesprochen wird, so ist darunter das Controlling von Informations- und Kommunikationssystemen zu verstehen. Obwohl in der Arbeit das Controlling der Informationssystem Infrastruktur explizit nicht angesprochen wird, kann der hier entwickelte Ansatz auch für das Controlling der Informationssystem Infrastruktur verwendet werden. Controlling im hier verstandenen Sinne geht über das Finanz- und Rechnungswesen hinaus. Informations- und Kommunikationssysteme im Dienste des Controlling sind erst das Ergebnis dieser Arbeit.

Die Semantik der in dieser Arbeit verwendeten wissenschaftlichen Begriffe lehnt sich an "Heinrich, L. J. und Roithmayr, F.: Wirtschaftsinformatik-Lexikon" an. Explizite Begriffsdefinitionen erfolgen dort, wo mit der eben festgelegten Generalklausel nicht das Auslangen gefunden werden kann bzw. dort, wo es für das bessere Verständnis des Lesers angebracht ist. Auf die Quellenangabe wird dann verzichtet, wenn die Quelle das oben zitierte Wirtschaftsinformatik-Lexikon bildet.

Die vorliegende Schrift ist unter der fachlichen Förderung von Herrn o. Prof. Dipl.-Ing. Dr. L. J. Heinrich, Linz, entstanden. Ihm gilt mein besonderer Dank für die bereitwillige Betreuung in allen Phasen der Arbeit. Danken möchte ich weiters Herrn o. Prof. Dr. R. Schauer, Linz, für zahlreiche Anregungen und Empfehlungen. Frau Monika Göhring hat die Entwürfe samt Änderungen geschrieben und auch die Reinschrift vorgenommen; ihr sei an dieser Stelle herzlich gedankt.

Zu danken habe ich ferner der Plan-Treuhand Ges.m.b.H., Linz, der Alpentreuhand AG, Linz, sowie der Jandrisovits Revisions- und Treuhand Ges.m.b.H., Wien, die mir Gelegenheit zur Mitwirkung bei Revision und Controlling der Informationsverarbeitung und damit zur Durchführung der empirischen Studie gaben.

1. Einleitung

Die Verständlichkeit, die Sicherheit, die Steuer- und die Kontrollierbarkeit von Informations- und Kommunikationssystemen ist international zum Problem geworden. Verschiedene Einflußfaktoren haben dazu geführt, daß sich die Unternehmen bei der Strukturierung ihrer Informations- und Kommunikationssysteme einer Vielzahl von Entwicklungsstrategien gegenübersehen, was das Controlling schwierig bis nahezu unmöglich macht [1].

Die Anwendung einer ausgeprägten Strategie zur Strukturierung von Informations- und Kommunikationssystemen bezeichnet man als Entwicklungsstrategie. So führt beispielsweise die Planung eines Informations- und Kommunikationssystems nach der "agressiven Strategie" - sie ist unter anderem durch den agressiven Einsatz innovativer Techniksysteme gekennzeichnet - zu einem anders strukturierten Informations- und Kommunikationssystem als die Planung nach der "defensiven Strategie" bzw. der "destruktiven Strategie" [2]. Mit den beiden letztgenannten Strategien versucht man, den Einfluß der Informations- und Kommunikationstechnik im Unternehmen zurückzudrängen. Unter dem Begriff des Techniksystems wird ein auf dem Markt angebotenes Produkt der Informations- und Kommunikationstechnik, das einige oder alle Technikkomponenten zur Unterstützung des Informations- und Kommunikationsprozesses enthält, verstanden.

Die Frage ist, ob die Festlegung auf <u>eine</u> bestimmte Entwicklungsstrategie unterschiedlich strukturierte Informations- und Kommunikationssysteme bewirken kann. Die Antwort darauf führt zu grundlegenden Konsequenzen für das Controlling von Informations- und Kommunikationssystemen. Führt nämlich die Festlegung auf <u>eine</u> bestimmte Entwicklungsstrategie zu unterschiedlich strukturierten Informations- und Kommunikationssystemen, so muß das Controlling dieser Komplexität Rechnung tragen, was in flexiblen Meßmethoden zum Ausdruck kommen muß.

Die Antwort auf diese Frage soll durch eine Analyse der Entwicklungsstrategie von Collins und Blay, deren Basis ein Vier-Kategorien-Schema bildet, gefunden werden. Collins und Blay definieren ihre Entwicklungsstrategie wie folgt [3]:

"(1) Analysis of all (or at least major) areas of the organization to identify information systems and their relationships.

(2) Considerations of appropriate technology and processing facilities for implementing new information systems and supporting existing information systems.

(3) Identification of projects, implementation strategy and resource levels required to support the achievement of the strategy. Detailed technical strategy investigations may be required to establish the feasibility of the strategy and to outline the technical resources required.

(4) Broad assessment of manpower levels."

Kategorien (2) und (3) dieses Schemas lassen sich auf die Softwareentwicklung und damit auf die Softwaretechnologie reduzieren, worunter die Gesamtheit der anwendbaren und tatsächlich angewendeten Arbeits-, Entwicklungs-, Produktions- und Implementierungsverfahren für Softwaresysteme verstanden wird.

Nach Hesse wird die Softwaretechnologie durch drei Dimensionen gebildet [4]. Diese sind:
- die Abstraktion,
- die Sprachliche Freiheit und
- die Automatisierung.

Der Inha t der Abstraktion ist das Spektrum der Programmiersprachen, das von konkreten (maschinennah, z.B. Assembler) bis hin zu abstrakten (maschinenfern, z.B. Pascal, ADA, PROLOG) Programmiersprachen reicht.

Die Tatsache, daß ein Softwaresystem nicht nur aus einem Programm besteht, sondern daß vorbereitende, begleitende und nachbearbeitende Dokumente erst das Softwaresystem ausmachen und dies methodischer Grundlagen bedarf, ergibt den Inhalt der Sprachlichen Freiheit. Diese reicht von der Idee über die Prosa, den Pseudo-Code bis zu den im Code abgefaßten Programmen. Mit den Dimensionen Abstraktion und Sprachliche Freiheit läßt sich ein zweidimensionales Schema, dessen Inhalt die Software-Entwicklungs-Ebene bildet (Hesse spricht von der Programmentwicklungsebene PEE), darstellen. Abbildung 1/1 zeigt dieses Schema [5].

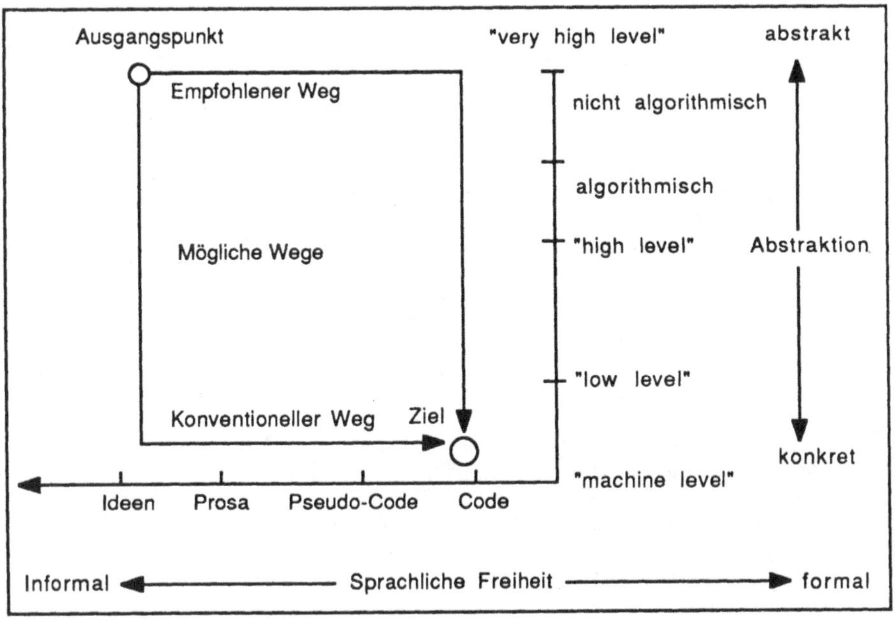

Abb. 1/1: Software-Entwicklungs-Ebene

Methodisch interessant ist der Weg, den der Software-Entwickler vom Ausgangspunkt bis zum Ziel beschreitet. Die möglichen Varianten können aus Abbildung 1/1 abgeleitet werden.

Abbildung 1/2 zeigt die Einordnung bekannter Software-Entwicklungs-Techniken in das in Abbildung 1/1 entwickelte Schema [6].

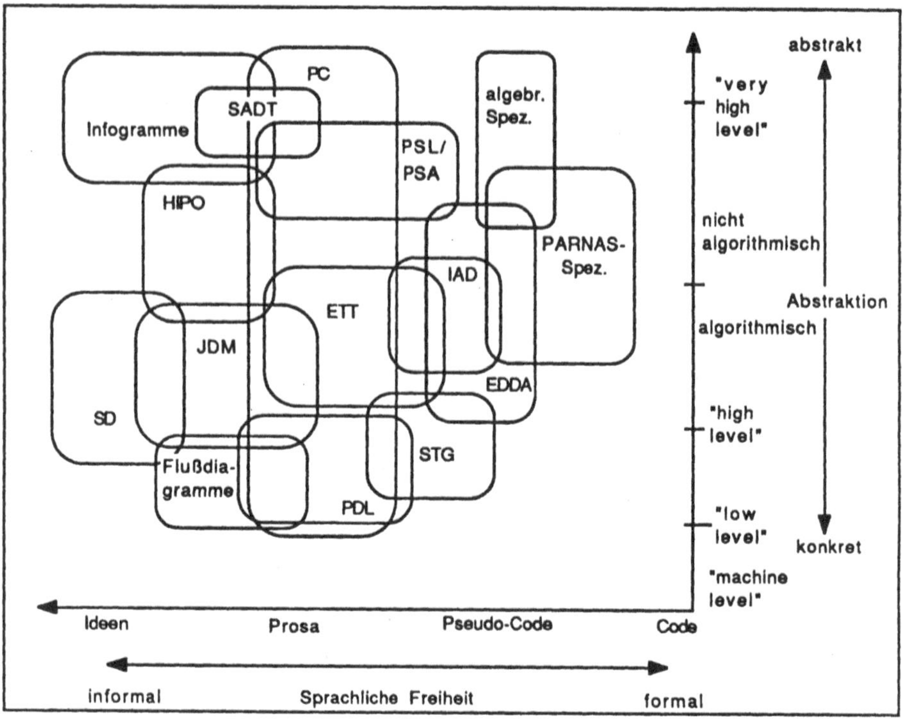

Legende:

SADT: Structured analysis and design technique
PSL/PSA: Problem statement language / Problem statement analyser
HIPO: Hierarchy plus input - process - output
JDM: Jackson design methodology
SD: Structured design
PDL: Program desgin language
PC: Pseudo-Code
ETT: Entscheidungstabellen-Technik
IAD: Interaktionsdiagramme
EDDA: Entwurfs-Dialekte für Daten-Abstraktion
STG: Struktogramme

Abb.1/2: Software-Entwicklungs-Techniken

Die Lage dieser Software-Entwicklungs-Techniken, die durch die Koordinaten "Sprachliche Freiheit" und "Abstraktion" bestimmt sind, zeigt die Freiheit in der Strukturierbarkeit von Softwaresystemen.

Die Automatisierung, die nach Hesse die Textverwaltung, die Textbearbeitung, die Produktverwaltung, die Informationsaufbereitung, die syntaktische Überprüfung, die semantische Überprüfung, die Produktgenerierung, die Entscheidungshilfe und die Entscheidungsübernahme in unterschiedlicher Ausprägung umfaßt, ist jene Dimension, welche die Strukturierbarkeit der Informations- und Kommunikationssysteme eher einschränkt als die beiden anderen Dimensionen [7]. Da eine Automatisierung nur innerhalb der vorgegebenen Strukturierungsmerkmale des Automaten möglich ist, sind zwangsläufig die Grenzen der Gestaltbarkeit von Informations- und Kommunikationssystemen bzw. von deren Subsystemen durch diese Strukturierungsmerkmale festgelegt.

Operational wird die Struktur der Informations- und Kommunikationssysteme, wenn man in das Vier-Kategorien-Schema die Entwurfsdimension einführt. Darunter wird ein Maß verstanden, mit dessen Hilfe Eigenschaften eines Systementwurfs abgebildet werden (z.B. Dialogisierungsgrad, Distribuierungsgrad usw.).

Entwicklungsstrategie und Entwurfsdimension ergeben zusammen den Freiheitsgrad in der Gestaltbarkeit der Informations- und Kommunikationssysteme, weil die Entwicklungsstrategie und die Entwurfsdimension eine Vielzahl von Meßgrößen bilden. Diese Meßgrößen sind einerseits voneinander abhängig, andererseits voneinander unabhängig. Der Freiheitsgrad ist ein Maß, das über den Zusammenhang der Meßgrößen Auskunft gibt. Ein hoher Freiheitsgrad besagt, daß zwischen den einzelnen Meßgrößen ein geringer Zusammenhang besteht, während ein niedriger Freiheitsgrad auf einen hohen Zusammenhang hinweist.

Eine Zusammenfassung der bisher geführten Diskussion zeigt, daß die Festlegung auf eine Entwicklungsstrateg. unterschiedlich strukturierte Informations- und Kommunikationssysteme bewirken kann. Das Controlling erfordert somit eine geeignete Strukturierung des Informations- und Kommunikationssystems, wie diese im Kapitel drei entwickelt wird.

Eine Konkretisierung der unterschiedlichen Freiheitsgrade in der Strukturierbarkeit der Informations- und Kommunikationssysteme und der daraus resultierenden Ergebnisse kann durch empirische Studien erfolgen, über die in den Kapiteln vier (Kurzbezeichnung: Erste empirische Studie) und fünf (Kurzbezeichung: Zweite empirische Studie) berichtet wird.

Jede Unternehmensführung setzt unterschiedliche Schwerpunkte, die sich in allen betrieblichen Funktionalbereichen niederschlagen. So dominierte bei den Unternehmen während deren Aufbauphase in den 50-er Jahren das Produktions-Management. Während des verstärkten Ausbaus in den 60-er Jahren setzte sich das Marketing-Management durch, das während einer Verlangsamung des wirtschaftlichen Wachstums in den 70-er Jahren durch die Dominanz des Finanz-Management ergänzt bzw. ersetzt wurde. Die in den 80-er Jahren auftretenden Instabilitäten, die Dynamik, die Diskontinuität und die Komplexität der Umwelt sowie die zunehmende Sättigung der Absatzmärkte eröffnet den Weg für ein strategisches Management, dessen Grundelemente Informations- und Kommunikationssysteme bilden [8]. Griese spricht von einer informationsorientierten Unternehmensführung [9]. Das heißt, daß der Schwerpunkt auf das aus Information, Kommunikation und Management bestehende Konstrukt gelegt wird und Informations- und Kommunikationssysteme ein zentrales Instrument für das strategische Management bilden [10].

Obwohl in den letzten drei bis vier Jahren ein zumindest ansatzweiser Trendwechsel bemerkbar ist, akzeptiert noch immer ein Großteil der Unternehmensleitungen, daß das Controlling hinter dem Stand der realisierten Informations- und Kommunikationssysteme nachhinkt bzw. überhaupt nicht existiert. Vom Autor durchgeführte Studien zeigen, daß das Controlling mit dem hier verstandenen Inhalt weder in öffentlichen noch in privaten Unternehmen systematisch durchgeführt wird [11]. Die Situation ist vielmehr dadurch gekennzeichnet, daß das Controlling in Form der Systemprüfung fast ausschließlich als Anhang zur Revision gesehen wird. Unter Systemprüfung wird eine Prüfungsmethode verstanden, mit deren Hilfe sich der Prüfer ein Urteil bildet, ob und mit welcher Sicherheit durch die vorgesehenen und praktizierten Kontrollen eine vollständige, richtige, zeitgerechte und geordnete Datenverarbeitung gewährleistet ist. Die Adjektive "vollständig", "richtig", "zeitgerecht" und "geordnet" bilden auch die Grundsätze ordnungsmäßiger Buchführung. Beim Studium der einschlägigen Literatur findet sich der Begriff der Systemprüfung fast ausschließlich im Zusammenhang mit den Grundsätzen ordnungsmäßiger Buchführung [12].

Dieser Betrachtungsweise kann nicht zugestimmt werden, da Systemprüfung lediglich die aus der Sicht der Jahresabschlußprüfung relevanten Prüfungsobjekte umfaßt, Controlling hingegen eine umfassende Managementaufgabe darstellt und alle betrieblichen Teilsysteme mit einbezieht. Dies macht eine umfassende Diskussion zu Controlling und Revision notwendig, die im Kapitel drei geführt wird.

Anhand empirischer Studien wird der Einsatz von Informationstechnologien in deren Wirkung für das Controlling von Informations- und Kommunikationssystemen analysiert. Dabei wird von dem Gedanken ausgegangen, daß es zweckmäßig und notwendig ist, die Bildung von Controllingmodellen durch situationsbezogene Meßvorschriften zu unterstützen. Dafür ist einerseits die Formulierung von Zielen eine grundlegende Voraussetzung, während andererseits eine Situationsanalyse auf der Grundlage empirischer Studien eine wertvolle Hilfe für den Entwurf solcher Meßvorschriften darstellt. Aus einer Vielzahl von Gründen, auf die in den Kapiteln drei, fünf und sechs noch eingegangen wird, wird zur Strukturierung und Analyse des

Controlling der Systemansatz, ergänzt um den situativen Ansatz, gewählt [13].

Ein Controllingmodell kann man funktional in ein Diagnosemodell und in ein Optimierungsmodell gliedern [14]. Heinrich sieht die Aufgabe des Diagnosemodells in der Erfassung der Zielvariablen des Informations- und Kommunikationssystems, während das Optimierungsmodell die zweckmäßigen Handlungsanweisungen zur Gestaltung der Istwerte der Zielvariablen bestimmt. Der funktionale Zusammenhang zwischen Diagnose- und Optimierungsmodell drückt sich darin aus, daß das Diagnosemodell Voraussetzung für das Optimierungsmodell ist. Der umgekehrte Schluß ist nicht zulässig.

Die Informationsfunktion (ein zentraler Begriff der Wirtschaftsinformatik) bezeichnet alle Aufgaben einer Organisation, welche sich mit Information und Kommunikation als wirtschaftliches Gut befassen. Abzugrenzen davon ist die Informationssystemfunktion, worunter die Systemplanung und die Systemnutzung verstanden werden. Eine Analyse realer Informations- und Kommunikationssysteme zeigt, daß die Aufgaben der Informationssystemfunktion in den Unternehmen fast ausschließlich von den EDV-Abteilungen wahrgenommen werden. Dies führt dazu, daß die Informationssystemfunktion primär auf der operativen, vielleicht noch auf der taktischen, jedoch nicht auf der strategischen Managementebene existiert. Für die organisatorischen Teilsysteme hat dies zur Folge, daß die Ziele der Informationssystemfunktion nicht im wünschenswerten Ausmaß verfolgt werden, da die EDV-Abteilungen - aufgrund ihrer starken Stellung - in erster Linie ihren Abteilungszielen zum Durchbruch verhelfen. Diese sind in den wenigsten Fällen zu den Zielen der anderen organisatorischen Teilsysteme komplementär. Die Freiheitsgrade in der Strukturierung der Techniksysteme führen dazu, daß die Informationssystemfunktion nahezu alle organisatorischen Teilsysteme sowie deren Anwendungssysteme durchdringt. Dies findet derzeit unter anderem in der Diskussion über den Distribuierungsgrad der Informations- und Kommunikationssysteme seinen Ausdruck [15]. Hier zeigt sich der Beginn einer Verschiebung der Machtstrukturen. Die organisatorischen Teilsysteme außerhalb der EDV-Abteilung übernehmen operative und taktische Aufgaben der Informationssystemfunktion. Dies führt aber zu einer eher zufälligen, unkoordinierten Verschiebung einzelner Teilprozesse der Informationssystemfunktion von den EDV-Abteilungen hin zu anderen organisatorischen Teilsystemen. Dies mag wohl kurzfristig zu einer Akzeptanzsteigerung beim Benutzer führen. Aus der Gesamtsicht des Unternehmens führt dies zu einer Fehlentwicklung, wie sie bereits einmal, durch die Übergabe der gesamten Informationsmacht an die EDV-Abteilungen, zu beobachten war. Dieser Fehlentwicklung kann durch ein Controlling begegnet werden, das ausgehend von der strategischen Managementebene über die taktische Managementebene bis hin zur operativen Managementebene erfolgt. Die dreifache Gliederung bei den Managementebenen mag den Eindruck erwecken, daß das Controlling von Informations- und Kommunikationssystemen nur für Großunternehmen sinnvoll ist. Wie die Ergebnisse der ersten empirischen Studie zeigen, ist das Controlling von Informations- und Kommunikationssystemen - unter Beachtung der situativen Anpassung - von der Unternehmensgröße unabhängig.

Um die Entwicklung der Techniksysteme besser verstehen zu können, ist es angebracht, sich mit den auf sie einwirkenden Einflußfaktoren zu beschäftigen. Der Diskussion dieses Problemkreises ist das zweite Kapitel gewidmet.

Da umfassende Studien zum Fragenkomplex Controlling und Revision von Informations- und Kommunikationssystemen meist als Ergänzung zur Jahresabschlußprüfung von Unternehmen erfolgen und die dort erzielten Ergebnisse aus verständlichen Gründen nicht publiziert werden, macht es der Mangel an geeigneter Information notwendig, in diese Arbeit zwei empirische Studien einzubinden [16]. Die Ergebnisse der Studie im Kapitel vier ermöglichen eine erste Hypothesenbildung. Untersuchungsobjekte dieser Studie waren 13 Informations- und Kommunikationssysteme.

Mit der zweiten Studie, die im Kapitel fünf dargestellt wird, wird der Bestätigungsgrad einzelner, aus der Situationsanalyse gewonnener Hypothesen erhöht. Im Gegensatz zur Situationsanalyse wird hier ein Informations- und Kommunikationssystem über einen Zeitraum von zwei Jahren hinweg analysiert.

Da es nicht möglich war, aus den empirischen Studien einen vollständigen Katalog von strategischen Controllingzielen abzuleiten, wurden Literatur und Berichte über Revision und Controlling von Informations- und Kommunikationssystemen gesammelt und über ein Datenbanksystem ausgewertet. Neben den Controllingzielen von Informations- und Kommunikationssystemen konnten daraus auch Aussagen zur Strukturierung von Informations- und Kommunikationssystem gewonnen werden. Diese Ergebnisse bilden gemeinsam mit den Hypothesen der Kapitel vier und fünf den Ausgangspunkt für das im Kapitel sechs entwickelte Diagnosemodell. Dabei geht es um die Entwicklung von Meßvorschriften in Abhängigkeit von den Controllingzielen von Informations- und Kommunikationssystemen. Mit den so entwickelten Meßvorschriften kann durch deren geeignete Kombination ein situativ angepaßtes Controllingmodell im Sinne eines Diagnosemodells konzipiert werden. Die Meßvorschriften sind aber auch für ein Diagnosemodell im Sinne eines Revisionsmodells einsetzbar.

Die theoretischen Ergebnisse wurden schließlich einem Praxistest unterzogen; die Darstellung dazu erfolgt im Kapitel sieben.

Die Fortsetzung dieser Arbeit besteht in der Implementierung der erarbeiteten theoretischen Grundlagen, worauf im Kapitel "Schlußbemerkung" eingegangen wird.

Zusammenfassend kann die Struktur dieser Arbeit wie folgt beschrieben werden:

Kapitel zwei: Das Erstellen theoretischer Grundlagen für die Entwicklung von Controllingkonzepten setzt die Kenntnis der auf die

Informations- und Kommunikationssysteme wirkenden Einflußfaktoren voraus. Das Kapitel gibt eine Übersicht über diese Einflußfaktoren.

Kapitel drei: Ausgehend von der Revision und dem Controlling "klassischer Prägung" werden die Aufgaben des Controlling von Informations- und Kommunikationssystemen formuliert. Die Erfüllung dieser Aufgaben setzt eine geeignete Strukturierung des Informations- und Kommunikationssystems voraus. Diese erfolgt unter Verwendung des Systemansatzes.

Kapitel vier: Aufgabe der empirischen Studie ist es, den Einsatz von Informationstechnologien an unterschiedlichen Informations- und Kommunikationssystemen in deren Ursache und Wirkung für das Controlling zu analysieren. Dieser Ursache-Wirkung-Zusammenhang wird in Hypothesen gefaßt. Unter Hypothese wird eine Aussage oder ein System von Aussagen verstanden. Wegen ihres einigenden, leitenden und erklärenden Prinzips, insbesondere für die Vorgehensweise im Kapitel sechs, wird Hypothese als Arbeitshypothese verstanden [17].

Kapitel fünf: Im Gegensatz zu der empirischen Studie, über die im Kapitel vier berichtet wird, untersucht diese Fallstudie systematisch ein Informations- und Kommunikationssystem über den Zeitraum von zwei Jahren. Aufgrund der erkannten Schwachstellen werden weitere Hypothesen gebildet. Diese führen zu einer Erhöhung des Bestätigungsgrades einiger im Kapitel vier formulierter Hypothesen. Die Erhöhung des Bestätigungsgrades ist jedoch nicht so weitreichend, um von einer Theorie sprechen zu können.

Kapitel sechs: Die Vorgehensweise in diesem Kapitel ist durch jene Hypothesen bestimmt, bei denen im Kapitel fünf eine Erhöhung des Bestätigungsgrades festgestellt wurde. Dies ist insbesondere bei Hypothesen, die Aussagen über Ziele von Informations- und Kommunikationssystemen betreffen, und bei Hypothesen, die Aussagen über Meßvorschriften zum Inhalt haben, der Fall. Es werden die Ziele der strategischen Managementebene ermittelt sowie Objekte gebildet, die den Zusammenhang zwischen der strategischen, der taktischen und der operativen Managementebene aufzeigen. Weiters werden die theoretischen Grundlagen für die Bildung von Meßvorschriften erarbeitet.

Kapitel sieben: In diesem Kapitel wird der theoretische Ansatz des Controlling von Informations- und Kommunikationssystemen in ein Controllingkonzept umgesetzt, in dem für Objekte des Sicherheitsstrebens Meßvorschriften entwickelt werden.

Kapitel acht: Aufgrund der Ergebnisse der vorhergehenden Kapitel wird das Konzept eines Controlling-Informations- und Kommunikationssystems entwickelt. Darunter wird ein Informations- und Kommunikationssystem verstanden, mit dessen Hilfe ein Controlling von Informations- und Kommunikationssystemen durchgeführt werden kann. Dies ist demnach ein Meta-System.

Anmerkungen

[1] Zum Strukturbegriff siehe: Chmielewicz, K.: Forschungskonzeptionen der Wirtschaftswissenschaft. Stuttgart 1979, 45

[2] Szyperski, N.: Geplante Antwort der Unternehmung auf den informations- und kommunikationstechnischen Wandel. Erwin Grochla zu seinem 60. Geburtstag gewidmet. In: Organisation, Planung, Informationssysteme. Hrsg. von Erich Frese, Paul Schmitz und Norbert Szyperski. Stuttgart: Poeschel 1981, 177-195

[3] Collins, G. und Blay, G.: Structured Systems Development Techniques: Strategic Planning to Systems Testing. London 1982, 8

[4] Hesse, W.: Methoden und Werkzeuge zur Softwareentwicklung - Ein Marsch durch die Technologielandschaft. In: Informatik-Spektrum 4/1981, 229-245

[5] Entnommen bei Hesse, W.: Methoden und Werkzeuge zur Softwareentwicklung - Ein Marsch durch die Technologielandschaft. In: Informatik-Spektrum 4/1981, 231

[6] Entnommen bei Hesse, W.: Methoden und Werkzeuge zur Softwareentwicklung - Ein Marsch durch die Technologielandschaft. In: Informatik-Spektrum 4/1981, 233; Zu den Software-Entwicklungs-Techniken siehe insbesondere: Dijkstra, E. W.: Programming Methodologies: Their Objectives and their Nature. In: Bates, D.: Structured Programming. Maidenhead/Berkshire 1976; Höcker, H. J.: Die Bewertung von Software-Entwurfsmethoden. Schriftenreihe des Fachbereichs Wirtschaft der Hochschule Bremen Bd. 27. Bremen 1984; Österle, H.: Entwurf betrieblicher Informationssysteme. München/Wien 1981; Schulz, A.: Software-Entwurfsmethoden: Ein Vergleich des LITOS-Verfahrens mit der Jackson-Methode. Stellungnahme zu einer Leserzuschrift. In: Angewandte Informatik 3/80, 96-100

[7] Vgl. Hesse, W.: Methoden und Werkzeuge zur Softwareentwicklung - Ein Marsch durch die Technologielandschaft. In: Informatik-Spektrum 4/1981, 238

[8] Die betriebswirtschaftliche Literatur ist sich über diese Schwierigkeiten der Unternehmensführung weitgehend einig (vgl. Horvàth, P.: Controlling. München 1979, 3 und die dort angegebene Literatur)

[9] Griese, J.: Informationsorientierte Unternehmensführung, Vortrag, gehalten bei der Steyr-Daimler Puch AG, Steyr, Jänner 1986. Am Beispiel des Volkswagenwerkes stellt auch Höhn das Informationsmanagement als das zentrale Problem moderner Unternehmensplanung und Konzernsteuerung dar (Höhn, S.: Unternehmensplanung und Konzernsteuerung als Probleme des Informationsmanagements - dargestellt im Rahmen der Strategie des

Volkswagenwerkes. In: Krallmann, H.(Hrsg.), Unternehmensplanung und -steuerung in den 80-er Jahren. Berlin 1982, 1

[10] Heinrich, L. J. und Burgholzer, P.: Informationsmanagement. ifbi (Hrsg.) - Institut für Wirtschaftsinformatik und Organisationsforschung der Universität Linz, Stand WS 1986/87

[11] Vgl. die Ausführungen in den Kapiteln vier und fünf

[12] So z.B. bei: Vodrazka, K.: Prüfungswege unter besonderer Berücksichtigung der Systemprüfung, Arbeitsunterlage. Kammer der Wirtschaftstreuhänder, WT-Akademie (Hrsg.); Schuppenhauer, R.: Grundsätze und Methoden der EDV-Prüfung. Düsseldorf 1983

[13] Vgl. Horvàth, P.: Controlling. München 1979, 98ff

[14] Heinrich, L. J.: Zur Diagnose und Optimierung von Informations- und Kommunikationssystemen. In: Heilmann, H. (Hrsg.), 4. Jahrbuch der EDV (1975). Stuttgart/Wiesbaden 1975, 15-33

[15] Vgl. Zu dieser Diskussion insbesondere Heinrich, L. J. und Roithmayr, F.: Die Bestimmung des optimalen Distribuierungsgrades - Entscheidungsmodell und Fallstudie. In: HMD 121/1985, 29-45; Rockart, J. F. et al.: Centralization vs Decentralization of Information Systems. A Preliminary Model for Decision Making. M.I.T. Working Paper. April 1977 (Draft); Kretzschmar, M. und Mertens, P., Verfahren zur Vorbereitung der Zentralisierungs-/Dezentralisierungsentscheidung in der betrieblichen Datenverarbeitung. In: Informatik-Spektrum 5/1982, 237-251; Mertens, P.: Aufbauorganisation der Datenverarbeitung, Zentralisierung-Dezentralisierung-Informationszentrum. Wiesbaden 1985

[16] Die von Serfling berichteten Studien (vgl. Serfling, K.: Controlling. München 1983, 31ff) betreffen primär die klassischen Controllingaufgaben auf den Gebieten Rechnungswesen, Budgetierung und Planung. So auch im Grunde die Darstellung von Horvàth, P. (vgl. Horvàth, P. Controlling. München 1979, 42 ff). Bei den von Horvàth, P. referierten Studien von Skousen/Zimmer und der Prentice Hall Editorial Staff zeigt sich eine beginnende Schwerpunktverschiebung des Controlling vom Rechnungswesen in Richtung Datenverarbeitung

[17] Vgl. Stegmüller, W.: Hypothese. In: Speck, J. (Hrsg.): Handbuch wissenschaftstheoretischer Begriffe. Bd. 2. Göttingen 1980, 284-287; Glöckl, J.: Hypothese. In: Braun, E. und Radermacher, H.: Wissenschaftstheoretisches Lexikon. Graz/Wien/Köln 1978

2. Relevanz des Controlling von Informations- und Kommunikationssystemen

Der Aufbau theoretischer Grundlagen für die Entwicklung von Controllingkonzepten setzt die Kenntnis der auf die Informations- und Kommunikationssysteme wirkenden Einflußfaktoren voraus. Das Kapitel gibt eine Übersicht über diese Einflußfaktoren.

(1) Heinrich teilt das Gesamtgebiet der Wirtschaftsinformatik in die Teilgebiete Mensch, Aufgabe, Technologie, Systemplanung und Informationsmanagement [1]. Der Mensch als Element von Informations- und Kommunikationssystemen mit seiner Beeinflussung der Aufgabe und der Technologie sowie durch die Aufgabe und die Technologie [2] bildet das zentrale Strukturelement. Zur Präzisierung dieser Aussage werden die Überlegungen von Will herangezogen [3]. Wenn sich auch seine Überlegungen nur auf die Revision ordnungsmäßig wirkender Informations- und Kommunikationssysteme beziehen [4], so lassen sich diese durch Einführung von Zielen auf das Controlling von Informations- und Kommunikationssystemen erweitern. Jeder Benutzer eines Informations- und Kommunikationssystems gewinnt Informationen, transformiert Informationen und kommuniziert mit ihnen. Dieser Informationsprozeß orientiert sich an Zielen.

Der Benutzer ist Ausführender in eigener Verantwortung; man muß sich auf ihn verlassen können. Das Informationsverhalten des Benutzers unterliegt ganz bestimmten Grundsätzen. Will spricht vom lokal autonomen Informationsverhalten [5]. Andererseits gestaltet der Vorgesetzte in Abhängigkeit von Zielen durch Aufgaben- und Verantwortlichkeitsdelegation das Informations- und Kommunikationssystem mit. Er ist somit in der Lage, Ursache und Wirkung des Informations- und Kommunikationssystems zu steuern. Dieses Informationsverhalten kann als global steuerndes Verhalten verstanden werden und unterliegt anderen Grundsätzen als das lokal autonome Informationsverhalten.

Will man die Infrastruktur einer Organisation als Informationsprozeß [6] analysieren, so ist es wesentlich, das Informations- und Kommunikationssystem geeignet zu strukturieren und die Objekte, mit deren Hilfe die Analyse erfolgt, einer bestimmten Managementebene zuzuordnen [7]. Während das global steuernde Informationsverhalten der taktischen Managementebene zuzurechnen ist, ist das lokal autonome Informationsverhalten der operativen Managementebene zuzurechnen.

(2) Die Integration von Daten-, Text-, Sprach- und Bildverarbeitung.

Die traditionelle Form der Datenverarbeitung basiert auf formatierten Daten. In der Sprach-, Bild- und Textverarbeitung kommen unformatierte Daten hinzu, die mit Hilfe der Elemente der natürlichen Ausdrucksformen (z.B. Wörter oder Zeichen einer natürlichen Sprache) dargestellt werden.

Obwohl man in Analogie zu den Datentypen auch im Bereich der Text-, Sprach- und Bildverarbeitung Text-, Sprach- und Bildtypen bilden kann, ist ihr Informationsgehalt geringer als der von unformatierten Daten. Abgespeicherte Daten müssen besonders strukturiert sein, um ihren Inhalt verstehen zu können. Die semantische Eigenständigkeit von Daten ist nur in sehr geringem Ausmaß gegeben. Hingegen kann man einen Text beliebig abspeichern, ohne seinen Sinn zu verlieren.

(3) Die Entwicklung der Methoden Modell- und Datenbanken.

Das Vordringen der Methoden-, Modell- und insbesondere der Datenbanken, bis hin zu Microcomputeranwendungen, erfordert völlig neue Controllingkonzepte. Bei allen Datenbankkonzepten werden hohe Anforderungen an die Dokumentation gestellt, die mit manuellen Verfahren kaum mehr erfüllbar sind. Der zunehmende Einsatz von Datenbanken steigert die Komplexität der Anwendungssysteme, während auf der anderen Seite die Abgrenzung gegenüber Konzepten der "klassischen" Filestruktur verwischt wird [8]. So hat beispielsweise die EDV für das Rechnungswesen bisher lediglich instrumentale Bedeutung, die im unveränderten "Abprogrammieren" manueller Verfahren besteht [9]. Bei Konzepten einer Filestruktur steht die betriebswirtschaftliche Problemlösung - also das Programm - im Vordergrund, die Daten sind ein passives Objekt. An dieser Denkweise ist auch die klassische EDV-Systemprüfung orientiert. Der Entwickler des Anwendungssystems ist für die Dateiorganisation verantwortlich, legt Satz- und Dateiaufbau fest und bedient sich der von den Systemprogrammen zur Verfügung gestellten Zugriffsmethoden (ISAM, VSAM, DAM). Somit ist auch der Dateizugriff für später zu entwickelnde Anwendungssysteme weitestgehend festgelegt. Scheer weist für das Rechnungswesen darauf hin, daß bei fileorientierten Softwaresystemen der Kosten- und Leistungsrechnung Daten aus unterschiedlich vorgelagerten Systemen bereits mehr oder weniger verdichtet übernommen und nochmals gespeichert werden [10]. Bei Datenbanksystemen werden die Daten zu einem aktiven, vom jeweiligen Anwendungssystem unabhängigen Objekt. Im eben zitierten Beispiel der Kosten- und Leistungsrechnung stehen als "Grundrechnung" die unverdichteten Urdaten zur Verfügung [11]. Differenzierte Auswertungen nach Kostenarten, Kostenstellen und Kostenträgern sind somit möglich.

(4) Die Entwicklung der Roboter.

Die Umsatzziele der Hersteller zeigen, daß in den nächsten fünf bis zehn Jahren mit einem kräftigen Wachstum des Robotereinsatzes gerechnet wird [12]. Veränderungen der Umwelt und der daraus resultierende Kostendruck führen zum Einsatz neuer Produktionsverfahren. Die Nutzung dieser Verfahren erfordert ein abgestimmtes Vorgehen in den Aufgaben Konstruktion (z.B. CAD), Produktion (z.B. CAM), sonstige betriebswirtschaftliche Anwendungssysteme (z.B. Auftragsabwicklung, Rechnungswesen).

Die derzeitige Situation ist auch dadurch gekennzeichnet, daß zwischen Konstruktion und Produktion eine Integration existiert, die Integration zu den sonstigen betriebswirtschaftlichen Anwendungssystemen aber nicht im wünschenswerten Ausmaß realisiert ist.

(5) Die Entwicklung der Microprocessoren und Microcomputer.

Kleinere, in den Funktionen vielfältigere und in den Produktionskosten sinkende Microprozessoren führen dazu, daß die Informationsverarbeitung immer weitere Lebensbereiche durchdringt. Es darf aber nicht übersehen werden, daß diese Microprocessoren bereits Funktionen integrieren, die vor Verbreitung dieser Technologie noch manuell oder mechanisch gesteuert abgelaufen sind. Dies bedingt ein geändertes Controlling [13]. Abbildung 2/1 gibt eine Übersicht über die Verbreitung der Microcomputer in Österreich [14].

Abbildung 2/1 zeigt, daß durch den Technologiesprung im Jahre 1984 die Anzahl der Microcomputer in einem Jahr um den Faktor 7,96 zugenommen hat, während der Wertanteil nur um den Faktor 2,2 zugenommen hat.

Die empirische Studie im Kapitel vier zeigt, daß die Unternehmen auf diese mengenmäßige Zunahme des Microcomputereinsatzes nicht vorbereitet waren und auch heute großteils darauf noch immer nicht vorbereitet sind. Die Gründe dafür sind einerseits in der mangelnden Vorbereitung der Infrastruktur der Organisation zu finden, während andererseits auch die Qualität der auf Microcomputern verfügbaren Software überschätzt wird.

(6) Die populärwissenschaftliche Literatur vermittelt den Eindruck, daß grundlegende Hardwareentwicklungen nur mehr bei Microcomputern erfolgen. Die wissenschaftliche Literatur zeigt jedoch, daß am oberen Ende der Größenklassen von Datenverar-

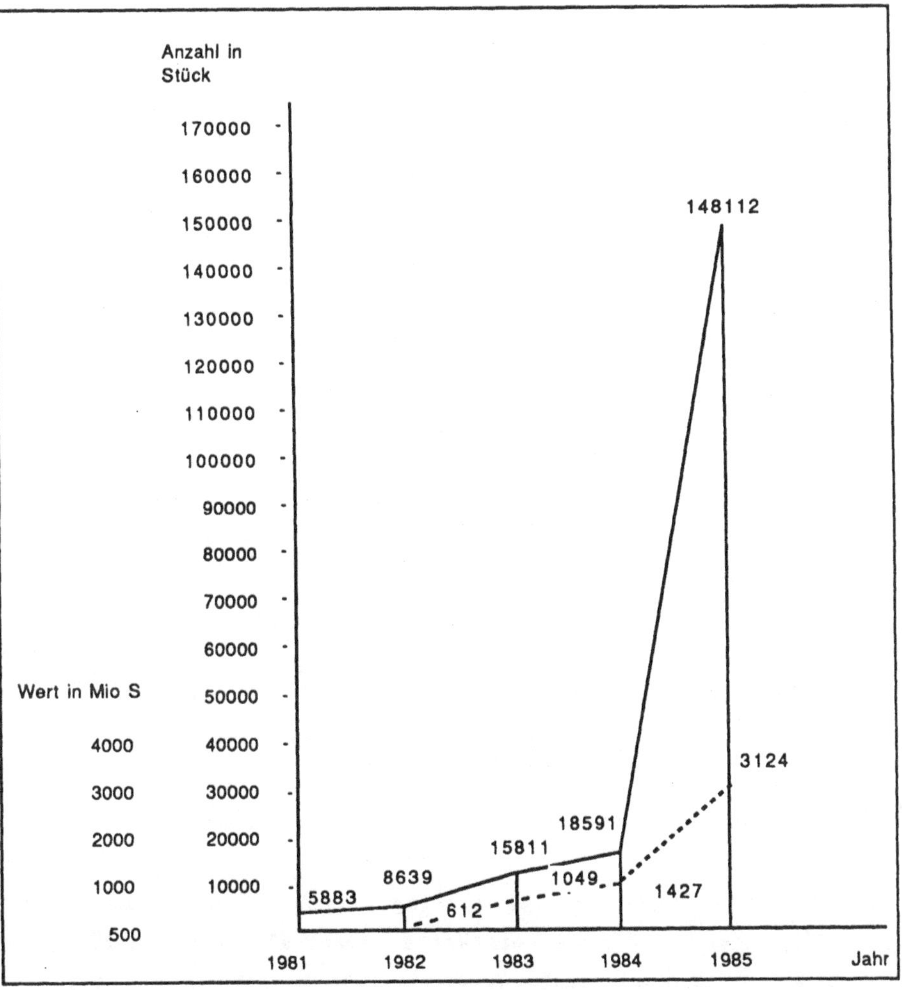

Legende: _______ Anzahl in Stück
_ _ _ _ _ Anzahl in Mio S

Abb. 2/1: Die Verbreitung der Mikrocomputer in Österreich (unter Mikrocomputer wird die Rechnergrößenklasse D nach Diebold verstanden)

beitungssystemen eine ähnlich evolutionäre Entwicklung stattfindet. So sind Computer mit 50 und mehr MIPS, wie dies beispielsweise bei den Systemen COMPAREX 7/90-4, IBM 3090 oder NAS AS/XL 80 der Fall ist, heute keine Seltenheit mehr [15].

(7) Die Entwicklung bei den Methoden und Werkzeugen zur Softwareentwicklung.

Dem Systemplaner stehen heute eine Vielzahl von Methoden und Werkzeugen zur Verfügung, mit deren Hilfe es ihm möglich ist, "gute" Software zu erzeugen. Nachdem im Gegensatz zur Hardware die Software noch immer in "Einzelfertigung" erzeugt wird, erfordert dies ein auf die konkrete "Softwarefertigung" abgestimmtes Controlling. Die wenigsten der heute am Markt angebotenen Methoden und Werkzeuge unterstützen ein systematisches Controlling [16]. Die Qualität eines Softwareprodukts als Ergebnis der "Fertigung" wird nach unterschiedlichen Kriterien beurteilt. Aus der Sicht des Controlling sind Objekte einzurichten, mit deren Hilfe eine solche Beurteilung möglich ist.

(8) Die Entwicklung der lokalen Netze und Fernnetze.

Die Entwicklungen bei den lokalen Netzen sowie bei den Fernnetzen ermöglicht eine verstärkte Dezentralisierung der Informations- und Kommunikationssysteme [17]. Insbesondere gilt es hier zu prüfen, ob statische Konzepte zur Sicherung solcher Netze ausreichend sind und ob nicht Informationsflußkontrollen notwendig werden. Die Ergebnisse der Studie, über die im Kapitel fünf berichtet wird, zeigen, daß statische Konzepte zur Sicherung der Informationsverarbeitung in vielen Fällen nicht mehr ausreichen. Die durch diese Entwicklung entstehenden Sicherungsprobleme versucht man in Theorie und Praxis verstärkt durch kryptographische Methoden zu lösen [18].

(9) Der Trend, computergestützte Informationsverarbeitung auch verstärkt in Mittel- und Kleinbetrieben einzuführen.

Die Besucheranalyse der CeBIT zeigt, daß bereits 1985 42% der Besucher aus Unternehmen mit einer Betriebsgröße zwischen 1 bis 99 Beschäftigten kamen. 25,4% der CeBIT-Besucher hatten ein Interesse an "Micros". Nach den allgemeinen EDV-Interessen, die 26,3% der Besucher angaben, lag das Micro-Interesse bereits an 2. Stelle der Interessensgebiete [19].

(10) Die Notwendigkeit, Informationssysteme stärker auf den Benutzer hin zu orientieren sowie die Absicht, den Anwender und andere "Betroffene" intensiver in den Entwicklungsprozeß für Informations- und Kommunikationssysteme einzubinden [20].

Abbildung 2/2 zeigt einen Rückgang der traditionellen Datenerfassungssysteme zu gunsten von Arbeitsplatzsystemen [21]. Bei der Stapelverarbeitung wurde der Arbeitsablauf in Phasen unterteilt. Eine dieser Phasen war die Datenerfassung. Wegen der Gleichartigkeit der Datenerfassung in den einzelnen Abteilungen wurden diese Phasen in eine eigene Datenerfassungsabteilung ausgegliedert. Das Vordringen der Dialogverarbeitung führt nun dazu, daß die Datenerfassung wiederum auf den Arbeitsplatz des Sachbearbeiters zurückgeführt wird. Das Controlling muß diese veränderte Situation berücksichtigen.

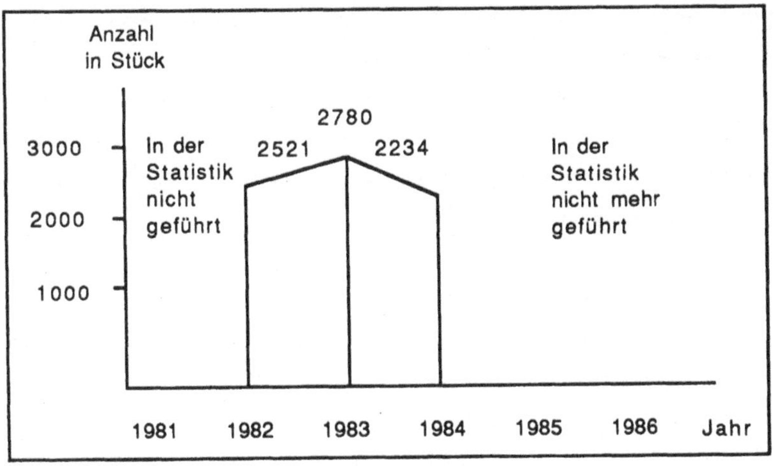

Abb. 2/2: Die Entwicklung der Datenerfassungssysteme in Österreich

(11) Die Grundsätze ordnungsmäßiger Buchführung (GoB).

Das Rechnungswesen ist ein nach einheitlichen Grundsätzen gebildetes Informationssystem. Die Art, nach der Buchhaltungssysteme gestaltet, benutzt und gepflegt werden, ist in den meisten westeuropäischen Ländern in den GoB geregelt, im angloamerikanischen Raum in den "generally accepted accounting principles" (GAAP) [22]. In der Bundesrepublik Deutschland sind die GoB relativ gut mit Hilfe von Beurteilungskriterien definiert. Umfassende Definitionen sind insbesondere der FAMA 1/75-Stellungnahme zu entnehmen [23].

Für Österreich gelten die Fachgutachten Nr.58 und Nr.62 der Kammer der Wirtschaftstreuhänder [24]. Die rechtliche Situation ist in beiden Fachgutachten in einer dem heutigen Stand der Informationsverarbeitung nicht mehr adäquaten Weise interpretiert. So geht insbesondere das Fachgutachten Nr. 58 noch vom Stapelbetrieb aus. Die strikte Trennung zwischen Rechenzentrum und Fachabteilung ist eine wesentliche Forderung. Mit der zunehmenden Dezentralisierung der Informationsverarbeitung [25], mit dem weiteren Vordringen von Arbeitsplatzrechnern [26], mit der Entwicklung von Decision-Support-Systemen, Expertensystemen [27] sowie der Entwicklung der Sprachen der 4. Generation kann diese Trennung nicht mehr aufrechterhalten werden. Was sowohl den FAMA-Stellungnahmen als auch den österreichischen Fachgutachten fehlt, sind konkrete Vorschläge zur Messung der Einhaltung der Grundsätze ordnungsmäßiger Buchführung in unterschiedlichen Informations- und Kommunikationssystemen.

Da die GoB ausgereift sind, hat man lange Zeit versucht, mit Hilfe dieser Grundsätze Informations- und Kommunikationssysteme zu erklären. Dies reicht aber für das Controlling nicht aus, da die GoB nur ein Anwendungssystem (Finanzbuchhaltung) des Informations- und Kommunikationssystems abdecken.

(12) Die Grundsätze ordnungsmäßiger Speicherbuchführung (GoS).

In einem Erlaß des Bundesministers für Finanzen der Bundesrepublik Deutschland wurden am 5. Juli 1978 die GoS unzureichend definiert. In Österreich wird die Speicherbuchführung gemeinsam mit der Nichtspeicherbuchführung im bereits zitierten Fachgutachten Nr.58 abgehandelt.

Anstatt die GoS als besondere Grundsätze zu definieren, wäre es zutreffender, bei einer Buchführung mit Datenbanktechnologie die GoB zu verwenden. Die Unterschiede zwischen Speicherbuchführung und Nichtspeicherbuchführung rechtfertigen die Trennung nach GoB und GoS nicht.

(13) Die Grundsätze ordnungsmäßigen Datenschutzes (GoDS).

Nahezu alle westlichen Demokratien haben Datenschutzgesetze erlassen. Betreffen die GoB Daten, die aus der Sicht des Datenschutzgesetzes nicht schutzbedürftig sind, so werden in den GoDS personenbezogene schutzwürdige Daten behandelt. Auch aus dieser Verschiedenartigkeit der Daten ist zu erkennen, daß es nicht ausreicht, das Controlling nur auf Basis der GoB durchzuführen [28].

(14) Grundsätze für Computersicherheit (GCS).

Wenn man davon ausgeht, daß zum 1.1.1986 in Österreich 71.259 Computersysteme mit einem Gesamtwert von 26,2 Milliarden S installiert waren [29], die Lebensfähigkeit von Großunternehmen ohne funktionierende Informationsverarbeitung nach wenigen Tagen gefährdet ist [30] und informationsverarbeitende Zentren verstärkt Ziel terroristischer Aktivitäten sind, dann zeigt dies, daß die Grundsätze für Computersicherheit im Controlling zu beachten sind. Aus der Tagespresse sind nur die spektakulären Fälle von Computerkriminalität bekannt [31].

Fachleute sprechen von einer Dunkelziffer zwischen 82 und 97 Prozent, was auch das brennende Interesse der Medien an bekanntgewordenen Fällen erklärt [32]. Aus der Studie, über die im Kapitel fünf berichtet wird, ergibt sich, daß die Dunkelziffer eher bei 97 als bei 82 Prozent liegt.

Abbildung 2/3 gibt eine Übersicht über die Computerkriminalität in Großbritannien, während Abbildung 2/4 eine Übersicht über die Computerkriminalität in Westeuropa (ohne Großbritannien) gibt [33].

Vergleicht man Abbildung 2/3 mit Abbildung 2/4, so findet man die "klassischen" deliktischen Handlungen wie Brandstiftung, Bombenanschlag, Diebstahl und Sabotage in beiden Statistiken mit ungefähr gleichen Prozentsätzen. Von Bedeutung hingegen ist, daß im Gegensatz zur westeuropäischen Statistik in den Statistiken aus Großbritannien zwei neue Arten der Computerkriminalität auftreten, nämlich "logic bombs" und "system penetration", die wohl die intelligentesten Formen der Computerkriminalität darstellen. Die Entwicklung der Datenverarbeitungssysteme in Richtung offener Systeme ermöglicht einem immer größer werdenden Personenkreis die Benutzung von Datenverarbeitungssystemen. Durch geschickte Vorgehensweisen kann ein Benutzer, ohne daß dies von den Datenverarbeitungssystemen registriert wird, seine "Penetrationssoftware" und die "logic bombs" vorbereiten und zum gewünschten Zeitpunkt aktivieren. Ist die Vorbereitung einer physischen Penetration eines Systems meist beobachtbar, so geschieht die Vorbereitung einer logischen Penetration meist unbeobachtet.

Eine weitere, in ihrer Häufigkeit zunehmende Form der Computerkriminalität ist der Softwarediebstahl. Dieser reicht von der Gefälligkeitskopie bis zur gewerbsmäßigen, unberechtigten Kopie von hochwertigen Software-Systemen. Bernstein beziffert den Schaden, der 1985 in der Bundesrepublik Deutschland durch

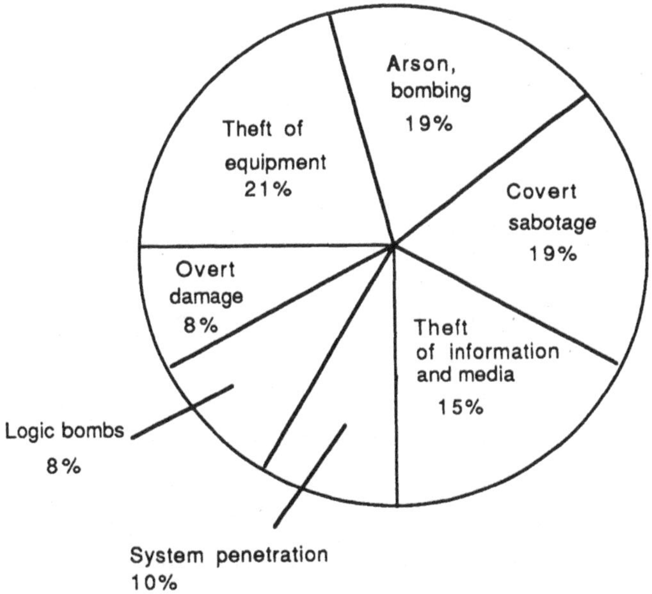

Abb. 2/3: Computerkriminalität in Großbritannien

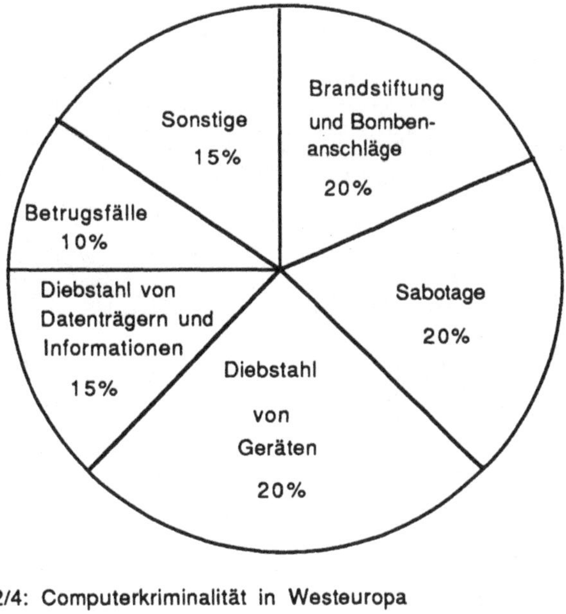

Abb. 2/4: Computerkriminalität in Westeuropa

unberechtigte Software-Kopien entstanden ist, auf jährlich 2 Mrd. DM [34].

Zusammenfassend kann die Relevanz des Controlling von Informations- und Kommunikationssystemen für die Wirtschaftspraxis wie folgt beschrieben werden: Der Mensch, die Integration von Daten-, Text-, Sprach- und Bildverarbeitung, die Entwicklung der Daten-, Methoden- und Modellbanken, die Entwicklung der Roboter, die Entwicklung der Microprozessoren und Microcomputer, die Entwicklung am oberen Ende der Größenklassen von Datenverarbeitungssystemen, die Entwicklung der Methoden und Werkzeuge zur Softwareentwicklung, die Entwicklung der lokalen Netze und Fernnetze, die computergestützte Informationsverarbeitung auch verstärkt in Mittel- und Kleinbetrieben einzuführen, die notwendige Benutzerorientierung, die Grundsätze ordnungsmäßiger Buchführung, die Grundsätze ordnungsmäßiger Speicherbuchführung, die Grundsätze ordnungsmäßigen Datenschutzes sowie die Grundsätze für Computersicherheit sind die auf das Informations- und Kommunikationssystem wirkenden Einflußfaktoren. Die Optimierung dieser Einflußfaktoren setzt eine Diagnose des Informations- und Kommunikationssystems voraus. Es ist somit ein Ansatz zu entwickeln, der diese Diagnose ermöglicht.

Anmerkungen

[1] Heinrich, L. J. und Burgholzer, P.: Systemplanung Bd. 1. 2. A. München/Wien 1986, 9f

[2] Heinrich, L. J. und Burgholzer, P.: Systemplanung Bd. 1. 2. A. München/Wien 1986, 10

[3] Will, H. J.: Grundsätze ordnungsmäßig wirkender Informationssysteme. In: Der GMD-Spiegel 2/81, 20-32

[4] Vgl. Will, H. J.: Grundsätze ordungsmäßig wirkender Informationssysteme. In: Der GMD-Spiegel 2/81, 21

[5] Will, H. J.: Grundsätze ordnungsmäßig wirkender Informationssysteme. In: Der GMD-Spiegel 2/81, 21

[6] Zum Informationsprozeß siehe Kapitel 3.3.2.

[7] Diese Aufgabe wird im Kapitel drei behandelt; vgl. auch Kapitel 6

[8] Vgl.Hanisch, H.: Jahresabschlußprüfung bei Datenbanksystemen. Frankfurt et al. 1986

[9] Mertens, P., Hansen, K. und Rackelmann, G.: Selektionsentscheidungen im Rechnungswsen - Überlegungen zu computergestützten Kosteninformationssystemen. In: DBW 37.Jg. 1977, 77-88

[10] Scheer, A. W.: Einsatz von Datenbanksystemen im Rechnungswesen - Überblick und Entscheidungstendenzen. In: Zfbf 33 (6/1981), 490-507, 503f. So auch die Batch- und Dialoglösung der Kostenstellenrechnung M11 von Plaut. Plaut Software AG, Villa Wellingtonia, CH-6918 Figino; Wedekind, H.: Datenbanksysteme aus der Sicht der Wirtschaftsprüfung. In: WPg 13/1976, 354-361

[11] Zur Grundrechnung siehe: Riebel, P.: Zum Konzept einer zweckneutralen Grundrechnung. In: Zfbf 31 (1979), 785-798. Vgl. weiters: Riebel, P. und Sinzig, W.: Zur Realisierung der Einzelkosten- und Deckungsbeitragsrechnung mit einer relationalen Datenbank. In: Zfbf 33 (6/1981), 457-489

[12] Vgl. Kato, I.: State and trend of the art of robotics seen from a japanese point of view. In: Österreichische Gesellschaft für Informatik (Hrsg.). Die Industrieroboter Bd. 1. Linz 1982, 348-360, 352

[13] Zu den damit einhergehenden Problembereichen des Controlling siehe insbesondere: Grochla, E., Albers, F. und Rüschenbaum, F.: Einsatz von Kleincomputern in Klein- und Mittelbetrieben. Ein datenschutzrechtliches und datensicherungstechnisches

Problem. Ergebnisse einer empirischen Untersuchung. In: DuD 3/83, 186-191

[14] Quelle: Diebold Statistik der installierten elektronischen Rechenanlagen in Österreich. Jährliche Hefte von 1980-1986

[15] Siehe die aktuellen Prospekte der EDV- Hersteller

[16] Eine gute Übersicht über diese Werkzeuge gibt Hesse, (Hesse, W., Methoden und Werkzeuge zur Software Entwicklung - Ein Marsch durch die Technologie-Landschaft. In: Informatik-Spektrum 4/1981, 229ff). Die Meßbarkeit der Softwarequalität rückt in jüngerer Vergangenheit immer mehr in den Vordergrund der Betrachtungen. Im Hinblick auf Controllingaspekte siehe insbesondere Schmitz, P., Bons, H., van Megen, R.: Software Qualitätssicherung - Testen im Software-Lebenszyklus. Wiesbaden 1982, 33

[17] Zur Problematik zentraler versus dezentraler Informationsverarbeitung vgl. insbesondere Heinrich L. J. und Roithmayr F.: Die Bestimmung des optimalen Distribuierungsgrades - Entscheidungsmodell und Fallstudie. In: HMD 121/1985, 29-45. Diese derzeit sehr stark diskutierte Frage erfordert je nach Konzeption des Informations- und Kommunikationssystems differenzierte Controllingkonzepte. Steht im Mittelpunkt bei zentraler Informationsverarbeitung die Objektsicherheit, so sinkt diese in ihrer Bedeutung bei distribuierten bzw. dezentralen Konzepten. In derartigen Konzepten gewinnt wiederum die Netzsicherheit an Bedeutung

[18] Zu diesem Problemkreis siehe insbesondere Chaum, D.: Security without identification: Transaction systems to make big brother obsolete. In: Communications of the ACM, October 1985, Vol. 28, Nr. 10, 1030-1044. Da traditionelle Controllingmechanismen vielfach nicht mehr ausreichen, ist dem Controlling ein flexibler Methodenapparat zur Verfügung zu stellen

[19] Supplement der Computerwoche Nr. 11/14.3.1986, 4

[20] Zu den Fragen der Computerleistung am Arbeitsplatz vgl. insbesondere Heinrich, L. J.: Computerleistung am Arbeitsplatz. München/Wien 1978

[21] Siehe Fußnote [14]

[22] Vgl. Will, H. J.: Gestaltungsgrundsätze ordnungsmäßig wirkender Informationssysteme. In: DuD 3/81, 158f

[23] FAMA-Stellungnahme 1/1975. Zur Auslegung der Grundsätze ordnungsmäßiger Buchführung beim Einsatz von EDV-Anlagen im Rechnungswesen. In: WPg 1975, 555ff

[24] Fachgutachten Nr. 58 und Nr. 62 der Kammer der Wirtschaftstreuhänder.

[25] Heinrich, L. J. und Roithmayr, F.: Die Bestimmung des optimalen Distribuierungsgrades - Entscheidungsmodell und Fallstudie. In: HMD 121/1985, 29-45

[26] Heinrich, L. J.: Computerleistung am Arbeitsplatz. München/Wien 1978; vgl. Klopcic, H. G., Marty, R. und Rothauser, E. H., (Hrsg.): Arbeitsplatzrechner in der Unternehmung. Stuttgart 1985

[27] SEAS (Hrsg.): Expert Systems, Proceedings Spring Meeting 1986, Vol.1 und Vol.2. Heidelberg 1986

[28] Zum Datenschutz siehe insbesondere: Bundesgesetz zum Schutze personenbezogener Daten. BGBL 565/1978; Douglas, A. S.: The U.K. privacy white paper 1975. In: NCC 1976, 33-38; Rosenberg, J. M.: Human and organizational implications of computer privacy. In: NCC 1976, 39-43; Salasin, J.: A control systems model of privacy. In: NCC 1976, 45-51

[29] Diebold Statistik der installierten elektronischen Rechenanlagen in Österreich, Stand vom 1. Jänner 1987

[30] Vgl. Lindemann, V.: DV-Katastrophen: Bankrott nach nur fünf Tagen. In: Computerwoche, Jhg. 1984/18, 1f

[31] Hasenbeck, M: MAN-Bombe läßt DV-Sicherheitsleute aufhorchen. In: Computerwoche 1983/40, 1 und 5

[32] Diskussionsergebnis der Tagung "Computerkriminalität" des "Kuratoriums Sicheres Österreich" am 29. Mai 1984 in Linz

[33] Entnommen bei Roithmayr, F.: Sicherheit in der Informationsverarbeitung. In: Universitätsnachrichten, Zeitschrift der Johannes Kepler Universität Linz, Juli/August 1984, 1f. Im Original bei Lindemann, V.: DV-Katastrophen: Bankrott nach nur fünf Tagen. In: CW, Jhg. 1984/18, 1f und bei Wong, K.: Computer Crime in the UK - Are you Vulnerable. In: DuD 1/84, 34 - 36 (34)

[34] Bernstein, H.: Stopp den Software-Klau. In: Elektronikschau 3/86, 48-53

3. Vom Controlling „Klassischer Prägung" zum Controlling von Informations- und Kommunikationssystemen

Ausgehend von der Revision und dem Controlling "klassischer Prägung" werden die Aufgaben des Controlling von Informations- und Kommunikationssystemen formuliert. Die Erfüllung dieser Aufgaben setzt eine geeignete Strukturierung des Informations- und Kommunikationssystems voraus. Diese erfolgt unter Verwendung des Systemansatzes.

Controlling und Revision weisen in der Aufgabenstellung keine, in der Aufgabenlösung jedoch Gemeinsamkeiten auf. Für die Aufgabenlösung wäre es demnach denkbar, die Revision als Spezialfall des Controlling zu betrachten, obwohl die deutschsprachige Literatur mit dem Argument der organisatorischen Unabhängigkeit der Revision nach wie vor eine starke Trennung der beiden Aufgabenbereiche befürwortet [1]. Pragmatischer ist der amerikanische Ansatz. Die empirischen Untersuchungen von Simon, von Weston und insbesondere von Henning und Moseley zeigen, daß das Controlling - im Gegensatz zum deutsprachigen Raum - vielfach auch für Revisionsaufgaben zuständig ist [2]. Eine Ursache kann sein, daß das amerikanische Corporationsgesetz die Prüf- und Kontrollinstanz des Aufsichtsrates nicht kennt und diese Funktionen vom Vorstand wahrgenommen werden. Neben diesen gesellschaftsrechtlichen Unterschiedlichkeiten sieht Horvàth [3] vor allem noch Unterschiede in den Rechnungslegungsvorschriften.

3.1. Aufgaben der Revision

Nach Egger ist die Prüfung (Revision) "eine auf die Vergangenheit gerichtete, rückschauende Untersuchung bestimmter, in mehr oder weniger regelmäßigen Abständen wiederkehrender oder auch einmaliger Vorgänge oder Anlässe durch natürliche, prozeßunhabhängige Personen, im Gegensatz zur Kontrolle, die einen Soll-Ist-Vergleich durch prozeßabhängige Personen oder durch maschinell bzw. mechanisch wirkende Verfahren darstellt" [4]. Aus strukturorganisatorischer Sicht wird zwischen interner Revision und externer Revision unterschieden. Während die interne Revision ein organisatorisches Teilsystem (meist in Form einer der Unternehmensleitung unterstellten Stabsstelle) des Unternehmens ist, wird die externe Revision durch außerhalb des Unternehmens Tätige wahrgenommen. Eine Studie des Deutschen Instituts für Interne Revison gibt für 1983 an, daß in 90% der untersuchten Unternehmen der Bundesrepublik Deutschland die interne Revision dem Vorstandsvorsitzenden bzw. dem Gesamtvorstand unterstellt ist [5]. Obwohl sich die Ergebnisse dieser Studie auf Unternehmen mit einer eigenen internen Revision beziehen und die Unternehmen ohne eigene interne Revision nicht vertreten sind, lassen sich einige interessante Aussagen im Hinblick auf das Verhältnis zwischen Mitarbeiter und Revisor ableiten. In den letzten zehn Jahren ist die Anzahl der Revisoren je 1000 Mitarbeiter von 0.67 auf 0.80 gestiegen. Der Anteil der EDV-Revisoren an der Prüferkapazität liegt bei 11%. Über die Entwicklung des Anteils der EDV-Revisoren bei Unternehmen ohne eigene Revision wird nicht berichtet. Erfahrungen des Autors für den österreichischen Raum zeigen, daß der Anteil an EDV-Revisoren in noch geringerem Ausmaß als bei der eben berichteten Studie gesteigert wurde. Die Studie, über deren Ergebnisse im Kapitel vier berichtet wird, zeigt, daß die Anzahl der Revisoren je 1000 Mitarbeiter bei den drei untersuchten Unternehmen, die über eine eigene interne Revision verfügen, bei 0.48 liegt.

Ohne auf eine repräsentative Untersuchung verweisen zu können, wird aus eigener Erfahrung geschätzt, daß der Anteil der EDV-Revisoren, sowohl an der internen als auch an der externen Prüferkapazität für österreichische Unternehmen im Mittel erheblich unter 11% liegt.

Stellt man die Durchdringung der Betriebswirtschaften mit Techniksystemen der Personalentwicklung in der EDV-Revision gegenüber, so hält die Personalentwicklung nicht Schritt mit der Durchdringung der Betriebswirtschaften mit Techniksystemen. Um die EDV-Revision dem Einsatz der Techniksysteme anzupassen, sind folgende Möglichkeiten gegeben:

- Erhöhung des Personalstandes für die EDV-Revision.
- Verstärkung der Automationsunterstützung im internen Kontrollsystem. Für die gesetzlich vorgeschriebene Prüfung des Jahresabschlusses wird vielfach als Prüfungsobjekt das interne Kontrollsystem des Unternehmens herangezogen. Dieses Prüfungsobjekt wird jedoch in der Wirtschaftsprüfungsliteratur nur zur Prüfung des Jahresabschlusses herangezogen. Von einer umfassenden Betrachtung, wie sie das Controlling von Informations- und Kommunikationssystemen fordert, kann hier nicht gesprochen werden [6].
- Bereitstellung situationsgerechter Prüfungssoftware [7].

Sieht man diese Maßnahmen unter dem Aspekt der Rationalisierung, so ist es notwendig, die EDV-Revision an die quantitative und qualitative Entwicklung der Techniksysteme heranzuführen. Dies erfolgt derzeit in zu geringem Ausmaß.

Die Objekte der Revision sind die Zweige des Rechnungswesens (Finanzbuchhaltung, Vermögens-Erfolgsbilanz, Kosten- und Leistungsrechnung), betriebswirtschaftliche Formalziele (Rentabilität, Wirtschaftlichkeit, Produktivität, Liquidität) sowie betriebliche Funktionalbereiche (Finanzierung, Investition, Leistungserstellung, Geschäftsführung usw.) [8].

Die Grundlagen der Prüfung sind durch den rechtlichen Rahmen, die Gutachten der zuständigen Kammern bzw. Vereinigungen und sonstige Verträge gegeben [9].

Eine zentrale Stellung nehmen die Grundsätze ordnungsmäßiger Buchführung (GoB) ein, aus denen die Grundsätze ordnungsmäßiger Datenverarbeitung (GoDV) abgeleitet wurden [10]. Diese GoDV können als Ziele mit einem bestimmten Zielinhalt und einem angestrebten Ausmaß der Zielerreichung interpretiert werden. Um das Ausmaß der Zielerreichung zu messen, ist die Anwendung situationsgerechter Meßvorschriften notwendig. Da Anwendungssysteme des Rechnungswesens - und auf diese beziehen sich die GoB bzw. GoDV - mit einer Vielzahl von Techniksystemen implementiert sind, kommt der situationsgerechten Meßvorschrift eine grundlegende Bedeutung zu. Es ist nicht möglich, Anwendungssysteme, die mit unterschiedlichen Techniksystemen implementiert sind, mit einer Meßvorschrift zu messen.

Die Ergebenisse der empirischen Studie im Kapitel vier zeigen, daß die heute eingesetzten Meßvorschriften für den Revisionsauftrag nicht ausreichen. Gründe dafür sind:

- Das Fehlen geeigneter Meßvorschriften.
- Der Revisor verfügt nicht über jene Informatikkenntnisse, um aus der Kenntnis von Teilprozessen der Informationssystemfunktion Rückschlüsse auf die GoDV führen zu können [11].
- Die Zunahme der Freiheitsgrade in der Strukturierung der Informations- und Kommunikationssysteme wirkt der aus Revisionssicht wünschenswerten Standardisierung entgegen.

3.2. Controlling

3.2.1. Die Ursprünge eines Controlling von Informations- und Kommunikationssystemen

Das Controlling von Informations- und Kommunikationssystemen als Aufgabe leitet sich aus der generellen Controllingaufgabe des Unternehmens ab. So wies Jackson bereits 1949 das Vorhandensein der Controllingaufgabe in amerikanischen Unternehmen - wenn auch mit einem anderen Begriffsinhalt als heute - empirisch nach [12].

Eine erste detaillierte Darstellung der Grundaufgaben des Controlling findet sich in der empirischen Studie von Voorhies [13]. Diese zu Beginn der vierziger Jahre durchgeführte Studie gibt folgende Grundaufgaben des Controlling an (Voorhies spricht von Funktionen):

- Rechnungsfunktion: Buchführung, Kosten- und Leistungsrechnung
- Revisionsfunktion im Sinne der internen Kontrolle und internen Revision
- Zusammenarbeit mit der externen Revision
- Steuerliche Funktion im Zusammenhang mit der Zusammenarbeit mit den Finanzbehörden
- Interpretationsfunktion: Aufbereitung und Analyse der Informationen zur Unterstützung des Management.

Nach dieser Systematik geht der Aufgabenumfang des Controlling weit über das Rechnungswesen hinaus. Zugleich erfolgt eine deutliche Trennung zwischen der kapitalwirtschaftlichen Seite des Unternehmens einerseits und der wertmäßigen Abbildung im Rechnungswesen andererseits (Jackson spricht vom treasurer und vom secretary [14]).

Das im Jahre 1931 gegründete "Controller's Institute of America" - die berufsständische Organisation der Controller -,das 1962 in "Financial Executive Institute (FEI)" umbenannt wurde, veröffentlichte 1962 einen Funktionenkatalog, der zur Aufgabenbeschreibung einen weiteren Beitrag leisten kann [15].

Ohne auf die dort getroffene Unterscheidung zwischen controllership und treasureship einzugehen, lassen sich im Hinblick auf die Entwicklung eines Controlling von Informations- und Kommunikationssystemen folgende Aufgaben ableiten:

- Die Planung, die Koordination, die Überwachung sowie die Erstellung operationaler Pläne werden als integrierende Managementfunktion gesehen. Insbesondere Horvàth hebt im deutschen Schrifttum die Koordinationsfunktion hervor [16].
- Die Berichterstattung und Interpretation bezieht sich auf alle hierarchischen Managementebenen. Dies setzt jedoch das Vorhan-

densein von Zielen, die Koordination der Systeme und eine entsprechende Datenaufbereitung voraus.

- Die Bewertungs- und Beratungsfunktion für sämtliche Managementebenen.

Zur Erarbeitung weiterer Merkmale, die für das Controlling von Informations- und Kommunikationssystemen von Bedeutung sind, wird auf verschiedene empirische Studien zurückgegriffen [17]. Diese werden mit einer Sekundäranalyse aufbereitet. Zu diesem Zweck werden die Ergebnisse von sieben Studien nach den Dimensionen Anwendungssystem und Informationsprozeß geordnet [18]. Abbildung 3/1 zeigt das Ergebnis dieser Ordnung. Die Dimension des Anwendungssystems zeigt, daß sich das Controlling vor allem auf das Rechnungswesen bezieht. Lediglich bei einer Studie (Skousen/Zimmer 1970) wird dem EDV-Controlling eine wichtige Aufgabe beigemessen. Aus der Dimension des Anwendungssystems kann somit kein Beitrag zur Erreichung der gesetzten Ziele gefunden werden.

Studie	Anwendungssysteme				Informationsprozeß		
	RW	PL	BUD	EDV	IS	IT	IK
Simon et al (1954)	XXX	X			XX	XX	XX
Weston (1954)	XXX				XX		
Klingman (1958)	XX	X	X		XX		
CURTIS (1962)	XX		XX				
Henning/Moseley (1970)	XXX				X	X	X
Skousen/Zimmer (1970)	XX	X		XX	XX	XX	XX
Prentice Hall Editorial Staff (1975)	XX	X			XX	XX	XX

Legende:
RW = Rechnungswesen
PL = Planung
BUD = Budget
IS = Informationssammlung
IT = Informationstransformation
IK = Informationskommunikation
XXX= zentrale Aufgabe des Controlling
XX = wichtige Aufgabe des Controlling
X = Aufgabe des Controlling

Abb. 3/1: Sekundäranalyse

Ein anderes Ergebnis erzielt man, wenn man die zweite Dimension (Informationsprozeß) analysiert. In fünf der sieben Studien ist eine wichtige Aufgabe des Controlling in mindestens einer Phase des Informationsprozesses gegeben, in drei Fällen in allen Phasen.

Da Informationsprozesse mit ihren Subprozessen der Informationssammlung, der Informationstransformation und der Informationskommunikation durch Informations- und Kommunikationssysteme abgebildet werden, sind letztere das Objekt des Controlling.

Bezieht man die Dimension des Anwendungssystems in die Ergebnisinterpretation mit ein, so kann aufgrund der Sekundäranalyse die Aussage gemacht werden, daß Informations- und Kommunikationssysteme des Rechnungswesens primäres Objekt des Controlling sind [19].

Bleibt noch die Frage zu prüfen, ob sich das Controlling von Informations- und Kommunikationssystemen ausschließlich auf Anwendungssysteme des Rechnungswesens bezieht, oder ob es auch andere betriebliche Anwendungssysteme umfaßt. Zur Beantwortung dieser Frage wird ein Fallbeispiel verwendet:

Ein Unternehmen des Druck- und Verlagsgewerbes mit ca. 240 Beschäftigten plant für nachfolgende Anwendungssysteme den Einsatz eines Datenverarbeitungssystems: Finanzbuchhaltung, Kosten- und Leistungsrechnung, Materialwirtschaft, Lohn- und Gehaltsverrechnung, Autorenabrechnung, Auftragsabwicklung, Textverarbeitung. Die für Hardware und Software vorgesehene Investitionssumme liegt bei ca. 2,2 Mio Schilling. Die Investitionssumme für Software liegt bei ca. 840.000,-- Schilling, der auf das Rechnungswesen entfallende Anteil beträgt ca. 140.000,-- Schilling.

Eine Überschlagsrechnung ergibt, daß ca. 17% der Investitionssumme auf das Rechnungswesen entfallen und ca. 83% auf die sonstigen Anwendungssysteme. Diese (sicherlich etwas vereinfachte) Betrachtungsweise zeigt, daß der Investitionsanteil im Informations- und

Kommunikationssystem für sonstige Anwendungssysteme wesentlich höher liegt als der Investitionsanteil für das Anwendungssystem Rechnungswesen. Folgt man der Auffassung, daß sich das Controlling nur auf das Anwendungssystem Rechnungswesen bezieht, so werden nur 17% der Investitionssumme durch das Controlling abgedeckt. Die restlichen 83% der Investitionssumme werden demnach durch das Controlling nicht erfaßt.

Man kann der bisher geführten Argumentation den Vorwurf der Nichtbeachtung qualitativer Kriterien machen. So ist insbesondere die Steuerungsfunktion des Rechnungswesens hervorzuheben. Diese hat durchaus ihre Berechtigung. Es darf jedoch nicht übersehen werden, daß diese qualitativen Kriterien erst dann erfüllt werden können, wenn quantitative Nutzeffekte erzielbar sind. Will das Rechnungswesen seiner Steuerungsfunktion nachkommen, so setzt dies voraus, daß zuerst alle Anwendungssysteme ihre Daten der Datenbank bereitstellen. Darauf kann die Steuerungsfunktion des Rechnungswesens aufgebaut werden, was die Argumentation wiederum auf die quantitative Betrachtungsweise reduziert. Eine Investition kann demnach nicht nur mit qualitativen Nutzeffekten (z.B. bessere Information, schnellere Information) begründet werden, sondern ist primär von quantitativen Nutzeffekten (z.B. Personalreduktion) abhängig.

Eine Nutzwertanalyse zeigt im Ergebnis, daß aus der Sicht der Benutzer der Nutzwert des Anwendungssystems Rechnungswesen weiter sinkt, da bei den sonstigen betriebswirtschaftlichen Anwendungssystemen wesentlich höhere Nutzwerte angenommen werden als es nach der eben geführten Berechnung den Anschein hat.

Damit ist aber auch die oben gestellte Frage beantwortet. Das Controlling von Informations- und Kommunikationssystemen umfaßt alle betrieblichen Anwendungssysteme und nicht nur jene des Rechnungswesens, wenn auch letzteren eine besondere Bedeutung zuerkannt werden muß.

Obwohl sich das Controlling von Informations- und Kommunikationssystemen allmählich als zentrale Managementaufgabe herauszubilden beginnt, behandelt selbst die neuere Controllingliteratur das Controlling von Informations- und Kommunikationssystemen entweder überhaupt nicht oder nicht in der notwendigen Tiefe [20].

Das Controlling von Informations- und Kommunikationssystemen wird derzeit primär in einschlägigen Fachtagungen abgehandelt [21].

3.2.2. Die Aufgaben eines Controlling von Informations- und Kommunikationssystemen

Als Ergebnis der bisherigen Diskussion lassen sich unter Einbeziehung der aktuellen, zu diesem Themenkreis verfügbaren Literatur, die Aufgaben eines Controlling von Informations- und Kommunikationssystemen wie folgt beschreiben [22]:

(1) Setzen der Ziele des Informations- und Kommunikationssystems auf strategischer, taktischer und operativer Managementebene;

(2) Kontrollieren, ob die Ziele erreicht werden, gegebenenfalls steuerndes Eingreifen, sobald es zwischen Soll- und Istgrößen zu Abweichungen kommt;

(3) Einbindung der EDV-Revision in das Controllingkonzept. Das Revisionskonzept wird in hohem Ausmaß durch das Controllingkonzept bestimmt.

Diese Aufgabenerfüllung erfordert:

- ein Konzept zur Bildung des Zielsystems [23],
- ein Konzept zur geeigneten Strukturierung des Informations- und Kommunikationssystems [24],
- ein Konzept zur Entwicklung von Meßvorschriften [25],
- ein Konzept zur Bildung des situationsgerechten Controllingmodells (Meßsystem) [26].

3.2.3. Ein Konzept für ein Controlling von Informations- und Kommunikationssystemen

3.2.3.1. Der Stellenwert der Information

Bei der Festlegung des für die Entwicklung eines Controllingkonzepts anzuwendenden Forschungsansatzes ist von den Aufgaben des Controlling von Informations- und Kommunikationssystemen auszugehen. Allen Interpretationen gemeinsam ist die informationswirtschaftliche Seite des Controlling. Nach Link ist Gegenstand der Informationswirtschaft "jede zielorientierte Abwicklung und Strukturierung von Informationsverarbeitungsprozessen" [27]. Ziele bilden demnach den Ausgangspunkt des Controllingkonzepts. Im Gegensatz zum klassischen Controlling, für das die Ergebnisorientierung die Leitlinie bildet, gilt beim Controlling von Informations- und Kommunikationssystemen die Zielorientierung als Leitlinie [28].

Entscheidungsprozesse können als Informationsprozesse verstanden werden, die aus drei Subprozessen gebildet werden [30]. Unter Informationssammlung wird die Erschließung der Informationsquellen sowie die Informationsgewinnung verstanden. Die Informationstransformation bezeichnet die Informationszusammenstellung und die Informationsaufbereitung. Die Informationskommunikation umfaßt die Informationsdarstellung und die Informationsempfängerbestimmung. Die damit verbundenen Fragen lauten: Was? Wann? Wer? Wodurch? Wozu? Wie?

Jeder Subprozeß ist mit Informationsverarbeitungsaktivitäten verbunden. Die verarbeitete Information muß sich auf das angestrebte Ziel beziehen; sie ist somit durch Zweckgerichtetheit und handlungsbestimmende Kenntnis über vergangene, gegenwärtige oder zukünftige Vorgänge in der Realität gekennzeichnet.

3.2.3.2. Informationsverhalten des Organisationsmitglieds

Jedes Organisationsmitglied sammelt und transformiert Informationen, mit denen es schließlich kommuniziert. Ein Organisationsmitglied kann einerseits ausführendes Organ in eigener Verantwortung sein, andererseits Vorgesetzter, der nicht nur Aufträge vergibt, sondern gleichzeitig die Organisation mitgestaltet. Will spricht im ersten Fall vom lokal autonomen Informationsverhalten (Informationsverwaltung), während er im Falle der Gestaltungsfunktion vom global steuernden Informationsverhalten (Informationsadministration) spricht [31]. Jede Aufgaben- und Verantwortungsdelegation richtet implizit Informationskanäle ein, über die die Mitarbeiter Informationen steuern können. Demnach hat das Informationsverhalten eines Mitarbeiters Auswirkungen auf den Informationsprozeß [32]. Für das Controlling von Informations- und Kommunikationssystemen ist die Kenntnis über das tatsächliche Funktionieren der Organisation entscheidend und darüber hinaus, wie die Mitarbeiter ihre Entscheidungsprobleme bewältigen [33].

Global steuerndes Informationsverhalten unterliegt anderen Grundsätzen als lokal autonomes Informationsverhalten. Die Unterschiede ergeben sich aus der Unterschiedlichkeit in den Zielen, der unterschiedlichen Organisationsstruktur sowie der Unterschiedlichkeit der Objekte, auf die sich dieses Informationsverhalten bezieht.

Mehr als in einem nicht computergestützten Informations- und Kommunikationssystem tritt bei einem computergestützten Informations- und Kommunikationssystem das Integrationsproblem auf [34], einerseits im Hinblick auf die Subsysteme im Informationsprozeß, andererseits in bezug auf die organisatorischen Teilsysteme und drittens zwischen Informations- und Kommunikationssystemen. Der Funktionsumfang eines Informations- und Kommunikationssystems wird einerseits durch die datenmäßige Abbildung der Realität im Datensystem gebildet, während andererseits über das Methodensystem die Verknüpfung der Daten realisiert wird. Für Fehlentscheidungen werden in der Praxis verschiedene Begründungen geliefert, wobei deren Korrekturansätze genau so unsystematisch sind wie deren Begründungen [35].

3.2.3.3. Der semiotische Ansatz als Analyse- und Gestaltungsinstrument

Nachdem in den bisherigen Kapiteln primär die Komplexität des Informationssytems dargestellt wurde, werden nun die anzuwendenden Forschungsansätze diskutiert. Folgt man der logischen Struktur, die Grochla vorschlägt, so lassen sich dafür folgende Kategorien bilden [36]:

- Terminologische Aussagesysteme beinhalten hauptsächlich Begriffsdefinitionen.
- Deskriptive Aussagesysteme versuchen, die Aufgaben eines Controlling von Informations- und Kommunikationssystemen zu beschreiben.
- Empirisch-kognitive Aussagesysteme beinhalten Hypothesen über empirische Gesetzmäßigkeiten.
- Praxeologische Aussagesysteme geben Empfehlungen über das Handeln.

Die Forschungsansätze zum Entwurf eines Controllingkonzepts bedienen sich hauptsächlich terminologisch-deskriptiver Aussagesysteme. Es existieren keine signifikanten empirisch-kognitiven Aussagesysteme. Die verfügbaren theoretischen Grundlagen reichen nicht aus, um auf der Basis praxeologischer Aussagesysteme anzusetzen. Es muß somit versucht werden, ein Informations- und Kommunikationssystem so zu konzipieren, daß Fehlentscheidungen, die auf fehlerhafte Konzepte zurückzuführen sind, verhindert werden. Zur Bildung geeigneter Konzepte wäre es möglich, den verhaltenstheoretischen Ansatz anzuwenden. Dieser wird jedoch ausgeklammert, da er die Komplexität des Controllingkonzepts noch wesentlich erhöhen würde [37]. Besser geeignet ist der semiotische Ansatz, da er dem Objekt

Informations- und Kommunikationssystem strukturadäquat ist. Da Zeichensysteme in Informations- und Kommunikationssystemen auf der syntaktischen, der semantischen und der pragmatischen Ebene auftreten, ist das "Analyseinstrument" Semiotik dem "Objekt" Informations- und Kommunikationssystem angepaßt [38].

(1) Die syntaktische Ebene beschäftigt sich mit Zeichen und ihren mathematisch-statistischen Relationen. Die wissenschaftliche Literatur ordnet diese Ebene primär dem Wissenschaftsgebiet der Informatik zu. Für betriebswirtschaftliche Untersuchungen, aber auch für Fragestellungen der Wirtschaftsinformatik, ist diese Ebene nicht relevant. Dem kann, wenn man das Controlling von Informations- und Kommunikationssystemen betrachtet, nicht zugestimmt werden, weil hier Techniksysteme angesprochen werden, deren Beurteilung vielfach nur auf der syntaktische Ebene möglich ist [39]. Die Analyse des Informations- und Kommunikationssystems mit syntaktischen Mitteln gewinnt vor allem bei der Systemplanung an Bedeutung. So sind beispielsweise verwendete Softwareteststrategien für die Produktqualität von entscheidender Bedeutung. Diese Softwareteststrategien beziehen sich auf die syntaktische Ebene [40]. Die gerade in letzter Zeit durch die Publikationen von Cohen und in Europa durch Dierstein angeregete Diskussion zum Thema der Computervieren, betrifft ebenfalls die syntaktische Ebene [41]. Wenn das Controlling von Informations- und Kommunikationssystemen für den Ablauf des Informationsprozesses verantwortlich ist - und davon ist auszugehen - dann kann die syntaktische Ebene, soweit sie das Controlling betrifft, nicht ausgeklammert werden.

(2) Die semantische Ebene untersucht den Bedeutungsinhalt der Zeichen, also das Verhältnis der Zeichen zum Bezeichneten und den Bedeutungen der Zeichen untereinander. Ein Hilfsmittel für semantische Analysen ist die Logik [42].

(3) Die pragmatische Ebene schließt die Benutzer in die Analyse

und Gestaltung von Zeichen bzw. Informationen ein. Im Kern der Betrachtung steht die Wirkung von Informationen zum jeweiligen Verhalten [43].

Semiotik ist ein geeigneter Ansatz für die Operationalisierung des Informationsbegriffs. Mit der Entwicklung von Hardwarekonzepten der 5. Generation und der Konzepte der Programmiersprachen der 4. Generation nimmt die Bedeutung semiotischer Ansätze weiter zu. Für ein Controllingkonzept eignet sich der semiotische Ansatz insbesondere zum Entwurf der Meßvorschriften, worauf in den Kapiteln sechs und sieben eingegangen wird. Für die Strukturierung des Informations- und Kommunikationssystems hingegen ist der Systemansatz wegen seiner Flexibilität als geeigneter anzusehen. Außerdem ist die Theorie semiotischer Ansätze zur Analyse des Informations- und Kommunikationssystems noch zu wenig entwickelt.

3.2.3.4. Der erweiterte Systemansatz als Analyse- und Gestaltungsinstrument

Da mit dem semiotischen Ansatz die Analyse und Gestaltung des Informations- und Kommunikationssystems nicht vollständig möglich ist, muß ein erweiterter Ansatz gefunden werden. Zu diesem Zweck ist es sinnvoll, von den Aufgaben des Controlling von Informations- und Kommunikationssystemen auszugehen. Diese zeigen, daß das Informations- und Kommunikationssystem grundsätzlich ein Forschungsobjekt der Interdisziplinärforschung ist [44]. Der Vorteil der Interdisziplinärforschung besteht in einem von den Fachbereichen unabhängigen Forschungsansatz. Der Systemansatz bietet die Möglichkeit, komplexe Sachverhalte in operationaler Form darzustellen.

Die Innovationsgeschwindigkeit der Techniksysteme führt zu ständigen Veränderungen im Informations- und Kommunikationssystem. Um eine Analyse und Gestaltung des komplexen Gebildes Informations-

und Kommunikationssystem überhaupt zu ermöglichen, ist es notwendig, dieses modular zu strukturieren. Rockart spricht von "basic decision units" [45]. Der Systemansatz ist für die Analyse und Gestaltung modularer Systeme besonders geeignet. Ulrich definiert das System als eine geordnete Gesamtheit von Elementen, zwischen denen irgendwelche Beziehungen bestehen oder hergestellt werden können. Diese Definition ist sehr allgemein und bedarf einer Konkretisierung [46]. Der Vorteil einer so allgemeinen Definition liegt in der hohen Flexibilität für die Strukturierung des Informations- und Kommunikationssystems. In diesem Zusammenhang muß auch auf die Gefahren des Systemansatzes verwiesen werden, worauf besonders Picot und Schanz hinweisen [47]:

- Die Systemtheorie besitzt keinen empirischen Informationsgehalt.
- Alte Sachverhalte erscheinen im vermeintlich neuen Licht.
- Die Systemanalyse neigt zu normativen Aussagen.
- Durch unkritisches Denken ist die Gefahr der Systemideologie besonders hoch.
- Analogiebildungen können zu nicht überprüfbaren Aussagen führen.

Da ein Informations- und Kommunikationssystem in einer realen Umgebung analysiert wird, ist es notwendig, den Systemansatz um jene Faktoren zu erweitern, die situationsbezogen auf das Informations- und Kommunikationssystem einwirken [48]. Horvàth spricht von den Kontextfaktoren, die eine Organisationssituation beschreiben. Diese Einflußfaktoren sind nicht veränderbar [49]. Unterschiedliche Situationen bedingen unterschiedliche Organisationsstrukturen, was heißt, daß es für die Gestaltung des Informations- und Kommunikationssystems keine allgemeingültige Lösung gibt. Dieser Situation wird durch modulare Konzepte Rechnung getragen, worauf insbesondere im Kapitel sechs eingegangen wird [50].

Es sind also zwei Forschungsansätze, die das Controllingkonzept kennzeichnen. Die Strukturierung des Informations- und Kommunikationssystems erfolgt mit dem Systemansatz, der dafür eine besondere Eignung aufweist. Für die Bildung der Meßvorschriften wird teilweise auf den semiotischen Ansatz zurückgegriffen.

3.3. Das Controllingkonzept aus der Sicht des Systemansatzes

Abbildung 3/2 zeigt die Struktur des Informations- und Kommunikationssystems aus der Sicht des Systemansatzes. Wie empirische Studien bestätigen, kann das komplexe Gebilde Informations- und Kommunikationssystem nur dann analysiert und gestaltet werden, wenn es in modularen Einheiten vorliegt [51]. Da ein Informations- und Kommunikationssystem immer für Anwendungen und Organisationen existiert, ist die Strukturierung nach Anwendungssystemen und organisatorischen Teilsystemen gegeben. Der Begriff Anwendungssystem wird in dieser Arbeit als funktionales Teilsystem des Informations- und Kommunikationssystems verstanden; organisatorische Teilsysteme sind formal strukturierte Organisationseinheiten des Unternehmens (z.B. Abteilungen). Somit sind zwei Dimensionen des Informations- und Kommunikationssystems beschrieben.

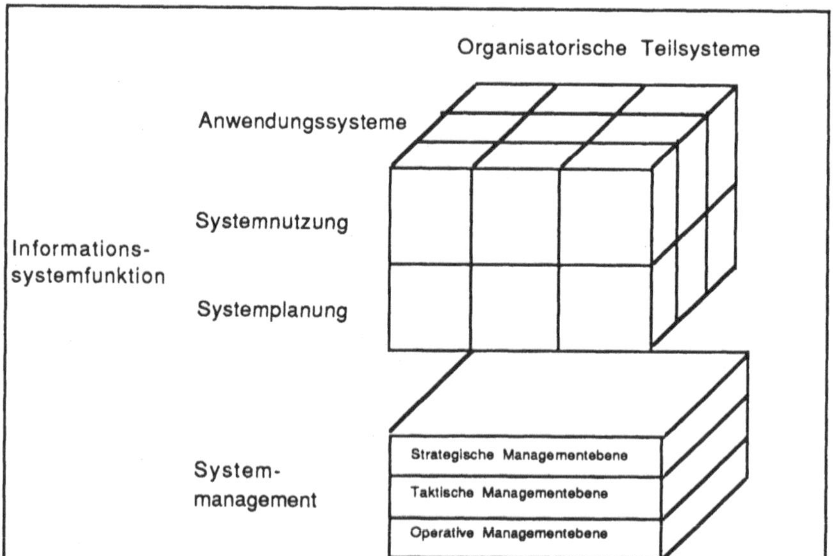

Abb. 3/2: Struktur des Informations- und Kommunikationssystems (CIKS-Würfel)

Die dritte Dimension der Struktur des Informations- und Kommunikationssystems bezeichnet die Informationssystemfunktion.
Diese läßt sich in zwei Prozesse gliedern.

- Die Systemplanung ist die Abbildung des Informationsprozesses auf ein Datenverarbeitungssystem.
- Die Systemnutzung sichert den permanenten Betrieb des Informationsprozesses.

Wegen der Bedeutung des Systemmanagement für das Informations- und Kommunikationssystem wird es nicht der Informationssystemfunktion zugeordnet, sondern als eigener Prozeß strukturiert, der alle Dimensionen des Informations- und Kommunikationssystems durchdringt.

Diese so gewählte Struktur hat den Vorteil, daß sie für die Diagnose unterschiedlicher Informations- und Kommunikationssysteme verwendbar ist.

3.3.1. Das Systemmanagement

Aufgaben des Systemmanagement sind die Planung, die Koordination, die Kontrolle und die Steuerung des Informations- und Kommunikationssystems. Wegen der Unterschiedlichkeit dieser Aufgaben ist es notwendig, diese unterschiedlichen Managementebenen zuzuordnen. Planung setzt Ziele voraus, an denen sich die Strategien und der Mitteleinsatz zu orientieren haben [52].

(1) Die strategischen Managementebene

Die zentrale Aufgabe der strategischen Managementebene ist die Formulierung des Leitbildes des Informations- und Kommunikationssystems. Dieses Leitbild soll über die Stellung des Informations- und Kommunikationssystems im Unternehmen informieren und seine Grundsätze festlegen. Dies erfordert die Planung von Zielen und Strategien, die strategische Analyse sowie die Festlegung der

Handlungsspielräume [53]. Die Strategie legt die Art und Weise des Steuerungsverhaltens fest. Sie ist die Erklärung für das "Wie" der Zielerreichung [54]. Ein komplexes Gebilde, wie es ein Informations- und Kommunikationssystem ist, kann nicht mit einem Ziel gesteuert werden. Vielmehr ist dafür ein komplexes System hierarchischer Steuerungsinformationen (z.B. Kennzahlen) notwendig. Hierarchisch deshalb, weil jede Managementebene die Steuerung des Informations- und Kommunikationssystems an anderen Zielen orientiert. Wenn auch die Ziele zur Steuerung des Informations- und Kommunikationssystems bekannt sind, so ist besonders auf die Kongruenz von Strategie und Informationsinhalt der zur Steuerung verwendeten Ziele zu achten, da Ziele mit gleicher Syntax auf unterschiedlichen Managementebenen oft eine unterschiedliche Semantik haben. Die rapide Veränderung der Umwelt erfordert die permanente Überprüfung der strategischen Ziele auf deren Steuerungsrelevanz [55].

Die Planung von Zielen und Strategien setzt die strategische Analyse der Umwelt des Informations- und Kommunikationssystems voraus, was seinen Niederschlag in der vorhin geforderten permanenten Überprüfung der Ziele im Hinblick auf die Anforderungen an das Informations- und Kommunikationssystem findet.

Handeln ist ein menschliches, subjektives, sinnhaftes Verhalten, das sich in äußerlichem oder innerlichem Tun, Dulden oder Unterlassen ausdrückt [56]. Handeln ist demnach die Inanspruchnahme einer Wahlmöglichkeit, was dem Handelnden einen Handlungsspielraum ermöglicht. Der Handlungsspielraum im Informations- und Kommunikationssystem bietet Erfolgspotentiale. Informations- und Kommunikationssysteme sind auf ein bestimmtes Handeln der strategischen Managementebene ausgerichtet. Wenn sich dieses Handeln in seiner Struktur kurzfristig ändert, sollte das Informations- und Kommunikationssystem dieser Änderung unmittelbar Rechnung tragen. Es existiert ein Handlungsspielraum, der eine unmittelbare Reaktion ermöglicht.

Durch die präzise Formulierung von Zielen, Strategien und Handlungspielräumen muß die strategische Managementebene verhindern, daß das Steuerungsverhalten der taktischen und der operativen Managementebene unter Verwendung unpräziser Steuerungsinstrumente auf der Basis unangemessener Ziele zu einer schlechten Zielbeitragsermittlung führt. Das Hauptmerkmal der Ziele der strategischen Managementebene ist, daß sie das Unternehmen als Ganzes betreffen und daß sie Handlungsspielräume zur Nutzung von Erfolgspotentialen festlegen, an denen sich die taktische Managementebene orientieren kann. Ein weiteres Merkmal der Ziele der strategischen Managementebene ist deren Langfristcharakter, der sich aus der Forderung der Leitbildformulierung ergibt [57].

Die Ergebnisse der empirischen Studie, über die im Kapitel vier berichtet wird, decken sich, insbesondere soweit die strategische Managementebene betroffen ist, mit den Hypothesen von Horvàth [58]. Horvàth stellt in Anlehung an Kirsch, Cohen, March und Olsen drei Gruppen von Modellvorstellungen über betriebswirtschaftliche Entscheidungsprozesse vor [59].

- Nach dem traditionellen Modell der Entscheidungstheorie werden die Entscheidungen als ein Auswahlproblem bei vorgegebenen Zielen, Alternativen, Ereignissen und Umweltzuständen gesehen.

- Beim Modell der beschränkten Rationalität wird die Organisation als Koalition von Mitgliedern mit unterschiedlichen Zielen und beschränkter Informationsverarbeitungskapazität gesehen.

- Das Mülleimer-Modell beschreibt die Realität auf der strategischen Managementebene am besten [60]. Das Informationsmanagement operiert auf strategischer Ebene mit inkonsistenten und schlecht definierten Zielen. Es gibt keinen organisierten Zielfindungsprozeß, und Ziele werden demnach eher zufällig entdeckt. Die eingesetzten Entscheidungsregeln im Sinne von Strategien sind tagesbezogen und weisen keine Kontinuität auf. So zeigt die Untersuchung von Weston aus dem Jahre 1954, daß das Management zeitlich am stärksten durch das "day-to-day-management" belastet wird [61]. Analogien zum Mülleimer-Modell drängen sich auf. Der von Horvàth aufgestellten Hypothese, daß "die Eigenschaften der organisierten Anarchie zum Teil bzw. zu bestimmten Zeiten in allen Organisationen vorhanden sind", kann aufgrund der empirischen Ergebnisse zugestimmt werden [62].

(2) Die taktische Managementebene

Die Aufgaben der taktischen Managementebene werden einerseits ausgehend von den Aufgaben der strategischen Managementebene gebildet und andererseits durch die notwendigen Aufgaben der operativen Managementebene gebildet. Der Planungshorizont der taktischen Managementebene ist zwischen ein und vier Jahren anzusetzen. Die Literatur gibt für die taktische Managementebene - außerhalb des Informations- und Kommunikationssystems - einen Planungshorizont zwischen zwei und fünf Jahren an [63]. Die rasche Innovationsgeschwindigkeit der Techniksysteme hat für die taktische Managementebene zur Senkung des Planungshorizonts geführt. Die Aufgaben dieser Managementebene werden einerseits durch die Ziele und Strategien der strategischen Managementebene festgelegt, während andererseits die Durchführungsnotwendigkeit des Informations- und Kommunikationssystems auf der operativen Managementebene weitere Aufgaben bedingt. Eine Fragestellung lautet: "Welche Ziele sind aus den strategischen Zielen abzuleiten und welche Maßnahmen bzw. welche Mittel sind in Abhängigkeit der vorgegebenen Strategien einzusetzen, um die strategischen Ziele zu erreichen". Eine andere Fragestellung richtet sich an die operative Managementebene: "Welche Ziele und Mittel sind zur Durchführung auf der operativen Mangementebene vorzugeben?". Versteht man als die Aufgabe dieser Managementebene die Mittelauswahl-Planung [64], so sind Meßvorschriften für die Messung einzelner Ziele bereitzustellen. Betreffen die Ziele und die Strategien der strategischen Managementebene das gesamte Informations- und Kommunikationssystem, so sind die Ziele und der sich an den Strategien orientierende Mitteleinsatz der taktischen Managementebene wesentlich differenzierter. Sie beziehen sich sehr konkret in Form von Meßvorschriften auf Anwendungssysteme sowie organisatorische Teilsysteme. So kann beispielsweise die Systemplanung unter dem Wirtschaftlichkeitsziel zu einer Zentralisierung im Informations- und Kommunikationssystem neigen, während die Systemnutzung unter demselben Ziel zur Dezentralisierung neigt. Dieses Ergebnis ist aber nur dann zu erzielen, wenn das Informations- und Kommunikationssystem modular strukturiert ist. Somit ist auch die geeignete Strukturierung des Informations- und Kommunikationssystems eine Aufgabe der taktischen Managementebene. Durch die zunehmende Dezentralisierung der Informations- und Kommunikationssysteme tritt die Koordination immer mehr in den Vordergrund. Damit einhergehend gewinnt das seit langem in der Betriebswirtschaftslehre diskutierte Integrationsproblem erneut an Aktualität [65]. Weitere Aufgaben der taktischen Managementebene sind die Projektorganisation sowie die Kosten- und Leistungsrechnung. Die in der Literatur angegebenen Steuerungskriterien für ein Informations- und Kommunikationssystem beziehen sich großteils auf diese Managementebene [66], ohne jedoch einen Bezug zur strategischen Managementebene herzustellen.

(3) Die operative Managementebene

Die Aufgabe der operativen Managementebene leitet sich aus der Notwendigkeit zum Betrieb des Informations- und Kommunikationssystems ab. Aus zeitlicher Dimension betrachtet, bezieht sich diese Aufgabe primär auf das Tagesgeschäft bis hin zu einem Einjahreszeitraum. Das Konzept der operativen Managementebene hat Auswirkungen auf die taktische Managementebene. Je besser das Bottom-Up-Konzept funktioniert, umso besser ist auch die Reaktionsfähigkeit übergeordneter Managementebenen gegeben. Umgekehrte Auswirkungen sind darin zu erkennen, daß die Qualität der Konkretisierung von Handlungsanweisungen übergeordneter Managementebenen die Steuerungsfunktion der operativen Managementebene bestimmt. Weiters darf die Informationssystemfunktion kein abstrakter Ansatz bleiben, sondern muß für die Informations- und Kommunikationssysteme konkretisiert werden. Dies läßt sich recht gut am Sicherungssystem darstellen. Das Sicherungssystem realisierter Informations- und Kommunikationssysteme ist nicht als Ergebnis strategischer Überlegungen heraus entstanden, sondern aus der Durchführungsnotwendigkeit auf der operativen Managementebene. Dieses Sicherungssystem umfaßt nur jene Steuerungskriterien, die aus operativer Sicht relevant sind. Diese Steuerungskriterien sind nicht in ein geschlossenes Konzept eingebettet, sondern stehen isoliert im Raum und erfüllen lediglich Sicherungsaufgaben der operativen Managementebene.

Mit der zunehmenden Abhängigkeit der Unternehmen von Informations- und Kommunikationssysten beginnt die taktische Managementebene, Steuerungskriterien zu entwerfen. Vielfach sind diese Steuerungskriterien zu jenen der operativen Managementebene inkompatibel, da letztere weitgehend durch das realisierte Softwaresystem vorgegeben sind. So entsteht ein Sicherungssystem, das den Anforderungen nicht entspricht, da ihm die Zielorientierung fehlt. Erst die Ableitung eines Sicherungssystems von der strategischen Managementebene ausgehend, bietet die Gewähr eines geschlossenen, den Anforderungen entsprechenden Sicherungssystems.

3.3.2. Der Informationsprozeß

Information ist zur Verfügung gestelltes Wissen über bestimmte Sachverhalte [67]. Mit jeder Information ist demnach das Merkmal des Zurverfügungstellens verbunden. Zurverfügungstellen bedingt die Sammlung, die Transformation und die Kommunikation. Damit sind die drei wesentlichen Phasen des Informationsprozesses charakterisiert [68].

(1) Informationssammlung
Diese Phase befaßt sich mit der Erschließung der Informationsquellen und der Informationsgewinnung. Das Problem besteht darin, daß die Realität im Modell nicht vollständig abbildbar ist. Die Erschließung der Informationsquellen ist ein entscheidendes Merkmal für die Qualität des Informationsprozesses. Durch Veränderung der wirtschaftlichen Rahmenbedingungen werden auch an deren Abbildung im Informations- und Kommunikationssystem neue Anforderungen gestellt.

Tendenziell sind gut strukturierte, formalisierte Informations- und Kommunikatiossysteme unflexibel. Da diese Informations- und Kommunikationssysteme weitgehend "zementiert" sind, ist es notwendig, die in einer veränderten Situation notwendigen Steuerungsinformation rasch bereitzustellen.

(2) Informationstransformation

Jede Informationstransformation ist Wissensverarbeitung und erzeugt neue Informationen. In der Literatur wird die Transformationsphase oft als die bedeutendste Phase im Informationsprozeß bezeichnet [69]. Informationszusammenstellung und Informationsaufbereitung sind die Merkmale dieser Phase. Nicht darunter zu verstehen ist die Transformation durch den Träger der Information, nämlich durch das Signal. Eine geeignete Operationalisierung der Informationstransformation ermöglicht der Ansatz von Randolph [70]. Für ihn ist die Informationstransformation mehr als Verknüpfen von Informationen nach logischen Gesetzmäßigkeiten. Seine Analysen beziehen sich auf den Ableitungs-, Bestätigungs- und Verwendungszusammenhang. Im Ableitungszusammenhang erfolgt die Bildung von Problemlösungssystemen mit Hilfe empirisch-theoretischer Modelle. Im Bestätigungszusammenhang erfolgt die Bestätigung der untersuchten Informationstransformation, während sich der Verwendungszusammenhang speziell mit jener Transformation beschäftigt, bei der der Modellierer vom Verwender abhängig ist.

(3) Informationskommunikation

Informationskommunikation ist Wissensvermittlung, die durch die Informationsdarstellung und die Informationsempfängerbestimmung gekennzeichnet ist. Neben der inhaltlichen Abstimmung ist auch die zeitliche Abstimmung bei der Informationskommunikation zu berücksichtigen.

Der Informationsprozeß findet die datenverarbeitungsmäßige Realisierung in der Informationssystemfunktion.

3.3.3. Die Informationssystemfunktion

Informationsfunktion ist die zusammenfassende Bezeichnung für alle Aufgaben einer Organisation, welche sich mit Information und Kommunikation als wirtschaftliches Gut befassen. Im Gegensatz dazu bezeichnet Informationssystemfunktion die aus Systemplanung und Systemnutzung bestehende Dimension eines Informations- und Kommunikationssystems. Hat man die Informationssystemfunktion definiert, dann ist es möglich, Objekte zur Messung dieser zu bilden und Meßvorschriften abzuleiten [71].

Zunächst kann die Informationssystemfunktion in drei Prozesse unterschiedlicher Charakteristik gegliedert werden:

- Systemmanagement,
- Systemplanung,
- Systemnutzung.

Aufgrund seiner Funktion im Informations- und Kommunikationssystem nimmt das Systemmanagement, als ein das gesamte Informations- und Kommunikationssystem durchdringender Prozeß, eine besondere Stellung ein, was sich auch in der in Abbildung 3/2 dargestellten Strukturierung des Informations- und Kommunikationssystems niederschlägt. Wegen der Unterschiedlichkeit dieser Prozesse ist es weder möglich noch wünschenswert, die Informationssystemfunktion als einheitliches Objekt zu betrachten. Beispielsweise impliziert Sicherheit als Ergebnis der Systemplanung noch keine sichere Systemnutzung.

Systemplanung ist die Menge der Methoden (einschließlich Prinzipien, Grundsätze, Vorgehensweisen) und Werkzeuge zur Erklärung und Gestaltung von Informations- und Kommunikationssystemen [72].

Systemnutzung ist der Prozeß der Nutzung eines Informations- und Kommunikationssystems und umfaßt beispielsweise die Erfassung von

Daten, das Abfragen von Datenbanken; mit anderen Worten den Betrieb des Informations- und Kommunikationssystems.

3.3.4. Die Anwendungssysteme

Anwendungssysteme können von einem umfassenden Informations- und Kommunikationssystem über einzelne Programme bis hin zu Unterprogrammen reichen. Am Beispiel des Datenschutzes kann gezeigt werden, daß unterschiedliche Anwendungssysteme auch ein unterschiedliches Controlling erfordern. So kommt den GoD bei der Verarbeitung personenbezogener Daten eine Bedeutung zu, während bei Finanzbuchhaltungssystemen die GoB von Bedeutung sind. Diese Unterschiedlichkeit in den Anwendungssystemen erfordert ein situationsbezogenes Controlling. Das in dieser Arbeit entwickelte Controllingkonzept ermöglicht es, unterschiedliche Anwendungssysteme zu diagnostizieren.

3.3.5. Die organisatorischen Teilsysteme

Die dritte Dimension der Struktur eines Informations- und Kommunikationssystems berücksichtigt die Organisationsstruktur. Ein Anwendungssystem kann sich auf ein organisatorisches Teilsystem oder auf mehrere organisatorische Teilsysteme beziehen. Wenn die organisatorischen Teilsysteme unterschiedlich sind (wenn z.B. einzelne Werke unterschiedliche Produkte herstellen), dann muß das Controllingkonzept diese unterschiedliche Situation berücksichtigen. Organisatorische Teilsysteme können von einem ganzen Unternehmen über einzelne Abteilungen bis hin zu Arbeitsplätzen definiert werden.

Zusammenfassend läßt sich das Controlling von Informations- und Kommunikationssystemen mit vier Konzepten beschreiben. Diese sind:

Ein Konzept zur Bildung des Zielsystems, ein Konzept zur geeigneten Strukturierung des Informations- und Kommunikationssystems, ein Konzept zur Entwicklung von Meßvorschriften und ein Konzept zur Bildung des situationsgerechten Controllingmodells.

In diesem Kapitel wurde mit den Dimensionen des Anwendungssystems, des organisatorischen Teilsystems, der Informationssystemfunktion sowie des Systemmanagements ein Konzept zur geeigneten Strukturierung des Informations- und Kommunikationssystems entwickelt. Der so gewählte Ansatz hat den Vorteil, daß er zur Diagnose beliebig strukturierter Informations- und Kommunikationssysteme verwendet werden kann.

Für ein Konzept zur Bildung des Zielsystems ist es notwendig, auf empirische Studien zurückzugreifen. Dies gilt auch für das Konzept zur Entwicklung von Meßvorschriften. Weil auf brauchbare Ergebnisse empirischer Studien nicht zurückgegriffen werden konnte, hat der Autor zwei empirische Studien durchgeführt, über die in den folgenden beiden Kapiteln berichtet wird.

Anmerkungen

[1] Ziegenbein, K.: Controlling. Ludwigshafen 1984, 32; Egger, A.: Betriebswirtschaftliche Grundlagen des Revisions- und Berichtswesens, Arbeitsunterlage Kammer der Wirtschaftstreuhänder (Hrsg.). Die Forschungsergebnisse des Stanford Research Institute über Systems Auditability & Control werden getrennt nach "audit practices" und "control practices" berichtet. Vgl. dazu Ruder B., et al.: Systems Auditability & Control Study, data processing audit practices report. Altamonte Springs (Florida), October 1983; Russel, H. S., et al.: Systems Auditability & Control practices report, Altamonte Springs (Florida) October 1983. Obwohl hier zwei Berichte getrennt erstellt wurden, gehen die amerikanischen Ansätze wesentlich pragmatischer vor als die deutschsprachigen. Neuere Entwicklungen betonen wohl die unterschiedliche Aufgabenstellung von Revision und Controlling, heben aber die Gemeinsamkeiten der Aufgabenlösung bereits stärker hervor. Vgl. Scheer, A. W.: Revision und Controlling im informationstechnischen Wandel. In: EDV-Controlling, Wirtschaftlichkeit und Sicherheit in der Informationsverarbeitung, CW-CSE (Hrsg.). München 1983. Ein Blick auf den Veranstaltungszyklus der CW zu diesem Themenkreis zeigt, daß auch hier diese strikte Trennung zwischen Revision und Controlling nicht aufrechterhalten wird. So hat sich ein einschlägiges Seminar im Jahre 1983 ausschließlich mit dem Controlling befaßt, während beim Folgeseminar 1984 der Veranstaltungstitel bereits um die Revision erweitert wurde

[2] Dargestellt bei Horvàth, P.: Controlling. München 1979, 42ff

[3] Horvàth, P.: Controlling. München 1979, 70

[4] Egger A.: Betriebswirtschaftliche Grundlagen des Revisions- und Berichtswesens, Arbeitsunterlage Kammer der Wirtschaftstreuhänder (Hrsg.), 28ff

[5] Deutsches Institut für Interne Revision e.V.(Hrsg.): Die Interne Revision in der Bundesrepublik Deutschland - 1983. München 1984; Horvàth, P.: Planungsrechnung und Controlling. In: ZfB 55.Jg. (1985), H.8, 865-867

[6] Vgl. Knop, W.: Die Prüfung des Internen Kontrollsystems (IKS) als Basis zur Planung ergebnisorientierter Prüfungshandlungen. In: WPg, Heft 14/1983, 413-419; Knop, W. und Kaarst: Eine Prüfungsstrategie zur Prüfung des Internen Kontrollsystems (IKS) einer Unternehmung durch den Abschlußprüfer (Teil II). In: WPg, Heft 13/1984, 348-355

[7] Da im amerikanischen Aktienrecht die Kontrollinstanz des Aufsichtsrates nicht vorhanden ist und die Kontrolle vom Vorstand wahrzunehmen ist, wurde die Entwicklung von Audit Software zur Unterstützung der Kontrollaufgabe bereits frühzeitig vorange-

trieben. Die grundsätzlichen Konzepte lassen sich bereits aus wissenschaftlichen Arbeiten zu Beginn der 70-er Jahre ableiten. Vgl.insbesondere Will, H. J.: Computer-based auditing. In Canadien Accountant. February 1972, 29-35; Adams, D. L. und Mullarkey, J. F.: A survey of audit software. In: The Journal of Accountancy. September 1972, 39-66; Keith, O. and Dorricott, B.: Appraising computer assisted audit techniques. In: CA magazine. August 1975, 25-29; Sethna, R.: A Blueprint for generalized computer audit systems. In: CA magazine. August 1976. Verstärkte Bemühungen über die Entwicklung und den Einsatz von audit software findet man speziell in letzter Zeit bei international tätigen Wirtschaftsprüfungsgesellschaften. Es wird insbesondere verwiesen auf die KMG Computer Newsletter von Practice Development Unit. KMG Executive Office P.O.Box 7259 1007 JG Amsterdam Netherlands

[8] Egger, A., Betriebswirtschaftliche Grundlagen des Revisions- und Berichtswesens, Arbeitsunterlage Kammer der Wirtschaftstreuhänder (Hrsg.), 29

[9] Der rechtliche Rahmen wird in Österreich gebildet durch die §§ 39-44 HGB, die §§ 22,23 Ges.m.b.H Gesetz, die §§ 129 - 133 Aktiengesetz sowie die §§ 124-129, 131, 132 und 163 der BAO. Für die EDV-Revision sind aus österreichischer Sicht die Fachgutachten Nr.58 und Nr.62 der Kammer der Wirtschaftstreuhänder zu beachten. Zum Fachgutachten Nr. 58 ist festzuhalten, daß es dem heutigen Stand der Informationsverarbeitung nicht mehr Rechnung trägt und ehestens zu überarbeiten ist. Für die Bundesrepublik Deutschland gelten die einschlägigen FAMA-Stellungnahmen. Insbesondere die FAMA-Stellungnahme 1/1975. Zur Auslegung der Grundsätze ordnungsmäßiger Buchführung beim Einsatz von EDV-Anlagen im Rechnungswesen. In: WPg 1975, 555 ff, sowie die FAMA-Stellungnahme 1/1974 Prüfung von EDV-Buchführungen. In: WPg 1974, 83 ff, WPg 1977, 433 und WPg 979, 16ff

[10] Vgl. Schuppenhauer, R.: Grundsätze und Methoden der EDV-Prüfung. Düsseldorf 1983

[11] So fordert beispielsweise die Österreichische Industrie Aktien Gesellschaft (ÖIAG) bei ihren Prüfungsaufträgen im Rahmen der aktienrechtlichen Pflichtprüfung von den Wirtschaftsprüfer verstärkt die Durchführung von EDV-Systemprüfungen. Dies setzt von den Prüfern Informatikkenntnisse voraus, wie sie aus einer betriebswirtschaftlichen Ausbildung nicht erwartet werden können. Andererseits ist der Informatiker bedingt durch seine fehlende betriebswirtschaftliche Ausbildung für diese Aufgaben denkbar ungeeignet. Eine geeignete Ausbildung für solche Aufgaben hat der Wirtschaftsinformatiker

[12] Jackson, J. H.: The Comptroller: His Functions and Organization. 2 .Printing. Cambridge, Mass. 1949, zit. bei Horvàth, P.: Controlling. München 1979, 34. Eine umfassende Entwick-

lungsdarstellung des Controlling findet sich bei Horvàth, P.: Controlling. München 1979. Die Ausführungen von Bramsemann gehen wohl bis in das 15.Jhd. zurück, erreichen jedoch nicht den Detailliertheitsgrad von Horvàth P. (vgl.Bramsemann, R., Controlling. Wiesbaden 1980, 19f.). Eine recht gute Darstellung in Ergänzung zu Horvàth P., insbesondere der Systematik wegen findet sich bei Serfling (vgl. Serfling, K.: Controlling. München 1983, 18ff)

[13] Voorhies, D. H.: The Function of Corporate Secretaries, Treasures and Comptroller, a survey of corporate practices conducted by the Department of Organization of the Standard Oil Company of California with the assistance of J. Hugh Jackson. San Franzisco 1944 (Standard Oil Company of California), zit. bei Horvàth, P.: Controlling. München 1979

[14] Jackson, J.H.: The Comptroller, zitiert bei Serfling, K.: Controlling. München 1983, 19

[15] Der Aufgabenkatalog ist in der Originalfassung bei Serfling, K.: Controlling. München 1983, 20 abgedruckt

[16] Vgl. Horvàth, P.: Controlling. München 1979, 35 und 163. Zur Koordinationsfunktion vergleiche auch Pfohl, H. C.: Planung und Kontrolle. Stuttgart et al. 1981, 221. Im amerikanischen Schrifttum insbesondere Knöppel, zitiert bei Horvàth, P.: Controlling. München 1979, 35, und Bradshaw der den Controller als "Coordinate Agent" sieht (vgl.Bradshow, zitiert bei Horvàth, P. 35)

[17] Das Ausgangsmaterial für die nachfolgende Analyse stammt von Bornemann, Horvàth und Serfling (vgl. Bornemann, H.: Controlling heute. Wiesbaden 1985; Horvàth, P.: Controlling. München 1979, 42 ff. Serfling 1983)

[18] Zum Informationsprozeß siehe Kapitel 3.3.2.

[19] So auch im Grunde die Ergebnisse der 5. Saarbrückner Arbeitstagung Rechnungswesen und EDV. In: Kilger, W. und Scheer, A. W. (Hrsg.): Rechnungswesen und EDV. Würzburg/Wien 1984

[20] So behandelt beispielsweise Reichmann sehr umfassend ein mehrdimensionales Controllingkonzept der Bereiche Absatz, Logistik, Produktion Beschaffung und Führung. Das Controlling von Informations- und Kommunikationssystemen wird in wenigen Bemerkungen abgehandelt (Reichmann, T.: Controlling mit Kennzahlen. München 1985). Auch die Fallbeispiele von Bornemann betreffen nur klassische betriebswirtschaftliche Aufgabenbereiche. Die dort dargestellten Entwicklungsstufen des Controlling mit den unterschiedlichen Planungsansätzen bilden einen wichtigen Ausgangspunkt für das in dieser Arbeit zu entwickelnde Controlling von Informations- und Kommunikationssystemen, (Bornemann, 68). Ähnliche Ansätze finden sich bei Westphal und bei Horvàth (Westphal, H.: Möglichkeiten und

Grenzen der in der betrieblichen Praxis eingestzten Planungsverfahren. In: Krallmann, H. (Hrsg.): Unternehmensplanung und -steuerung in den 80er Jahren. Berlin 1982, 50 ; Horvàth, P.: Aufgaben und Möglichkeiten des Controlling in Klein- und Mittelbetrieben, In: Krallmann, H. (Hrsg.): Unternehmensplanung und -steuerung in den 80-er Jahren. Berlin 1982, 368f

[21] Diese waren: Die Informations-Workshops der CW-CSE in den Jahren 1983 und 1984, deren Ergebnisse in zwei Tagungsbänden publiziert wurden; das Anwendergespräch der GI in Hamburg 1981, sowie die gemeinsame Tagung der GI, ÖGI und SGI im Herbst 1986 in Linz, wo auch dieser Themenkreis behandelt wird. Siehe Roithmayr, F.: Thesen zur Revision und Kontrolle von Informations- und Kommunikationssystemen. In: Schulz, A. (Hrsg.): Die Zukunft der Informationssysteme, Lehren der 80-er Jahre. Berlin et al. 1986, 352-362

[22] Vgl. Seibt, D.: Konsequenzen der informationstechnologischen Entwicklung für das EDV-Controlling, 10; Bergmann, R.: Computergestütztes Controlling von Groß-Projekten: Methoden-Verfahren-Vorgehensempfehlungen. In: CW-CSE (Hrsg.): EDV-Revision & Controlling. München 1984; Seibt, D.: Methoden, Verfahren und Systeme zur Untersützung des DV-Controlling

[23] Vgl. die Kapitel 4.2.6., 4.2.7., 6.2., 6.7.

[24] Vgl. Kapitel 3.3.

[25] Vgl. Kapitel 6.4.

[26] Vgl. die Kapitel 6.5. und 7.

[27] Link, J.: Die methodologischen, informationswirtschaftlichen und führungspolitischen Aspekte des Controlling. In: ZfB 52.Jhg. (1982), 261-280, 263

[28] Ergebnisorientierte Ansätze finden sich bei Deyhle, A.: Controller Handbuch - Enzyklopädisches Lexikon für die Controller-Praxis Bd. I. Gauting b. München 1974, 124; Hahn, D.: Hat sich das Konzept des Controllers in Unternehmungen der deutschen Industrie bewährt? In: BFuP 30 (1978), 101-128

[30] Meyer, C. W. und Hansen, H. R. et al. bezeichnen den Subprozeß der Informationssammlung als Kollektion und verstehen darunter die Wissensermittlung; die Informationstransformation ist für sie die Wissensverarbeitung, während sie unter der Informationskommunikation die Wissensvermittlung verstehen (Meyer, C.W. und Hansen, H. R. et al.: Vertriebsinformatik. Berlin/New York 1973, 24f)

[31] Will, H. J.: Gestaltungsgrundsätze ordnungsmäßig wirkender Informations- und Kommunikationssysteme. In: DuD 3/81; Manage

the impact of systems on people. In: EDP-Analyzer, May 1985 Vol.23, No. 5, 1-14

[32] So betonen Horvàth (Horvàth, P.: Controlling in der "organisierten Anarchie". In: ZfB 52.Jhg (1982), 250-260; 251; Horvàth, P.: Controlling. München 1979, 756) sowie Amler (Amler, R.W.: Analyse und Gestaltung strategischer Informations- und Kommunikationssysteme der Unternehmung. Göttingen 1983, 5) die Bedeutung der Frage nach dem tatsächlichen Funktionieren von Organisationen. Dazu auch Götzen, G. und Kirsch, W.: Problemfelder und Entwicklungstendenzen der Planungspraxis. In: ZfbF, 31(1979), 162-194, 188. Vgl. dazu auch Kapitel vier

[33] Dieses Problem wurde bereits frühzeitig von Blohm/Heinrich (Blohm, H. und Heinrich, L. J.: Schwachstellen der betrieblichen Berichterstattung - Rationalisierung durch Ausschaltung von Störungen. Baden-Baden / Homburg 1965) erkannt. Mertens/ Griese haben die Diskussion 1972 erneut aktiviert (vgl. Mertens, P. und Griese, J.: Industrielle Datenverarbeitung Bd. 2, Informations- und Planungssysteme. Wiesbaden 1972. Siehe dazu auch Wedekind, H.: Datenorganisation. Berlin 1975

[34] Vgl. dazu Mertens, P., Hansen, K. und Rackelmann, G.: Selektionsentscheidungen im Rechnungswesen - Überlegungen zu computergestützten Informations- und Kommunikationssystemen. In: Die Betriebswirtschaft, 37.Jhg. (1977), 77; Müller-Merbach, H.: Betriebsinformatik am Ende? In: ZfB. 51.Jhg. (1981), 277, 277-282

[35] Die bei Amler 7ff zitierte Literatur.

[36] Grochla, E.: Erkenntnisstand und Entwicklungstendenzen der Organisationstheorie. In: ZfB, 39. Jhg. (1969), 1-22

[37] Amler, R. W.: Analyse und Gestaltung strategischer Informationssysteme der Unternehmung. Göttingen 1983

[38] Blohm, H. und Heinrich, L. J.: Schwachstellen der betrieblichen Berichterstattung - Rationalisierung durch Ausschaltung von Störungen. Baden-Baden / Homburg 1965, 21; Reber, G.: Wie rational verhält sich der Mensch im Betrieb? Ein Plädoyer für eine verhaltenswissenschaftliche Betriebswirtschaftslehre. Wien/New York 1975; Kirsch, W.: Einführung in die Theorie der Entscheidungsprozesse, Bd. I. Wiesbaden 1977. Vgl. Morris, Ch. W.: Grundlagen der Zeichentheorie, Ästhetik zitiert bei Amler, R.W.: Analyse und Gestaltung strategischer Informations- und Kommunikationssysteme der Unternehmung. Göttingen 1983, 33; Bentele, G., Bystrina, I.: Semiotik Grundlagen und Probleme. Stuttgart et al. 1978; Bense, M.: Semiotik. Baden-Baden 1967. Zur Theorie der Zeichen siehe Bense, M.: Semiotik, Baden-Baden 1967; Schiebel, W.: Corporate Language. In: ZfO, Heft 7/81, 397-402

[39] Witte, E.: Das Informationsverhalten in Entscheidungsprozessen. Tübingen 1972, 4; Amler, R.W.: Analyse und Gestaltung strategischer Informations- und Kommunikationssysteme der Unternehmung. Göttingen 1983, 38. Grundsätzlich wird jedoch der Auffassung zugestimmt, daß die syntaktische Ebene zum Aufgabengebiet der Informatik zu zählen ist

[40] Schmitz, P., Bons, H. und Megen, van. R.: Software-Qualitätssicherung - Testen im Softwarelebenszyklus. Braunschweig 1982, 58

[41] o. A.: Computer Viren. In: KES 3/85, 77-86; Guide to VAX/VMS System Security July 1985. Order Number AA-Y510A-TE, AA-Y510A-T1

[42] Lundberg, B.: On correctness of information models. In: Information-Systems, Vol.8. No.2, 1983, 87-93

[43] Morris, Ch. W.: Zeichen, Sprache und Verhalten. Düsseldorf 1983, 326

[44] Zum Wissenschaftsgebiet der Betriebs- und Wirtschaftsinformatik vgl. insbesondere Heinrich, L. J.: Zum wissenschaftlichen Standort einer Betriebs- und Verwaltungsinformatik. In: Angewandte Informatik 1975, Nr. 7, 265ff; Müller-Merbach, H.: Betriebsinformatik am Ende? In: ZfB 51.Jhg.(1981), 274-282; Wedekind, H.: Was heißt und zu welchem Ende studiert man Betriebsinformatik. In ZfB 11-12/80, 1268-1273; Stahlknecht, P.: Betriebsinformatik - Wissenschaft oder Streit um Begriffe. In: ZfB 11-12/80, 1274- 1278; Scheer, A. W.: Die Stellung der Betriebsinformatik in Forschung und Lehre. In: ZfB 11-12/80, 1279-1283

[45] Rockart, J. F. et al.: Centralization vs Decentralization of Information Systems. A Preliminary Model for Decision Making. M.I.T. Working Paper. April 1977 (Draft) 26f

[46] Ulrich, H.: Die Unternehmung als produktives soziales System - Grundlagen der allgemeinen Unternehmungslehre. Bern/Stuttgart 1970

[47] Picot, A.: Zur Frage der Ableitung von empirisch überprüften Aussagen aus systemtheoretischen Ansätzen in der Organisationsforschung. In: Jehle (Hrsg.), Systemforschung in der Betriebswirtschaftslehre. Stuttgart 1975, 87-105. Schanz, G.: Traditionelle Wissenschaftspraxis und systemtheoretisch-kybernetische Ansätze. In Jehle, E.(Hrsg.), Systemforschung in der Betriebswirtschaftslehre. Stuttgart 1975, 1-22

[48] Kieser, A. und Kubicek, H.: Organisation. Berlin/New-York 1977, 25ff

[49] Horvàth, P.: Controlling. München 1979, 109f

[50] Der in seinem Ursprung von Rockart (Rockart, J. F. et al.: Centralization vs Decentralization of Information Systems. A Preliminary Model for Decision Making. M.I.T. Working Paper. April 1977 (Draft) 26f) stammende "Würfel", der in abgeänderter Form im Kapitel 3.3. als CIKS-Würfel konzipiert wurde, versucht dieses modulare Konzept auszudrücken.

[51] Vgl. die Ausführungen in den Kapiteln 4 und 6. Der Ursprung des folgenden Ansatzes findet sich bei Rockart, J. F. et al.: Centralization vs Decentralization of Information Systems. A Preliminary Model for Decision Making. M.I.T. Working Paper. April 1977 (Draft)

[52] Ulrich, H.: Die Unternehmung als produktives soziales System. Bern-Stuttgart 1970, 141 und 327. Agthe und von Clausewitz sehen in der Strategie die Summe der Handlungsrichtlinien zur Erreichung von Zielen. Vgl. Agthe, K.: Strategie und Wachstum der Unternehmung. Baden-Baden 1972, 101; Clauswitz, C.: Vom Kriege. Reinbeck 1980, 77

[53] Zum Strategiebegriff siehe Hinterhuber, H. H.: Strategische Unternehmensführung. Berlin et al. 1984, 28

[54] Höhn, S.: Unternehmensplanung und Konzernsteuerung als Probleme des Informationsmanagements - dargestellt im Rahmen der Strategie des Volkswagenwerkes. In: Krallmann, H., Unternehmensplanung und -steuerung in den 80-er Jahren. Berlin 1982, 1-48

[55] Die Bedeutung des Managementprozesses für die Analyse und die Gestaltung von Informations- und Kommunikationssystemen wird erst in der wissenschaftlichen Literatur der letzten Jahre besonders betont, insbesondere im Hinblick auf die strategische Managementebene. Vgl. dazu insbesondere: Horvàth, P.: Controlling in der "organisierten Anarchie". In: ZfB 52.Jhg (1982), 250-260; Link, J.: Die methodologischen, informationswirtschaftlichen und führungspolitischen Aspekte des Controlling. In: ZfB 52. Jhg (1982), 261-280; Eberle, H.: Planung und Realisierung technik-gestützter Informations- und Kommunikationssysteme: 31; Campbell, R. P. and Sands, G. A.: A modular approach to computer security risk management. In: NCC 1979, 293-303; Hübner, H.: Informationsmanagement, Strategie-Gestaltung-Instrumente. Wien/München 1984, 16ff; Ziegenbein, K.: Controlling. Ludwigshafen, 1984, 47; Deyhle: Controlling & the Controller. Augsburg 1984, 13ff

[56] Weber, M.: Wirtschaft und Gesellschaft. Grundriß der verstehenden Soziologie. Tübingen 1980, 1

[57] So auch Griese, J.: Informationsorientierte Unternehmensführung; Horvàth, P.: Aufgaben und Möglichkeiten des Controlling in Klein- und Mittelbetrieben: 368. Anders sieht dies

Westphal, (Westphal, H.: Möglichkeiten und Grenzen der in der betrieblichen Praxis eingesetzten Planungsverfahren. In: Krallmann, H. (Hrsg.): Unternehmenplanung und -steuerung in den 80er Jahren, 50) der die Langfristigkeit der strategischen Planung verneint und dem Begriff nur die Zielbestimmungsaufgabe zuerkennt. Diesem Ansatz wird hier nicht zugestimmt, da ein wesentliches Merkmal der strategischen Planung nicht nur die Zielsystembildung ist, sondern auch das Festlegen der grundsätzlichen Strategien und diese Langfristcharakter besitzen.

[58] Horvàth, P.: Controlling. München 1979, 251ff

[59] Kirsch, W.: Entscheidungsprozesse. Wiesbaden 1970/71; Cohen, M. D., Masch, J. G. und Ohlsen, J. P.: A Garbage Cab Model of Organizational Choice. In: Administrative Science Quarterly 17(1982), March, 1-25, zitiert bei Horvàth, P.: Controlling in der "organisatorischen Anarchie", 252

[60] Vgl. Kapitel 4.2.6.-4.2.8.

[61] Vgl. Weston, J. F.: The Finance Function. In: The Journal of Finance Vol. XI(1954) No. 3. 265-282, zit. bei Horvàth, P.: Controlling. München 1979, 44

[62] Horvàth, P.: Aufgaben und Möglichkeiten des Controlling in Klein- und Mittelbetrieben. In: Krallmann H.(Hrsg.), Unternehmensplanung und -steuerung in den 80-er Jahren. Berlin 1982, 360-379,: 369

[63] Horvàth, P.: Aufgaben und Möglichkeiten des Controlling in Klein- und Mittelbetrieben. In: Krallmann H.(Hrsg.), Unternehmensplanung und -steuerung in den 80-er Jahren. Berlin 1982, 360-379, 369

[64] Westphal, H.: Möglichkeiten und Grenzen der in der betrieblichen Praxis eingestzten Planungsverfahren. In: Krallmann, H. (Hrsg.): Unternehmensplanung und -steuerung in den 80er Jahren. Berlin 1982, 50; Horvàth, P.: Aufgaben und Möglichkeiten des Controlling in Klein- und Mittelbetrieben: In: Krallmann H.(Hrsg.), Unternehmensplanung und -steuerung in den 80-er Jahren. Berlin 1982, 360-379, 369

[65] Griese, J. und Mertens, P.: Industrielle Datenverarbeitung Bd. 2; Mertens, P.: Zwischenbetriebliche Kooperation und Integration bei der automatisierten Datenverarbeitung. Meisenheim 1966

[66] Seibt bezieht das Konzept des Lebenszyklus auf Entwicklung, Betrieb und Wartung von Anwendungssystemen (vgl. Seibt, Controlling des Lebenszyklus von DV-Anwendungssystemen: 237); Siehe dazu auch: Schmitz, P., Bons, H., Megen, von R. sowie die dort angeführte Literatur

[67] Heinrich, L. J. und Burgholzer, P.: Systemplanung Bd. 1, 2. A. München/Wien 1986

[68] Vgl. Meyer, C. W. und Hansen, H. R. et al.: Vertriebsinformatik. Berlin/New York 1973,24

[69] Vgl. Amler, R. W.: Analyse und Gestaltung strategischer Informations- und Kommunikationssysteme der Unternehmung. Göttingen 1983, 65ff

[70] Randolph, R.: Pragmatische Theorie der Indikatoren. Grundlagen einer methodischen Neuorientierung. Göttingen 1979

[71] Zur Bildung von Objekten sowie zur Entwicklung von Meßvorschriften siehe Kapitel 6

[72] Siehe Fußnote [67]

4. Situationsanalyse - eine empirische Studie

Aufgabe der empirischen Studie ist es, den Einsatz von Informationstechnologien an unterschiedlichen Informations- und Kommunikationssystemen in deren Ursache und Wirkung auf das Controlling zu analysieren. Die Befunde zu den Ursache-Wirkung-Zusammenhängen werden als Hypothesen formuliert. Wegen ihres einigenden, leitenden und erklärenden Prinzips, insbesondere für die Vorgehensweise im Kapitel sechs, wird Hypothese hier als Arbeitshypothese verstanden [1].

4.1. Ausgangssituation und Methode der empirischen Studie

4.1.1. Problemstellung

Maßgeblich für die Entwicklung der Methode der empirischen Studie war deren Aufgabe, die sich wie folgt beschreiben läßt:

- Bestimmung des Standortes von Revision und Controlling in bezug auf Informations- und Kommunikationssysteme. In welcher Form sind Revision und Controlling institutionalisiert? Wie werden Revision und Controlling wahrgenommen?

- Sind die verwendeten Erhebungsmethoden situationsgerecht?

- Bestimmung der Personalqualifikation der externen Prüfer, der internen Prüfer, der Systementwickler und der Benutzer.

- Feststellen der Ziele von Informations- und Kommunikationssystemen. Die Fragen nach dem bei der Zielbildung beteiligten Personenkreis sowie die Fragen nach der Zielveränderung im Zeitablauf wurden explizit nicht gestellt. Aus den Teilergebnissen der Situationsanalyse sind auch zu diesen beiden Fragestellungen Hypothesen ableitbar.

- Auf welcher hierarchischen Managementebene erfolgt die Planung, Steuerung und Kontrolle des Informations- und Kommunikationssystems?

- Formulieren von Hypothesen für die Revision und das Controlling von Informations- und Kommunikationssystemen.

Da für diese Untersuchung verwendbare Erkenntnisse zur Formulierung von Arbeitshypothesen nicht zur Verfügung standen, können Arbeitshypothesen also erst aus den Untersuchungsergebnissen formuliert werden.

Davon ausgehend sowie unter Beachtung der für die Studie zur Verfügung stehenden Ressourcen (Personal, Finanzen), erschien es gerechtfertigt, bei der Erfassung der Phänomene der Informations- und Kommunikationssysteme nach einem globalen Konzept vorzugehen. Die Meßgrößen selbst, aber auch deren Ergebnisse, waren wesentlich grober als bei Detailuntersuchungen.

Aus den Aufgaben der Studie wurden die Meßgrößen abgeleitet, mit deren Hilfe es möglich war, Informations- und Kommunikationssysteme zu beschreiben.

Im zeitlichen Ablauf der Studie erarbeitete Zwischenergebnisse machten es notwendig, weitere Dimensionen des Untersuchungsobjektes durch Einführung zusätzlicher Meßgrößen zu analysieren.

Dieser Ansatz der Untersuchung schränkt die Aussagefähigkeit der Ergebnisse als Beitrag zur Behandlung von Detailproblemen von Informations- und Kommunikationssystemen sicherlich ein. Gerade wegen des Vorgehens nach einem globalen Konzept ist es aber möglich, Aussagen zu den grundlegenden funktionalen Zusammenhängen in Informations- und Kommunikationssystemen zu machen.

Als Ergebnis dieser ersten empirischen Studie wurden Arbeitshypothesen formuliert, die teilweise durch die Ergebnisse der zweiten empirischen Studie verifiziert wurden.

Die Studie wurde im Rahmen der Prüfung des Jahresabschlusses bei 13 Unternehmen im Raume Oberösterreich und Salzburg durchgeführt. Der Auftrag zur Prüfung der Unternehmen erfolgte unterschiedlich. Die Auftraggeber waren Wirtschaftsprüfer, Vorstände, Geschäftsführer, Aufsichtsräte und Eigentümer von Unternehmen.

Untersuchungsobjekte der Studie waren die Informations- und Kommunikationssysteme dieser Unternehmen. Die Untersuchung wurde im Zeitraum von 1981 bis 1985 durchgeführt, wobei bei fünf Unternehmen die Untersuchung mehrmals wiederholt wurde. Demnach lagen der Studie 13 statisch und fünf dynamisch betrachtete Informations- und Kommunikationssysteme zugrunde. Tafel 4/1, Tafel 4/2 und Tafel 4/3 beschreiben die untersuchten Unternehmen.

Anzahl der Beschäftigten	Anzahl der Unternehmen
1 - 20	2
21 - 100	1
101 - 500	6
501 - 1000	2
über 1000	2

Tafel 4/1: Gliederung der untersuchten Unternehmen nach der Beschäftigtenanzahl

Organisation der EDV-Abteilung	Anzahl der Unternehmen
EDV-Abteilung, die unmittelbar der Geschäftsleitung unterstellt ist	6
EDV-Abteilung, die dem Rechnungswesen unterstellt ist	5
Keine EDV-Abteilung	2

Tafel 4/2: Gliederung der untersuchten Unternehmen nach der Organisation der EDV-Abteilung

4.1.2. Erhebungsmethode

Die Unterschiedlichkeit der zu analysierenden Informations- und Kommunikationssysteme machte den Einsatz eines breiten Spektrums von Erhebungsmethoden notwendig [2].

Anzahl der Beschäftigten \ Software-beschaffung	ausschließlich Fremdbezug	Fremdbezug und Eigenentwicklung
1 - 20	2	
21 -100	1	
101 - 500	4	2
501 - 1000	1	1
über 1001		2

Tafel 4/3: Gliederung der untersuchten Unternehmen nach Größe und Softwarebeschaffungsstrategie

Im einzelnen waren dies:

- Mündliche Befragung unter Verwendung großteils strukturierter Fragebögen,
- Dokumentenanalyse,
- Beobachtung,
- Test von Anwendungssystemen,
- Einsatz von Prüfungssoftware (Audit Software),
- schriftliche Befragung.

Die Adressaten waren:

1. <u>EDV-Abteilung</u> (Abteilungsleiter, Organisator, Analytiker, Programmierer, Operator, Datenerfasser);
2. <u>Fachabteilung</u> (Abteilungsleiter, Sachbearbeiter), insbesondere die Abteilung Rechnungswesen;
3. <u>Geschäftsleitung</u> (Mitglieder der Geschäftsleitung, Assistenten).

4.1.3. Die Konzeption der Meßgrößen

Das im Kapitel 3.3. entworfene Konzept zur Strukturierung des Informations- und Kommunikationssystems bildete den Ausgangspunkt für die Strukturierung dieser Studie und damit auch für die Auswahl der Meßgrößen. Mit den so ausgewählten Meßgrößen kann nicht das gesamte Informations- und Kommunikationssystem diagnostiziert werden, sondern nur Teile davon. Die Meßgrößen haben primär beschreibenden Charakter, wenn auch durch empirische Befunde gestützt. Dies ist zweifellos eine Einschränkung der Aussagefähigkeit der Ergebnisse gegenüber der Verwendung eines umfassenden Meßmodells. Für die Bildung von Hypothesen wurden diese Meßgrößen jedoch als ausreichend angesehen.

Die zu Beginn der Studie als für die Bildung von Hypothesen als aussagefähig angenommenen Meßgrößen wurden den Dimensionen des Informations- und Kommunikationssystems wie folgt zugeordnet:

Dimension <u>Systemmanagement</u>:

- Systemlebenszyklus
- Risikomanagement
- Entscheidungsprozeß
- Ziele
- Zielbildung

Dimension <u>Informationssystemfunktion</u>:

- Meßvorschriften
- Dokumentation
- Individualsoftware versus Standardsoftware
- Distribuierung

Dimension <u>Anwendungssystem</u>:

- Rechnungswesen

Dimension <u>Organisatorisches Teilsystem</u>:

- EDV-Abteilung
- Fachabteilung

4.2. Ergebnisse

4.2.1. Controlling-Aktivitäten im Systemlebenszyklus versus Globalanalyse

Anerkennt man Wirtschaftlichkeit als ein Controlling-Ziel, dann ist die logische Konsequenz daraus, daß sich Planung, Koordination und Kontrolle auf den gesamten Systemlebenszyklus des Informations- und Kommunikationssystems beziehen.

Unter Systemlebenszyklus wird die zielgerichtete Planung, Koordination und Kontrolle der Informationssystemfunktion für die gesamte Lebensdauer eines Softwaresystems verstanden [3]. Globalanalyse ist die Planung, Koordination und Kontrolle der Informationssystemfunktion in bezug auf ein bis maximal drei Phasen der Lebensdauer eines Softwaresystems.

Bei den untersuchten Anwendungssystemen (vgl. Tafel 4/4) dominiert der Fremdbezug (76%) gegenüber der Eigenentwicklung (24%).

Software-Beschaffung / Anwendungssysteme	ausschließlich Fremdbezug	vorzugsweise Eigenentwicklung	Summe
Finanzbuchhaltung	11	2	13
Kosten- und Leistungsrechnung	3	0	3
Materialwirtsschaft	7	3	10
Lohn- und Gehaltsverrechnung	8	1	9
Auftragsbearbeitung	3	3	6
Fakturierung	6	1	7
Optimierungs-Planungssoftware	1	2	3
Summe	39 (76%)	12 (24%)	51 (100%)

Tafel 4/4: Softwarebeschaffungsstrategie in Bezug auf Anwendungssystem

Stellt man die Anwendungssysteme der Unternehmensgröße gegenüber, so ist bei Betriebsgrößen bis zu 100 Beschäftigten die Buchhaltung ausschließlich Fremdbezug, die Fakturierung und die Materialwirtschaft zu 90%. Bei Unternehmen zwischen 101 und 500 Beschäftigten sind die Lohn- und Gehaltsverrechnung sowie die Kosten- und Leistungsrechnung Fremdbezug. Weiters ist bei dieser Unternehmensgröße eine zunehmende Integration der Fakturierung in Richtung einer Auftragsbearbeitung feststellbar.

Eine dynamische Analyse über einen Zeitraum von drei Jahren zeigt, daß die Integration der Anwendungssysteme bei Unternehmensgrößen mit mehr als 500 Beschäftigten verstärkt wurde, insbesondere was die Anwendungssysteme Auftragsbearbeitung, Materialwirtschaft, Finanzbuchhaltung und Kosten- und Leistungsrechnung betrifft. Dies hat die Konsequenz, daß bei einem mehrjährigen Controlling-Plan das Ausmaß der Zielerreichung zum Objektzeitpunkt wiederholend zu messen ist, weil sich die Meßobjekte verändern. Die Veränderung der Meßobjekte führt dazu, daß die Messung der Zielerreichung in den einzelnen Perioden mit unterschiedlichen Meßvorschriften durchzuführen ist, was die Vergleichbarkeit der Periodenergebnisse erschwert.

Von den 39 Anwendungssystemen des Fremdbezugs, wie sie in Tafel 4/4 dargestellt sind, waren bei 4 die Meßobjekte in Form der Quellprogramme verfügbar, bei den übrigen Anwendungssystemen standen nur die Ladeprogramme zur Verfügung. Bei den 12 Anwendungssystemen der Eigenentwicklung standen die Objekt-, Lade- und Quellprogramme zur Verfügung. Dies zeigt, daß im Falle des Fremdbezugs andere Meßobjekte verwendet werden müssen als im Falle der Eigenentwicklung [4].

Bei den Anwendungssystemen der Eigenentwicklung kennt man die verwendete Entwurfsmethode. Anhand des Meßobjekts "Entwurfsmethode" sind Meßvorschriften verwendbar, die im Falle des Fremdbezugs wegen der Nichtverfügbarkeit dieses Meßobjektes nicht verwendbar sind. Beim Fremdbezug stehen mehrere Meßobjekte in Form der Objekt- und Ladeprogramme sowie in Form der Dateien und Datenbanken zur Verfügung.

Die Aufgabe des Controlling besteht in der Messung des Ausmaßes der Zielerreichung für ein vorgegebenes Ziel. Wegen der unterschiedlichen Meßobjekte bei Fremdbezug und Eigenentwicklung sind zur Messung der Zielerreichung auch verschiedene Meßvorschriften anzuwenden. Dies wirft die Frage nach der Vergleichbarkeit der Meßergebnisse auf. Die Vergleichbarkeit der mit unterschiedlichen Meßvorschriften gewonnenen Meßergebnisse ist eine Aufgabe beim Entwurf des Controllingmodells. Die "Richtigkeit" einer Verarbeitung kann bei Verfügbarkeit der Quellprogramme durch Codeinspektion gemessen werden. Liegt als Meßobjekt, wie dies im Falle des Fremdbezugs meist der Fall ist, nicht das Quellprogramm, sondern das Objektprogramm vor, so ist die Messung an anderen Meßobjekten wie Datenbanken und Testfällen vorzunehmen. In diesem Fall wird "Richtigkeit" nicht direkt - wie dies bei der Codeinspektion der Fall ist - gemessen, sondern nur indirekt anhand der Verarbeitungsergebnisse in der Datenbank. Eine für derartige Meßobjekte geeignete Meßvorschrift ist der Einsatz von Prüfungssoftware. Das Meßobjekt der Prüfungssoftware sind Datenbankinhalte.

Tafel 4/5 zeigt, daß sich das Controlling bei 47 von 51 Anwendungssystemen auf eine Globalanalyse beschränkt und den Systemlebenszyklus nicht abdeckt.

Anwendungssysteme	Globalanalyse	Systemslebens-zyklus	Summe
Finanzbuchhaltung	12	1	13
Kosten- und Leistungsrechnung	3		3
Materialwirtschaft	10		10
Lohn- und Gehaltsverrechnung	8	1	9
Auftragsbearbeitung	5	1	6
Fakturierung	7		7
Optimierung-Planung	2	1	3
Summe	47	4	51

Tafel 4/5: Systemlebenszyklus versus Globalanalyse von Anwendungssystemen

Gründe dafür sind:

- Das Controlling von Informations- und Kommunikationssystemen ist in der Strukturorganisation der Unternehmen nicht verankert. Controlling-Aufgaben werden sporadisch von der internen bzw. der externen Revision wahrgenommen. Bei den analysierten Informations- und Kommunikationssystemen ist in einem Falle eine Abteilung Revision und Controlling (welche direkt an den Vorstand berichtet) im Organigramm vorgesehen. Die Analyse der Aufgaben dieser Abteilung zeigt, daß sie sich fast ausschließlich mit Revisionsaufgaben beschäftigt und Controlling nur in der Abteilungsbezeichnung führt.

- Die unterschiedliche Softwarebeschaffungsstrategie führt dazu, daß die Messung der Zielerreichung an unterschiedlichen Meßobjekten und somit unter Anwendung unterschiedlicher Meßvorschriften erfolgen muß. Die derzeit verwendeten Meßvorschriften sind sehr unflexibel und an das zu analysierende Informations- und Kommunikationssystem nur mit großem Aufwand anzupassen. So stellt beispielsweise die Unterschiedlichkeit der Systemdokumentation ein zusätzliches Hindernis für das Controlling im Systemlebenszyklus dar.

- Falls das Controlling überhaupt existiert, werden seine Aufgaben nahezu ausschließlich von den EDV-Abteilungen wahrgenommen. Dies bewirkt, daß das Controlling nur unter Beachtung der Ziele der EDV-Abteilungen erfolgt, was dem Grundkonzept des Controlling völlig widerspricht.

Daraus folgt Hypothese 1:

Unterschiedliche Meßobjekte erfordern die Anwendung unterschiedlicher Meßvorschriften.

4.2.2. Dynamische Analyse

Bei fünf Unternehmen wurde die Untersuchung dreimal im Abstand von jeweils einem Jahr durchgeführt. Soll eine dynamische Analyse aussagefähig sein, so setzt dies voraus, daß während des Untersuchungszeitraumes die Struktur des Informations- und Kommunikationssystems nicht verändert wird. Die Ergebnisse lassen sich wie folgt zusammenfassen:

Häufige Veränderungen im Informations- und Kommunikationssystem finden primär bei der Informationssystemfunktion statt. Zu einem geringen Anteil sind diese Veränderungen auf Ziel- bzw. Strategieänderungen des Management zurückzuführen. Veränderungen in den Anwendungssystemen werden von den Benutzern des Informations- und Kommunikationssystems nur angeregt, während die Informationssystemfunktion von den EDV-Abteilungen dominiert wird. Dies zeigt, daß die Benutzermitwirkung in noch zu geringem Ausmaß verankert ist, was zu Akzeptanzbarrieren durch die Benutzer des Informations- und Kommunikationssystems führt [5]. Die Veränderungen in den Prozessen zeigen, daß lediglich die Systemnutzung und die Systemplanung ihre Ziele erreichen. Verbesserungsvorschläge des Controlling werden auf allen Managementebenen selten wahrgenommen, wie dies Abbildung 4/1 zeigt.

Die Phasen Projektplanung, Projektsteuerung und Projektkontrolle werden von einem "informatikorientierten Denken" dominiert. Ein Grund dafür ist, daß die Projektleiter fast ausschließlich aus den EDV-Abteilungen stammen. Die zunehmende Dezentralisierung, insbesondere in der Systemnutzung, stellt an das Management neue, meist nicht bewältigte Anforderungen. Die Distribuierung der Informations- und Kommunikationssysteme bewirkt das Vordringen von Prozessen der Systemnutzung und der Systemplanung bis hin zu den organisatorischen Teilsystemen. Diese sind in zu geringem Ausmaß auf die Aufgaben, die mit diesen Prozessen verbunden sind, vorbereitet, sodaß wohl eine Akzeptanz gegeben ist, die Fachkompetenz jedoch in den meisten Fällen fehlt. Dies führt zu unkoordinierten Lösungen, deren Ursachen in Fehlern des Systemmanagement zu suchen sind.

Wie Abbildung 4/1 zeigt, finden Veränderungen in unterschiedlichen Dimensionen des Informations- und Kommunikationssystemen statt. Das Controlling muß diese Veränderungen berücksichtigen.

Art der Veränderungen	Häufigkeit
Hardwarekonfiguration	xxx (z.B. Plattentypen,Spuren)
Betriebssystem in einem derart großen Umfang, daß ein Vergleich mit der Vorperiode schwer möglich ist	x
Laufende Betriebssystemverbesserungen werden realisiert	Hier konnte eine unterschiedliche Behandlung des Problems in Anhängigkeit des Herstellers beobachtet werden.
Anforderung an Anwendungssysteme	x x
Datenmanagement	x x
Programmänderungen	x x
Aufbauorganisatorisch	x
Ablauforganisatorisch	x x
Realisierung von Vorschlägen des Controlling durch entsprechende Software	x
Unterstützung des Controlling durch entsprechende Software	x
Verstärken eines Management by Controlling	x

Legende:	Anzahl der Unternehmen
xxx sehr häufig	(mehr als 4)
xx häufig	(2-4)
x selten	(0-1)

Abb. 4/1: Veränderungen in Informations- und Kommunikationssystemen

Daraus folgt <u>Hypothese 2:</u>

Die Diagnose und Optimierung von Informations- und Kommmunikationssystemen setzt eine geeignete Strukturierung dieser Systeme voraus.

4.2.3. Dokumentation

Die Dokumentationsart und der Dokumentationsumfang von Informations- und Kommunikationssystemen ist einerseits abhängig von der Softwarebeschaffungsstrategie, andererseits von den Anwendungssystemen selbst. Bei den 42 geprüften Anwendungssystemen ergibt sich eine Verteilung der Dokumentationsart, wie in Tafel 4/6 dargestellt. Wegen der Bedeutung des Anwendungssystems der Finanzbuchhaltung wurde die Zweiteilung bei der in Tafel 4/6 dargestellten Gliederung gewählt. Zusätzlich sollten dadurch die Unterschiede zwischen dem Anwendungssystem der Finanzbuchhaltung und den sonstigen Anwendungssystemen herausgearbeitet werden.

Bei der Finanzbuchhaltung, für die zumindest die GoB gelten, wurden drei Anwendungen festgestellt, die so dokumentiert waren, daß eine Prüfung nicht möglich war. Bei fünf Anwendungen der Finanzbuchhaltung war eine Operatordokumentation verfügbar, wie dies in Tafel 4/6 durch die mit "+" bezeichneten Dokumentationsarten dargestellt ist. Diese Dokumentationsarten waren jedoch nicht ausreichend, um das Ausmaß der Zielerreichung zu messen. Eine Meßbar-

Anwendungssysteme / Dokumentationsart	Anwendungssystem Finanzbuchhaltung	Sonstige Anwendungssysteme	Summe
Keine Dokumentation	1	4	5
Handschriftliche Aufzeichnungen	2	5	7
Operatordokumentation (+)	2	15	17
Dokumentation über die (+) funktionalen Zusammenhänge *	6	4	10
Dokumentation mit graphischer Darstellung hin bis zum Quellprogramm	2	1	3
Summe	13	29	41

* Beispielsweise: Referenzen zwischen Programmen und verwendeten Dateien

Tafel 4/6: Dokumentationsart einzelner Anwendungen

keit ist erst bei Vorliegen von Meßobjekten gegeben, die eine Dokumentation über die funktionalen Zusammenhänge oder eine Dokumentation mit graphischer Darstellung bis hin zum Quellprogramm beinhalten, wie diese die Dokumentationsarten in Tafel 4/6 bezeichnen. Bei den Anwendungssystemen der Finanzbuchhaltung sind 5 Finanzbuchhaltungen nicht prüfgerecht dokumentiert, bei den sonstigen Anwendungssystemen sind es 24. Obwohl mit Häufigkeitsangaben vorsichtig umgegangen werden muß, zeigt sich an diesem Beispiel, daß das Risiko in sonstigen Anwendungssystemen höher ist als in der Finanzbuchhaltung. Von einem höheren Risiko kann deshalb gesprochen werden, weil ein nicht prüfbares System mit dem höchsten Risiko einzustufen ist.

Die Systemprüfung klassischer Prägung prüft primär die Finanzbuchhaltung, kaum jedoch sonstige Anwendungssysteme, obwohl gerade bei letzteren das Risiko mangels der Verfügbarkeit einer geeigneten Dokumentation höher einzustufen ist als bei der Finanzbuchhaltung. Analysiert man die geprüften 41 Anwendungssysteme, so sind 71% nicht prüfgerecht dokumentiert. Bezieht man die zeitliche Dimension in die Betrachtung mit ein, so entspricht von den 29 sonstigen Anwendungssystemen nur bei 3 Anwendungssystemen die Dokumenation dem aktuellen Stand der Implementierung.

Daraus folgt Hypothese 3:

Die unterschiedlichen Dokumentationsarten der Anwendungssysteme definieren auch unterschiedliche Meßobjekte und erfordern darauf abgestimmte Meßvorschriften.

Aus der mangelnden Dokumentation folgt Hypothese 4:

Die nicht prüfgerechte Dokumentation der Anwendungssysteme bedingt ein für alle Anwendungssysteme gleichermaßen gültiges Risikomanagement.

4.2.4. Individualsoftware versus Standardsoftware

Die Finanzbuchhaltung sowie die Lohn- und Gehaltsverrechnung sind stärker standardisiert als sonstige Anwendungssysteme. Diese Standardisierung führt dann zu einer Vereinfachung des Controlling, wenn gleiche Meßvorschriften anwendbar sind. Auch bei der Finanzbuchhaltung, als dem am stärksten standardisierten Anwendungssystem, benötigt man zur Messung des Ausmaßes der Zielerreichung unterschiedliche Meßvorschriften. So sind beispielsweise die im Rahmen von EPSOS-D zur Verfügung stehenden Methoden nur dann einsetzbar, wenn die Quellenprogramme verfügbar sind, was vielfach bei Standardsoftware nicht der Fall ist [4].

Bei der Analyse der Anwendungssysteme mit Individualsoftware werden in 5 von 6 Fällen für die Entwicklung eines bestimmten Anwendungssystems unterschiedliche Softwarewerkzeuge verwendet.

Daraus folgt Hypothese 5:

Je mehr die Anwendungssysteme Individualsoftware verwenden, desto unterschiedlicher sind die als Meßobjekte verfügbaren Programme (Quellprogramme, Objektprogramme,...) und desto vielfältiger sind die zur Messung des Ausmaßes der Zielerreichung erforderlichen Meßvorschriften.

4.2.5. Risikomanagement

Risikomanagement ist die systematische Identifikation, Messung, Kontrolle und Minimierung von Schwachstellen. Eine Schwachstelle in einem Informations- und Kommunikationssystem, bezeichnet die Tendenz, von einem definierten Standard im negativen Sinne abzuweichen. In keinem der analysierten Informations- und Kommunikationssysteme ist das Risikomanagement institutionalisiert. Schwachstellen werden demnach nicht systematisch erkannt, sondern nur einem Zufallsprozeß folgend. Ein Beispiel soll dies erläutern. Tafel 4/7 gibt eine Übersicht über Schwachstellen. Eine Schwachstelle ist wie folgt definiert:

- die Richtigkeit der Verarbeitung ist gefährdet bzw. nicht gegeben;

- das Anwendungssystem ist nicht prüfbar (z.B. wegen ungenügender Dokumentation).

Anwendungssysteme \ Schwachstellen	ohne Schwachstellen	bestehende Schwachstellen	Summe
Finanzbuchhaltungssysteme	10	3	13
Sonstige Anwendungssysteme	18	16	34
Summe	28	19	47

Tafel 4/7: Schwachstellen nach Anwendungssystemen

Bei 3 von 13 geprüften Finanzbuchhaltungssystemen liegen die Schwachstellen ausschließlich im Bereich der Dokumentation. Bei 16 von 34 geprüften "sonstigen Anwendungssystemen" treten Schwachstellen auf. Demnach ist das Risiko bei Systemen der Finanzbuchhaltung erheblich geringer als bei "sonstigen Anwendungssystemen".

Gliedert man das Informations- und Kommunikationssystem nach dem Informationsprozeß, der Systemplanung und der Systemnutzung, so verteilen sich die Schwachstellen wie dies in Tafel 4/8 dargestellt ist. Diese Schwachstellen zeigen, daß es für das Controlling nicht ausreicht, Schwachstellen zu erkennen, sondern, daß diese auch der Informationssystemfunktion zuzuordnen sind. Nur dadurch kann sichergestellt werden, daß das Informations- und Kommunikationssystem auch systematisch gesteuert wird.

Funktionen \ Schwachstellen	bestehende Schwachstellen
Informationsprozeß	2
Systemplanung	8
Systemnutzung	9
Summe	19

Tafel 4/8: Schwachstellen nach Funktionen

Analysiert man die in Tafel 4/8 dargestellten 19 Schwachstellen, so sind 13 Schwachstellen auf Mängel der strategischen und der taktischen Managementebene zurückzuführen. Nur 6 Schwachstellen haben den Ursprung in Mängeln der operativen Managementebene.

Daraus folgt Hypothese 6:

Die Sicherung der Funktionsfähigkeit von Informations- und Kommunikationssystemen bedingt ein auf allen Managementebenen gleichermaßen gültiges Risikomanagement.

4.2.6. Ziele

Von den Auftraggebern wurden die "Ziele" für die Prüfung, wie in Tafel 4/9 dargestellt, vorgegeben.

Der Versuch, die in Tafel 4/9 aufgezählten Ziele mit den Antworten der Auftraggeber weiter zu detaillieren, führt zur Feststellung, daß ein Zielsystem für Revision und Controlling von Informations- und Kommunikationssystemen aus der Sicht der Auftraggeber nicht existiert. Konkretere Vorstellungen bestanden lediglich im Hinblick auf die Prüfung der Richtigkeit eines Anwendungssystems und hier auch nur deshalb, weil bei den Anwendungssystemen Fehlfunk-

Ziele \ Prüfobjekt	Finanzbuchhaltung	Sonstige Anwendungssysteme	Rechenzentrum/ Ablauf
Ordnungsmäßigkeit des EDV-Systems	-	-	18
Ordnungsmäßigkeit der Finanzbuchhaltung	18	-	-
Richtigkeit einer bestimmten Anwendung	-	2	-
Allgemeine Systemprüfung	-	-	18

Tafel 4/9: Ziele für die Prüfung eines Informations- und Kommunikationssystems aus der Sicht des Auftraggebers

tionen bzw. Mißstände vermutet wurden. Aufgrund dieser globalen Zielvorgaben bleibt es weitestgehend dem Controller überlassen, welche Ziele er für das Controlling wählt.

Auf die Frage nach den Zielen für die Prüfung von Informations- und Kommunikationssystemen ergibt sich aus der Sicht der Geschäftsleitungen das Ergebnis wie in Tafel 4/10 dargestellt. Es zeigt die Vorstellungen der Geschäftsleitungen über Ziele von Informations- und Kommunikationssystemen in einer sehr allgemeinen Struktur.

Ziele	Anzahl der Antworten
Wirtschaftlichkeit	11
Sicherheit	10
Aktualtiät der Information	3
Produktivität	6
Keine genauen Zielvorstellungen	4

Tafel 4/10: Ziele für die Prüfung eines Informations- und Kommunikationssystems aus der Sicht der Geschäftsleitung

Konkreter werden die Ziele, wenn man die Benutzer in den organisatorischen Teilsystemen des Informations- und Kommunikationssystems befragt. Das Ergebnis in Tafel 4/11 bezieht sich auf 13 Informations- und Kommunikationssysteme, über die 143 Benutzer urteilten.

Je nach Zugehörigkeit zu einem organisatorischen Teilsystem vertreten die Benutzer unterschiedliche Ziele. Die von den Benutzern genannten Ziele (vgl. Tafel 4/11) sind umfassender als jene in Tafel 4/10. Dieses Ergebnis unterscheidet sich von der Untersuchung von Zuberbühler [6], der bei der Mehrheit der Befragten keine klaren Ziele vorfand.

Hinsichtlich der Beteiligung am Zielbildungsprozeß sind die EDV-Abteilungen federführend (was sich mit den Ergebnissen von Zuberbühler deckt), während sich die Geschäftsleitungen kaum beteiligen. Die Beteiligung der Fachabteilungen am Zielbildungsprozeß steigt mit der Qualifikation der Mitarbeiter in bezug auf Kenntnisse im Projektmanagement und in der Informatik.

Der Versuch, die Ziele, wie sie in den Tafeln 4/9, 4/10 und 4/11 dargestellt sind, in ein Zielsystem einzuordnen, scheitert aus zwei Gründen. Erstens können die Ziele nicht in systematische Zusammenhänge gebracht werden und zweitens ist nicht sichergestellt, daß mit den in den Tafeln 4/9, 4/10 und 4/11 dargestellten Ziele, die Ziele eines Informations- und Kommunikationssystem vollständig erfaßt sind.

Daraus folgt Hypothese 7:

Das Controlling erfordert ein Zielsystem das an die Dimensionen (CIKS-Würfel) des Informations- und Kommunikationssystems angepaßt ist.

Art der Ziele \ Abteilungstypen	EDV-Abteilung	Abteilung Rechnungswesen	Sonstige Fachabteilung
flexibel	22	5	81
sicher	34	37	70
wirtschaftlich (rationalisiert)	6	12	49
legal	4	23	5
zeitgerecht (aktuell)	9	27	65
verfügbar	37	12	71
ordnungsmäßig	1	36	8
portabel	27	-	-
modular	22	-	-
richtig	16	29	52
risikolos	-	3	9
prüfbar	3	28	12
durchschaubar	-	26	43
vollständig	12	29	61
unabhängig von Hardware-Software-Wechsel	11	1	2
erweiterbar	12	2	25
keine Vorstellungen	4	3	9
Anzahl der Beantworter (Mehrfachnennungen waren möglich)	43	38	89

Tafel 4/11: Ziele für die Prüfung eines Informations- und Kommunikationssystems aus Abteilungssicht

4.2.7. Zielbildung

Vom Standpunkt der strategischen Managementebene aus gesehen, erfolgt die Zielbildung bei 9 Informations- und Kommunikationssystemen nach dem Prinzip der Zielsuche, also der kreativen Aufrichtung der Zielhierarchie, ausgehend von der taktischen Managementebene. Bei 8 Informations- und Kommunikationssystemen erfolgt die Zielbildung auf der operativen Managementebene durch eine Zieldetaillierung, also der systematischen Ableitung der Zielhierarchie, ausgehend von der taktischen Managementebene [7]. Bei 2 Informations- und Kommunikationssystemen erfolgt die Zielbildung heuristisch, also durch Kombination der Zielsuche mit der Zieldetaillierung in einem iterativen, rekursiven Prozeß.

Detailliert man die Analyse durch Hinzunahme der Dimension des organisatorischen Teilsystems, so zeigt sich, daß die Zielbildung bei allen betrachteten Informations- und Kommunikationssystemen von den EDV-Abteilungen dominiert wird.

Demnach wird die Zielbildung von der taktischen Managementebene der EDV-Abteilungen gesteuert. Die von Hauschildt angenommene Hypothese, daß die Zielbildung einem heuristischen Prozeß folgt, wird nicht bestätigt, vielmehr ist der Zielbildungsprozeß durch die Aufrichtung der Zielhierarchie gekennzeichnet [7].

4.2.8. Entscheidungsprozeß

Wie bereits dargelegt (vgl. Kapitel 3.3.1.), orientieren sich die Entscheidungsprozesse am Mülleimer-Modell. Bei 2 der 13 analysierten Informations- und Kommunikationssysteme sind die Ziele schriftlich (wenn auch nur global) festgehalten. Bei 5 Informations- und Kommunikationssystemen sind Entscheidungsregeln für die Informationssystemfunktion formalisiert. Nur bei einem Informations- und Kommunikationssystem ist die Entscheidungsbeteiligung der Organisationsmitglieder in der Stellenbeschreibung enthalten. Dieses Ergebnis ist eine Bestätigung der Untersuchungsergebnisse von Cohen, March und Olsen [8]; auch die Hypothese von Horvàth wird bestätigt [8].

4.2.9. Personalqualifikation

Bei keinem der untersuchten Informations- und Kommunikationssysteme verfügen die Mitarbeiter außerhalb der EDV-Abteilungen über Informatikkenntnisse.

Bei 11 Informations- und Kommunikationssystemen ist die Systemnutzung von der Systemplanung unmittelbar abhängig. So fordert das Fachgutachten Nr.58 der Kammer der Wirtschaftstreuhänder für die Anwendungssysteme der Finanzbuchhaltung: "Innerhalb der Datenverarbeitungsabteilung soll aus Kontrollgründen eine Funktionstrennung zwischen der Systemplanung (Organisation und Programmierung) und dem laufenden Datenverarbeitungsbetrieb (Datenerfassung und Maschinenbedienung) angestrebt werden". [9]. Diese Forderung des Fachgutachtens ist auch für sonstige Anwendungssysteme anzustreben. Die Benutzerqualifikation bei den 11 analysierten Informations- und Kommunikationssystemen ist nicht in dem Ausmaß gegeben, wie dies für den eigenverantwortlichen Betrieb des Anwendungssystems notwendig wäre. Die Benutzerschulung beschränkt sich auf die Schulung für ständig durchzuführende Routinearbeiten, ohne jedoch Ausnahmesituationen, wie sie oft auftreten, zu berücksichtigen. Bei periodisch (monatlich) wiederkehrenden Arbeiten sind die Benutzer auf die Unterstützung der Systemplanung angewiesen. Der Zeitraum von einem Monat ist für den Benutzer bereits zu lang, um sich die in diesem Intervall auftretenden Routinen zu merken.

Die bei der Prüfung eingesetzten externen und internen Wirtschaftsprüfer verfügen über keine EDV-Kenntnisse. Die damit einhergehenden Probleme lassen sich wie folgt skizzieren:

- Der Prüfer ist bei allen EDV-Fragen auf Dritte angewiesen;
- dies führt zu einem erhöhten Prüfungsaufwand;
- die Qualität der Prüfung ist nicht dem Prüfungsobjekt angemessen.

Dies ist nicht überraschend, wenn man die Anforderungen der Wirtschaftsprüfer an den akademischen Berufsnachwuchs betrachtet. In der von Bertl und Fattinger durchgeführten Untersuchung wurden Wirtschaftstreuhänder und Studierende der Sozial- und Wirtschaftswissenschaften mit Schwerpunkt Treuhandwesen in Form einer schriftlichen Befragung zu folgenden Fragestellungen befragt [10]:

- Erwartungen der Studierenden hinsichtlich ihrer zukünftigen beruflichen Praxis.
- Chancen der Absolventen der Fachrichtung Wirtschaftstreuhandwesen, bei einem Wirtschaftsprüfer eine Anfangsstelle zu bekommen.
- Erwartungen der Prüfungspraxis von den akademischen Stellenbewerbern.

In der Untersuchung ist weder bei der Fragestellung noch bei den Antworten ein EDV-Bezug irgendwelcher Art feststellbar. Folgt man der Studie, so werden vom akademischen Berufsnachwuchs der Wirtschaftstreuhänder keine Informatikkenntnisse gefordert. Zu ähnlichen Ergebnisse kommt die Untersuchung von Sieben und Hunger für die Bundesrepublik Deutschland [11].

Auch die von Lück und Schönbrunn im Jahre 1984 für die Bundesrepublik Deutschland durchgeführte Untersuchung zur "Studiengestaltung, Wirtschaftsprüfung und Treuhandwesen" fordert die Ausbildung im Fach "Grundlagen der elektronischen Datenverarbeitung" nur im Rahmen des Grundstudiums [12].

Da die drei Studien repräsentativ sind, ist daraus der Schluß zu ziehen, daß vom Wirtschaftsprüfer höchstens EDV-Grundkenntnisse gefordert werden. Diese marginale EDV-Ausbildung ist aus der Sicht von Revision und Controlling als nicht ausreichend anzusehen, da der Wirtschaftsprüfer nicht mehr in der Lage ist, eine Ordnungsmäßigkeit der Finanzbuchhaltung zu erkennen. Die EDV-gestützte Finanzbuchhaltung ist ein Informationsprozeß, der mit Hilfe der Systemplanung und der Systemnutzung realisiert wird. Die EDV-gestützte Finanzbuchhaltung unterscheidet sich lediglich durch die Ordnungsmäßigkeitsziele von sonstigen Anwendungssystemen.

Zur Abrundung dieser Ausbildungsdiskussion wird eine Studie zitiert, die sich mit Bedarfszahlen beschäftigt. Die Computerwoche prognostiziert für die nächsten Jahre einen Bedarf von 6000 EDV-Revisoren für die Bundesrepublik Deutschland, von denen es 1984 ca. 1200 gab [13].

Die Zusammenfassung der Ergebnisse der bisherigen Diskussion führt zur Frage nach der optimalen Ausbildung des mit Controlling von Informations- und Kommunikationssystemen Beauftragten.

Man könnte von der Überlegung ausgehen, das Controlling dem Informatiker zu übertragen. Dieser Gedanke mag bei oberflächlicher Betrachtung richtig erscheinen. Bei genauerer Analyse zeigen sich gravierende Nachteile. Bedingt durch die fehlende betriebswirtschaftliche Ausbildung und der damit einhergehenden Sichtweise ist der Informatiker für das Controlling und die Revision nicht geeignet. So eröffnet auch die Studie von Domsch und Krüger dem Informatiker ein anderes Arbeitsmarktsegment [14]. Ohne diese Fragen hier weiter zu diskutieren, ist für derartige Aufgaben die Ausbildung des Wirtschaftsinformatikers als geeignet anzusehen bzw. die Ausbildung als Betriebswirt unter der Voraussetzung, daß eine Vertiefung in Betriebsinformatik erfolgt [15].

4.2.10. Beurteilung der verwendeten Erhebungsmethoden

Die Unterschiedlichkeit der Informations- und Kommunikationssysteme macht für die Informationsgewinnung den Einsatz unterschiedlicher Erhebungsmethoden notwendig. Tafel 4/12 zeigt die Eignung der einzelnen Erhebungsmethoden für die Informationsgewinnung.

(1) Dokumentenanalyse

Diese Erhebungsmethode ist für die Informationsgewinnung als geeignet bis sehr geeignet anzusehen. Dokumente sind bei allen Informations- und Kommunikationssystemen vorhanden. Die Schwierigkeit für den Controller bzw. den Revisor besteht darin, daß die Unterlagen kaum standardisiert sind, was die Messung erschwert. Mit Ausnahme der Ordnungsmäßigkeitsforderung bei EDV-Buchführungssystemen bestehen bisher keine allgemein anerkannten Ziele, an denen Informations- und Kommunikationssysteme meßbar sind [16].

Erhebungsmethode \ Dimension des IKS	System-nutzung	System-ent-wicklung	System-Manage-ment
Dokumentenanalyse	G	SG	SG
mündliche Befragung	SG	G	SG
Beobachtung	G	KG	NG
Test von Anwendungs-systemen	KG	SG	NG
Einsatz von Prüfungs-software	SG	NG	NG
Schriftliche Befragung	KG	KG	NG

Legende:
SG = sehr geeignet
G = geeignet
KG = kaum geeignet
NG = nicht geeignet

Tafel 4/12: Die Eignung von Erhebungsmethoden für die Informationsgewinnung

Ansätze in dieser Richtung finden sich beim Projekt EPSOS-D, dessen Ziel die Entwicklung von Methoden zur Erstellung prüfbarer Software ist [17]. Die Dokumentenanalyse ist somit eine grundlegende Voraussetzung, um Objekte überhaupt messen zu können.

(2) Mündliche Befragung (Interview)

Das Interview weist eine gute bis sehr gute Eignung für die Informationsgewinnung auf. So berichtet Risak über eine Befragung von Revisoren, die folgende Ergebnisse brachte [18].

Die Frage: "Welchen Anteil würden Sie wirkungsmäßig - bezogen auf den Gesamterfolg - den mündlich übermittelten Informationen am Gesamtinformationsvolumen der Unternehmung messen ?", erbrachte einen Durchschnittswert von ca. 70%. Aufgrund der Erfahrung des Autors ist dieser Anteil als relativ hoch zu betrachten; ein Wert von ca. 50% ist realistischer. Der instrumentale Charakter der mündlichen Befragung ergibt sich aus der Tatsache, daß viele Meßobjekte nur mittels dieser Erhebungsmethode meßbar sind.

Unabhängig davon, ob die mündliche Befragung über ein strukturiertes oder nicht strukturiertes Interview geführt wird, liegen Sollvorstellungen vor. Mit der mündlichen Kommunikation wird die Istsituation ermittelt. Die Verwendung der mündlichen Befragung erfordert Wissen über die formalen und informalen Zusammenhänge und Abläufe in Organisationen. Die aus der Marktforschung bekannten Probleme bei der Durchführung von Interviews sind auch hier besonders zu berücksichtigen.

Insbesondere bei international tätigen Organisationen sind Revision, Controlling und Unternehmensberatung eine permanente Einrichtung. Dies führt dazu, daß ständig "irgendwelche Leute das Unternehmen untersuchen", wie dies von einem Leiter der Organisation treffend formuliert wurde. Da sich die Interviews dieser Revisoren, Controller und Unternehmensberater weder nach dem Inhalt noch in der Form wesentlich unterscheiden und die Zielgruppe der Befragten kaum variiert, werden letztere zu "Profis" im Antwortverhalten. Im Gegensatz zu den Befragten bei Marktforschungsaktionen hat man es im gegenständlichen Falle mit qualifizierten Mitarbeitern zu tun, deren Antworttätigkeit ein Teil ihrer dienstlichen Tätigkeit ist. Dieser Situation ist das Konzept der mündlichen Befragung (besser: mündliche Kommunikation) anzupassen. Das Instrument der mündlichen Kommunikation kann stärker situationsgerecht eingesetzt werden (Informationssystemfunktion, Interviewer, Interviewter, Anwendungssystem usw.) als andere Erhebungsmethoden.

(3) Beobachtung

Sie kann bestenfalls als Orientierungshilfe verwendet werden. Keine Eignung weist sie zur Informationsgewinnung auf der strategischen und der taktischen Managementebene auf. Die auf diesen Managementebenen ablaufenden Prozesse sind schon aus ihrem zeitlichen Ablauf heraus betrachtet einer Beobachtung schwer zugänglich. Zur Informationsgewinnung eignet sich die Beobachtung bei der Systemnutzung. Kaum geeignet ist die Methode für die Informationsgewinnung bei der Systementwicklung, während sie für den Informationsprozeß die beste Eignung besitzt.

(4) Test von Anwendungssystemen

Darunter sind die Aufgaben des Testens im Software-Lebenszyklus und die dabei anzuwendenden Vorgehensweisen zu verstehen. Diese Definition deckt sich nicht immer mit dem Testverständnis von Revision und Controlling, die unter Testen primär Programmtests mit Testdaten verstehen. Dabei werden einige Testfälle konstruiert, an denen das Testobjekt (Programm) gemessen wird. Die Stichprobentheorie zeigt, daß diese Verfahren keinen repräsentativen Charakter besitzen. Beispielsweise kann dies an der Prüfung einer Lohn- und Gehaltsverrechnung auf Ordnungsmäßigkeit gezeigt werden. Die Aussagen sollen mit einer Wahrscheinlichkeit von 95% abgesichert werden, wobei eine absolute Genauigkeit von +-1% einzuhalten ist. Bei 800 zu prüfenden Lohn- und Gehaltsverrechnungen ist eine Stichprobe von 258 Lohn- und Gehaltsverrechnungen zu ziehen, was praktisch nicht möglich ist. Bei 5 getesteten Lohnabrechnungen beträgt die Wahrscheinlichkeit, einen Fehler - unter der Annahme, daß 1% der Abrechnungen fehlerhaft sind - zu finden 4.9%. Dieses Beispiel zeigt, daß der Test von Anwendungssystemen nur ein Testen im Software-Lebenszyklus sein kann [19].

(5) Prüfungssoftware (Audit-Software)

Der Entwicklung der Informations- und Kommunikationssysteme hat die Prüfungssoftware bisher nicht Rechnung getragen. Damit stellt sich die Frage nach der Wirksamkeit der bisherigen Prüf- und Kontrolltheorie.

Prüfungssoftware ist eine Möglichkeit, das Kontroll- und Prüfungssystem mengenmäßig und qualitätsmäßig dem Informations- und Kommunikationssystem anzupassen. Prüfungssoftware wird nicht erst seit kurzem eingesetzt. Stellt man die ersten Anforderungen an Prüfungssoftware zu Beginn der 70-er Jahre dem heutigen Anforderungsprofil gegenüber, so haben sich die Anforderungen kaum verändert [20]. Bei den dieser ersten empirischen Studie zugrundeliegenden Informations- und Kommunikationssystemen stand in einem Fall eine auditähnliche Software in Form von CICS-Transaktionen zur Verfügung, mit der Dateien der Finanzbuchhaltung abgefragt werden konnten. Eine Modellbildung, wie sie etwa durch Spreadsheet-Systeme möglich ist, war durch die geringe Anzahl verfügbarer Prüfungstransaktionen nicht durchführbar.

Tafel 4/13 gibt eine Übersicht über die Verfügbarkeit auditähnlicher Funktionen in Softwaresystemen.

Funktion / Softwaresysteme	auditähnliche integriert	keine auditähnlichen integriert	Summe
Finanzbuchhaltung	3	10	13
Kosten- und Leistungsrechnung	-	3	3
Materialwirtschaft	2	8	10
Lohn- und Gehaltsverrechnung	3	6	9
Auftragsbearbeitung	-	6	6
Fakturierung	1	3	3
Systemsoftware	11	2	13

Tafel 4/13: Integration auditähnlicher Funktionen in Softwaresystemen

Tafel 4/13 zeigt, daß auditähnliche Funktionen in Softwaresystemen teilweise vorhanden sind. Diese Funktionen werden für den Revisions- bzw. Controllingvorgang nicht aktiviert. Ein Grund dafür ist, daß die Revisoren nicht über ausreichende Informatikkenntnisse verfügen, die sie in die Lage versetzen derartige Funktionen zu aktivieren. Dies deckt sich mit den Aussagen eines EPSOS-D Designers [21]. Vergleicht man die in Tafel 4/13 aufgelisteten Softwaresysteme, so verfügt die Systemsoftware in hohem Ausmaß über auditähnliche Funktionen (bei 11 Informations- und Kommunikationssystemen). Bei 8 der 11 angegebenen Fälle wird ein Teil der verfügbaren Funktionen regelmäßig genutzt. Die Zwecke für diese Nutzung werden wie folgt angegeben:

- Kostenverrechnung gegenüber den organisatorischen Teilsystemen für Inanspruchnahme der EDV-Leistung,
- Überwachung des EDV-Systems,
- Frühzeitiges Erkennen von Hardwarefehlern,
- Lastprognose und damit Steuerung des EDV-Systems.

An dieser Stelle ist es angebracht, auf die unterschiedlichen Controllingansätze zwischen den Anwendungssystemen und den Systemprogrammen hinzuweisen.

Die Controllingansätze bei den Anwendungssystemen benutzen die Datenbanken als ein Controllingobjekt. Darauf ist auch weitgehend die gesamte Prüfungssoftware ausgerichtet. Verarbeitungsobjekte der Systemprogramme sind die Anwendungsprogramme. Während des Verarbeitungsvorganges speichern die Systemprogramme die für die Verarbeitung notwendigen Daten in Controlling-Datenbanken bzw. Tabellen. Nach Ende des Verarbeitungsvorganges werden diese Daten nicht mehr benötigt und (im Unterschied zu den Datenbanken der Anwendungssysteme) gelöscht.

Von der Struktur her betrachtet sind somit zwischen Anwendungsprogrammen und Systemprogrammen zunächst keine Unterschiede feststellbar. Die meisten Systemprogramme verfügen über eigene - mit der Verarbeitung der Anwendungsprogramme in keinem sachlichen Zusammenhang stehende - Controlling-Datenbanken [22]. Die Daten dieser Controlling-Datenbanken sind besonders für die Kontrolle und die Revision der Systemnutzung geeignet. Schätzungen des Autors besagen, daß der Inhalt dieser Controlling-Datenbanken nur zu ca. 5% ausgewertet wird und für Steuerungsfunktionen verwendet wird. Diese Controlling-Datenbanken sind eine gute Unterstützung für Revision und Controlling. Es wird vorgeschlagen, so wie bei den Systemprogrammen auch bei Anwendungsprogrammen eigene Controlling-Datenbanken einzurichten.

Der geringe Anteil des Einsatzes von Controlling- und Prüfungssoftware kann folgendermaßen begründet werden:

- unterschiedliche Hard- und Softwarestrukturen bei den Anwendungs- und Betriebssystemen verhindern ein einheitliches Konzept;
- zu geringe EDV-Kenntnisse der Revisoren und Controller;
- geringe Benutzer- und Funktionsgerechtigkeit der Controlling- und Prüfungssoftware.

(6) Schriftliche Befragung

Wegen der Unterschiedlichkeit der Informations- und Kommunikationssysteme ist der Einsatz der schriftlichen Befragung als Methode der Datenerhebung unterschiedlich zu beurteilen. Die FAMA schlägt in ihrer Stellungnahme 1/74 "Prüfung von EDV-Buchführungen" die Fragebogentechnik als Hilfsmittel zur Durchführung von EDV-Systemprüfungen vor. Bei dieser ersten empirischen Studie wurden eigene Fragebogen in Anlehnung an die der FAMA entwickelt und den Anwendern zur schriftlichen Beantwortung übermittelt [23]. In Tafel 4/14 werden die Ergebnisse der Befragung anderen Erhebungsmethoden gegenübergestellt.

Wegen der Unterschiedlichkeit der Ergebnisse bei demselben Untersuchungsobjekt ist es notwendig, den Test und die Testumgebung näher zu beschreiben. 104 Benutzer in den Fachabteilungen erhielten zweiseitige Fragebögen mit der Auflage, diese bis zum nächsten Tag zu beantworten.

Andere Erhebuns-methoden	Gleiches Ergebnis wie schriftliche Befragung	Ungleiches Ergebnis zur schriftlichen Befragung	Summe
Schriftliche Befragung	41 (39%)	63 (61%)	104

Tafel 4/14: Schriftliche Befragung im Vergleich zu anderen Erhebungsmethoden

Anläßlich einer Prüfungsfortsetzung, die wenige Wochen später stattfand, wurden an dieselben Benutzer einige in der Befragung gestellte Fragen unter Verwendung anderer Erhebungsmethoden erneut gestellt. Ein Vergleich der Ergebnisse der Befragung mit anderen Erhebungsmethoden zeigt sehr unterschiedliche Ergebnisse. Bei der komplexen Struktur eines Informations- und Kommunikationssystems kommt der Interaktion zwischen Controller und Benutzer eine entscheidende Bedeutung zu. Die mündliche Befragung ermöglicht die Kommentierung der Fragen, was bei einer schriftlichen Befragung nicht möglich ist [24].

Da die Erhebungsmethode nur ein Teil der Meßvorschrift ist, die Anwendung der Meßvorschrift aber davon abhängt, ob Daten des Meßobjekts mit der Erhebungsmethode überhaupt gewonnen werden können, erfordert dies unterschiedliche Meßvorschriften.

Daraus folgt Hypothese 8:

Die unterschiedliche Struktur von Informations- und Kommunikationssystemen macht darauf abgestimmte Meßvorschriften erforderlich.

4.2.11. Computergestütztes Rechnungswesen als Planungs- und Steuerungshilfe

(1) Finanzbuchhaltungs-Budgetmethode (FIBU-Budgetmethode)

Unter der FIBU-Budgetmethode werden Verfahren verstanden, die aus vorgegebenen Jahresbudgets Monatsbudgets ermitteln. Durch einen Vergleich dieser Budget-Soll-Werte mit den Budget-Ist-Werten ist ein einfaches Steuerungsinstrument verfügbar. Interessant ist die Frage, wie weit solche Steuerungshilfen von den Benutzern verwendet werden.

Als Untersuchungsobjekte für diese Fragestellung können Anwendungssysteme der Finanzbuchhaltung und der Kosten- und Leistungsrechnung verwendet werden. Die Anwendungssysteme der Kosten- und Leistungsrechnung als Untersuchungsobjekt wurden ausgeklammert, weil nur drei Anwendungssysteme zur Verfügung standen. Die Anwendungssysteme der Finanzbuchhaltung waren wegen der größeren Anzahl der Untersuchungsobjekte für eine derartige Analyse besser geeignet. Tafel 4/15 gibt eine Übersicht über die Verwendung der FIBU-Budgetmethode als Planungs- und Steuerungshilfe.

FIBU-Bugetmethode / Anwendungssystem	Implementiert	Regelmäßig zur Steuerung verwendet	Summe
Finanzbuchhaltung	9	2	11

Tafel 4/15: FIBU-Bugetmethode als Planungs- und Steuerungshilfe

Tafel 4/15 zeigt, daß von 9 Finanzbuchhaltungen in zwei Fällen die FIBU-Budgetmethode zur Steuerung regelmäßig benutzt wird. Von den 9 Finanzbuchhaltungen, die über diese Zusatzfunktionen verfügen, wissen nur 3 Benutzer der Finanzbuchhaltung über deren Verfügbarkeit Bescheid.

Ein ähnliches Ergebnis wurde bei der Analyse von 3 Anwendungssystemen der Lohn- und Gehaltsverrechnung festgestellt. Die Abteilung Lohnverrechnung bemühte sich, die Programme der Lohn- und Gehaltsverrechnung um bestimmte Funktionen zu erweitern. Nach Analysen stellte die EDV-Abteilung fest, daß die gewünschten Funktionen in den installierten Programmen verfügbar waren, sie waren bei der Programmgenerierung aber nicht aktiviert worden. Sowohl bei den 9 Anwendungssystemen der Finanzbuchhaltung als auch bei den 3 Anwendungssystemen der Lohn- und Gehaltsverrechnung waren die Benutzer an der Auswahlentscheidung für das Anwendungssystem in geringem Ausmaß beteiligt.

In Anbetracht der sehr mangelhaften Benutzermitwirkung an der Auswahlentscheidung ist die eben dargestellte Situation nicht überraschend.

(2) Kosten- und Leistungsrechnung als entscheidungsorientierte Führungsrechnung

Riebel und Sinzig weisen auf die Bedeutung einer entscheidungsorientierten Führungsrechnung auf Basis der Einzelkosten- und Deckungsbeitragsrechnung hin [25]. Die Realisierung eines solchen Konzepts stellt jedoch erhebliche Anforderungen an das Anwendungssystem. Bedeutsam ist, ob computergestützte Systeme des Rechnungswesens lediglich durch Abprogrammieren manueller Vorgehensweisen entstanden sind, oder ob sie auch neuere Entwicklungen des Rechnungswesens im Sinne einer Entscheidungsfindung unterstützen. Dies wird an einem Beispiel dargestellt. Im wesentlichen besteht dieses nach Mertens aus den Bausteinen Dialogprogramm, Datenbank und Methodenbank [26]. Aufgabe des Dialogprogrammes ist es, Anfragen an die Daten- und Methodenbank zu realisieren. Die Datenbank ist geeignet zu strukturieren, wobei Zugriffe mit mehreren Schlüsseln möglich sein sollen. Da unterschiedliche Sonderrechnungen über ein Anwendungssystem der Kosten- und Leistungsrechnung bedienbar sein müssen, besteht die Notwendigkeit, in einer Methodenbank die entsprechenden Rechenvorschriften für Erfolgskennzahlen bereitzustellen.

Ausgehend von diesem Konzept gibt Tafel 4/16 eine Übersicht über die Verfügbarkeit der für die Planung und Steuerung benötigten Bausteine. Die Grundgesamtheit bilden 13 Anwendungssysteme des Rechnungswesens.

Tafel 4/16 bestätigt die These, daß die implementierten Anwendungssysteme der Kosten- und Leistungsrechnung ein flexibles, entscheidungsorientiertes Rechnungswesen nicht unterstützen.

Planungs- und Steuerungselemente	Anzahl
Dialogprogramm im bei Mertens (26) dargestellten Funktionsumfang	0
Einfache Abfragesprache	3
Datenbanksystem im bei Mertens (26) dargestellten Funktionsumfang	0
Dateikonzept	8
Hierarchisches Datenbanksystem	4
Relationales Datenbanksystem	1
Methodenbanksystem im bei Mertens (26) dargestellten Funktionsumfang	0
Methodenbanksystem	2
Einfaches Transaktionssystem mit vorgesehene Methodensystem zur Abfrage aus Dateien/Datenbanken	9

Tafel 4/16: Planungs- und Steuerungselemente im Anwendungssystem des Rechnungswesens

4.2.12. Der Distribuierungsprozeß am Beispiel des PC-Einsatzes

Wegen der zunehmenden Distribuierung der Informations- und Kommunikationssysteme wurde dieser Prozeß am Beispiel von Auswahl und

Ankauf von Personal Computern (PC) untersucht. Die Basis der Untersuchung bildeten 32 Entscheidungsprozesse, bei denen 79 Personalcomputer angeschafft wurden. Im Mittel betrug die Investitionssumme pro Personalcomputer S 164.000,--. Dieser Betrag beinhaltete die Kosten für Hardware und Software. PC-Netze waren in diesem Betrag nicht enthalten, da nur in einem Fall ein PC-Netz als Testinstallation verfügbar war. Tafel 4/17 nennt die Kriterien für die PC-Anschaffung aus der Sicht der Entscheidungsträger, gegliedert nach Unternehmensgrößen.

Unternehmens.-größe / Kriterien	bis 100 Beschäftigte	101-500 Beschäftigte	über 500 Beschäftigte	Summe
Unabhängigkeit von der EDV-Abteilung	-	6	7	13
gutes Preis-Leistungsverhältnis	4	2	-	6
Bedürfnisgerechtigkeit der Standardsoftware	5	7	2	14
eigene Systementwicklung durch die Fachabteilung	-	2	8	10
Textverarbeitungsmöglichkeit	2	6	9	17
multifunktional einsetzbar	-	4	12	16
Erfahrungen sammeln	-	-	8	8
Summe Mehrfachnennungen waren möglich	11	27	46	84

Tafel 4/17: Kriterien einer PC-Anschaffung in Abhängigkeit von der Unternehmensgröße

Faßt man die Nennungen "Unabhängigkeit von der EDV-Abteilung", "Bedürfnisgerechtigkeit der Standardsoftware" und "eigene Systementwicklung durch die Fachabteilung" unter Akzeptanz zusammen, so zeigt sich, daß bei 37 von insgesamt 84 Nennungen diese Kriterien für die Distribuierungsentscheidung mitverantwortlich sind.

Das Kriterium "Preis-Leistungsverhältnis" wird bei Unternehmen bis 100 Beschäftigte in 4 von 6 Fällen genannt, während bei Unternehmen mit mehr als 500 Beschäftigte dieses Kriterium nicht aufscheint. Für letztere wird "multifunktional einsetzbar" (als stand alone System und als Bildschirmterminal mit Anschluß an den Großrechner) mit 12 Nennungen am häufigsten genannt.

Aus Koordinationssicht muß die Frage gestellt werden, welche organisatorischen Teilsysteme beim Entscheidungsprozeß über Auswahl und Ankauf der Personalcomputer beteiligt waren. Tafel 4/18 gibt die Antwort darauf. Die Basis bilden 30 Entscheidungsprozesse.

Unternehmensgröße / Organisatorisches Teilsystem	bis 100 Beschäftigte	101-500 Beschäftigte	über 501 Beschäftigte	Summe
Fachabteilung allein	-	5	11	16
Fachabteilung in Abstimmung mit der EDV.-Abteilung	2	3	-	5
Fachabteilung in Abstimmung mit der Geschäftsleitung	7	2	-	9
Summe	9	10	11	30

Tafel 4/18: Mitwirkung der organisatorischen Teilsysteme bei der PC-Anschaffung in Abhängigkeit von der Unternehmensgröße

Bei 16 von insgesamt 30 Personalcomputer-Anschaffungen wurden diese von den Fachabteilungen alleine getätigt, also ohne die Mitwirkung der EDV-Abteilungen. Die Folge davon waren Inkompatibilitäten, teilweise zwischen den Personalcomputern untereinander, vor allem jedoch mit dem zentralen Rechenzentrum. Die Gründe für diese Koordinationsmängel sind einerseits in einem schlecht strukturierten Zielsystem zu suchen, andererseits in der Größe der Organisation.

Daraus folgt Hypothese 9:

Je größer eine Organisation ist, desto weniger wird die Aufgabe der Koordination bei der Anschaffung neuer Technologien wahrgenommen; je besser das Zielsystem strukturiert ist, umso besser kann die Koordination wahrgenommen werden.

4.3. Gesamtbeurteilung

Aufgabe der Gesamtbeurteilung ist es, aus den Hypothesen die Kern-Hypothesen (im Sinne von häufigsten Nennungen von Variablen) herauszufinden. Dazu werden die Hypothesen in einer Matrix abgebildet. Dieser Vorgang wird in Abbildung 4/2 dargestellt.

Kerninhalt der Variablen \ Hypothesen	1	2	3	4	5	6	7	8	9
Situationsgerechte Meßvorschrift	x		x		x			x	
Strukturierung nach CIKS-Konzept		x					x		
Risikomanagement				x		x			
Ziele					x				x
Koordination									x

Abb. 4/2: Häufigkeit der Nennung von Variablen

Als Kern-Hypothese ergibt sich das Fehlen situationsgerechter Meßvorschriften; diese Variable wird in 4 von 9 Hypothesen angesprochen. Ein Formulieren von situationsgerechten Meßvorschriften setzt auf allen Managementebenen Ziele voraus, worauf die Hypothesen 5 und 9 explizit hinweisen. Ziele erfordern eine geeignete Strukturierung des Informations- und Kommunikationssystems, worauf die Hypothesen 2 und 7 hinweisen.

Zusammenfassend läßt sich das Ergebnis der ersten empirischen Studie folgendermaßen darstellen:

Das Fehlen situationsgerechter Meßvorschriften, der Mangel eines Zielsystems und die geeignete Strukturierung von Informations- und Kommunikationssystemen machen das Controlling derartiger Informations- und Kommunikationssysteme so schwierig. Der Mangel eines Konzepts für das Risikomanagement, wie dies in den Hypothesen 4 und 6 formuliert wird, führen zusätzlich zu einer Erschwerung des Controlling.

Ausgehend von diesen Ergebnissen wird mit der zweiten empirischen Studie, die im nachfolgenden Kapitel dargestellt wird, der Versuch unternommen, die in der ersten empirischen Studie erarbeiteten Hypothesen zu verifizieren. Die Makrologik für dieses Vorgehen zeigt Abbildung 4/3.

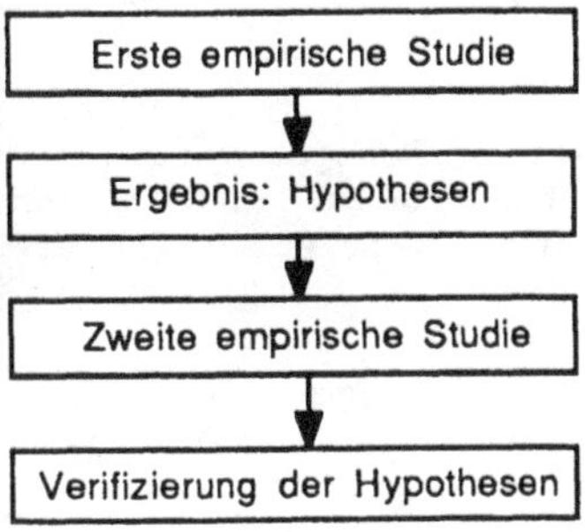

Abb. 4/3: Verifizierung der Hypothesen

Anmerkungen

[1] Glöckl, J.: Hypothese. In: Braun, E. und Radermacher H. (Hrsg.). Wissenschaftstheoretisches Lexikon. Graz et al. 1978

[2] Vgl. Holm, K. (Hrsg.): Die Befragung 1. München 1975; Holm, K. (Hrsg): Die Befragung 2. München 1975

[3] Zum Systemlebenszyklus vergleiche insbesondere Seibt D.: Controlling des Lebenszyklus von DV-Anwendungssystemen. In: EDV-Controlling. CW-CSE (Hrsg.): München 1983, 232-257; Schmitz, P., Bons H. und Megen van R.: Software-Qualitätssicherung - Testen im Software-Lebenszyklus. Braunschweig 1982

[4] Ahlers, J., Emmerich, W., Krcmar, H., Pocsay, A., Scheer, A. W. und Siebert, D.: Die Messung der Prüfungsgerechtigkeit von EDV-Buchführungssystemen. In: WPg 19/1982, 529-538. So neigt seit 1980 die Geschäftspolitik von IBM dazu, nur mehr die Objektprogramme zur Verfügung zu stellen.

[5] Vgl. Mumford, E. und Welter, G.: Benutzerbeteiligung bei der Entwicklung von Computersystemen. Berlin 1984; Heilmann, H.: Modelle und Methoden der Benutzermitwirkung in Mensch Computer-Systemen. 10. Jahrbuch der EDV (1981). Stuttgart/Wiesbaden 1981

[6] Zuberbühler, H.: Elektronische Datenverarbeitung in der Industrie - Ergebnisse einer empirischen Untersuchung. Bern/ Stuttgart 1972

[7] Vgl. Hauschildt, J.: Zielbildung - ein heuristischer Prozeß. In:328

[8] Horvàth, P.: Controlling in der "organisierten Anarchie". In: ZfB 52.Jhg (1982), 250-260, 253; Cohen, M. D., March, J. G. und Olsen, J. P.: A Garbage Can Model of Organizational Choice. In: Administrative Science Quarterly 17 (1972), March, 1-25

[9] Kammer der Wirtschaftstreuhänder (Hrsg.): Fachgutachten Nr. 58. Die Ordnungsmäßigkeit der Buchhaltung beim Einsatz von Datenverarbeitungsanlagen - Fachsenat für Betriebswirtschaft und Organisation

[10] Bertl, R. und Fattinger, S.: Die Anforderungen der Wirtschaftsprüfer an den akademischen Berufsnachwuchs. Eine empirische Untersuchung in Österreich und ihr Vergleich mit der Untersuchung Sieben/Hunger in der Bundesrepublik Deutschland. In: WPg, Heft 22, 1984, 597-604

[11] Sieben, G. und Hunger, J.R.: Der akademische Berufsnachwuchs

und die Anforderungen an die Wirtschaftsprüfer - Ergebnisse einer Umfrage. In: WPg, 32.Jhg.(1974), 221-234

[12] Lück, W. und Schönbrunn, N.: Wirtschaftsprüfung und Treuhandwesen, Ergebnisse einer empirischen Untersuchung zur Studiengestaltung. In: DBW 44/1984, 411-426

[13] o. A.: Bedarf an EDV-Revisoren ist nach wie vor groß. In: CW, 29. Juni 1984, 29

[14] Domsch, M. und Krüger, M.: Ausbildung, Arbeitsmarkt und Einsatz von Informatikern - Eine empirische Arbeitsmarktstudie. In: DBW 42/1982, 583-592

[15] Zu Entwicklung, Stand und Perspektiven der Wirtschaftsinformatik vgl. insbesondere Heinrich, L. J.: Wirtschaftsinformatik als Wissenschaft; Entwicklung, Stand und Perspektiven, in: Heinrich, L. J. und Lüder, K. (Hrsg.): Angewandte Betriebswirtschaftslehre und Unternehmensführung, Festschrift zum 65. Geburtstag von Hans Blohm. Herne/Berlin 1985, 35-39. Insbesondere wird auch auf die dort zitierte umfangreiche Literatur verwiesen.

[16] Die Stellungnahme der FAMA (vgl. Stellungnahme FAMA 1/1975) beinhaltet lediglich Kriterien zur Feststellung der Vollständigkeit, Richtigkeit, Zeitgerechtigkeit und Prüfbarkeit. Im Projekt EPSOS-D (vgl. Ahlers, J., Emmerich, H., Krcmar, A., Pcsay, A., Scheer, A.W. und Siebert, D.: Epsos-D. In: Veröffentlichungen des Instituts für Wirtschaftsinformatik an der Universität Saarbrücken, Forschungsbericht Nr. 35) wurde das Kriterium der Prüfbarkeit et al. mit operationalen Merkmalen versehen

[17] Vgl. Ahlers, W. E. et al: Die Messung der Prüfungsgerechtigkeit von EDV-Buchführungssystemen. In: WPg 19/1982, 529-538, 529

[18] Risak, J.: Die Gestaltung der mündlichen Kommunikation als Prüfungsobjekt und Prüfungsinstrument. In: WPg, Heft 19/1975, 524-529. Main Hurdman & Cranstoun, General Control Questionnaire for EDP Systems Form/AV 503 8/80.

[19] Zum Testen im Software-Lebenszyklus vgl. insbesondere Schmitz, P., Bons, H., Megen, van R.: Software Qualitätssicherung - Testen im Software-Lebenszyklus, Wiesbaden 1982; Siehe auch: Balzert, H.: Quantitative Ansätze zur Bestimmung der Komplexität von Software-Systemen. In: Brauer, W. (Hrsg). GI - 11. Jahrestagung, Informatik-Fachberichte 50. München 1981, 170-190; Dahl, O. J., Dijkstra, E. W. und Hoare, C. A. R.: Structured Programming. London/New York 1972

[20] Vgl. Adams, D. L. und Mullarkey, J. F.: A survey of audit

software: 41f; Will, H.J.: Computer based auditing, Part. I; Will, H. J.: Computer based auditing, Part. II. In: Canadian Chartered Accountant, March 1972, 33-35; Dorricott, K. D.: Appraising Computer Assisted Audit Techniques. In: CA-magazine. August 1975, 24-29; Sethna, R.: A Blueprint for generalized computer audit systems. In: CA-magazine. August 1976. Aus jüngerer Zeit vergleiche insbesondere: Bittner, K.: Prüfsprachen für die EDV-Revision Anforderungen der Praxis. In: EDV-Revision & Controlling, CW-CSE (Hrsg). München 1984, 207-234; Will, H. J.: Prüf- und Controlling-Software - Entwicklungstendenzen und künftige Einsatzmöglichkeiten. In: CW-CSE (Hrsg), EDV-Controlling. München 1983, 259-280; KMG Computer Newsletter, September 1985, KMG Executive Office, P.O. Box 7259, 1007 JG, Amsterdam (Hrsg); KMG Computer Newsletter, March 1985, no. 1; KMG Computer Newsletter, June 1985

[21] EPSOS-D war in seinem ursprünglichen Grundkonzept auf die Prüfung von Dokumentations- und Programmsystemen der Buchhaltung ausgerichtet. Von den Wirtschaftsprüfern wird dieses Prüfinstrument noch immer nicht angenommen. Der Grund wird von Emmerich darin gesehen, daß die Wirtschaftsprüfer über zu geringe Informatikkenntnisse verfügen (Vortrag: Emmerich, W.: EPSOS-D, ein Werkzeug zur Messung der Qualität von Software-Systemen, gehalten am 9.Jänner 1986 an der Johannes Kepler Universität Linz). EPSOS-D ist in der Zwischenzeit für die Messung jeglicher Anwendungssysteme erweitert worden und bezieht sich nicht mehr ausschließlich auf die Buchhaltung

[22] Diese Revisions- und Controllingdatenbanken werden als Log-, Protokoll- bzw. SMF-Dateien bezeichnet

[23] Vgl. dazu insbesondere die vom Deutschen Institut für Interne Revision herausgegebenen kommentierten Prüfungsfragen für die Revisionspraxis (Revision der elektronischen Datenverarbeitung, Kommentierte Prüfungsfragen für die Revisionspraxis, Deutsches Institut für Interne Revision (Hrsg.). Berlin 1982

[24] Als Beispiele für die Erstellung von Prüfungsfragen sei insbesondere hingewiesen auf: Fragebogen zur Prüfung des Kontrollsystems bei Einsatz von EDV-Anlagen im Rechnungswesen (FAMA 1/74). In: WPg, Heft 3/1974, 87-91; Revision der elektronischen Datenverarbeitung: o. A.: DuD Checklist. In: DuD 2/81, 3/81, 4/81

[25] Riebel, P. und Sinzig, W.: Zur Realisierung der Einzelkosten- und Deckungsbeitragsrechnung mit einer relationalen Datenbank. In: Zfbf 33 (6/1981), 457-489, 457

[26] Mertens, P. und Puhl, W.: Computergestütztes Rechnungswesen als Planungshilfe. In: Krallmann, H. (Hrsg.): Unternehmensplanung und -steuerung in den 80iger Jahren. Berlin et al. 1982, 144

5. Fallstudie „Schwachstellenanalyse in der Informationsverarbeitung“

Im Gegensatz zu der ersten empirischen Studie, untersucht diese zweite empirische Studie, systematisch ein universitäres Informations- und Kommunikationssystem über den Zeitraum von zwei Jahren [1]. Die Ergebnisse dieser zweiten empirischen Studie sollen zur Verifizierung der mit Hilfe der ersten empirischen Studie formulierten Hypothesen dienen.

Der komplexen Struktur der Informations- und Kommunikationssysteme können die Meßvorschriften zur Schwachstellenanalyse bisher kaum folgen. Die für Entwurf und Implementierung verwendeten Meßvorschriften berücksichtigen in zu geringem Ausmaß Controllingaufgaben. So gibt z.B. Hesse eine gute Übersicht über Methoden und Techniken des Software-Entwurfs; hinsichtlich der Eignung von Software-Entwurfsmethoden für das Controlling läßt sich aus seinen Ausführungen kein Nutzen ziehen [2].

Die Abhandlungen von Wong betreffen nur Fälle, denen bereits ein strafrechtlicher Tatbestand zugrunde liegt [3]. Die Vielzahl kleiner Vergehen, die in jedem Informations- und Kommunikationssystem auftreten, wird aber kaum systematisch erfaßt. Wie der Autor aus eigener Erfahrung feststellt, bilden gerade sie die Voraussetzung für die Gefährdung des Informations- und Kommunikationssystems.

Mit der wachsenden Bedeutung der Informations- und Kommunikationssysteme und der daraus resultierenden Abhängigkeit der Organisationen von funktionsfähigen Datenverarbeitungssystemen bilden Kontrolle und Steuerung einen integrierenden Bestandteil der Informations- und Kommunikationssysteme. So zeigt eine Untersuchung der Universität Minnesota, daß Vertriebsfirmen in den USA nach Ausfall ihres Computersystems bereits nach zwei Tagen arbeitsunfähig sind, Produktionsunternehmen nach fünf Tagen [4].

5.1. Ausgangssituation und Methode der Fallstudie

Die Methode der Fallstudie ist einerseits durch die Hypothesen der ersten empirischen Studie bestimmt, andererseits durch das Untersuchungsobjekt, das ein Informations- und Kommunikationssystem bildet, das über einen zweijährigen Zeitraum untersucht wurde. Dieser konzeptionelle Ansatz legt auch den Schwerpunkt auf andere Erhebungsmethoden als wie sie für die erste empirische Studie verwendet wurden.

Man kann dem Autor, bei der Wahl der zweiten empirischen Studie, den Vorwurf der Verwendung eines nicht aussagefähigen Untersuchungsobjektes machen, da sich Informations- und Kommunikationssysteme von Universitäten von Informations- und Kommunikationssystemen anderer Organisationen (z.B. Betriebswirtschaften) unterscheiden. Dies mag für das Systemmanagement in gewissen Grenzen seine Berechtigung haben. Bei der Informationssystemfunktion ist dieser Vorwurf unberechtigt. Eine Universität ist als Untersuchungsobjekt geeignet, da deren Informations- und Kommunikationssystem wesentlich komplexere Strukturen aufweist als ein Informations- und Kommunikationssystem für Betriebswirtschaften. Ein betriebliches Informations- und Kommunikationssystem ist somit in bezug auf den Prozeß der Systemnutzung und der Systemplanung ein Sonderfall des dieser Fallstudie zugrunde liegenden Untersuchungsobjekts.

Untersuchungsobjekt der Fallstudie ist das EDV-Zentrum der Johannes Kepler Universität Linz mit seinem Informations- und Kommunikationssystem. Die Universität ist in drei Fakultäten gegliedert: Technisch-Naturwissenschaftliche Fakultät (TN), Rechtswissenschaftliche Fakultät (RE) und Sozial- und wirtschaftswissenschaftliche Fakultät (SOWI). In das Informations- und Kommunikationssystem sind noch die Universitätsverwaltung (UDION) und die Bibliothek (BIBLIO) eingebunden.

Während des Untersuchungszeitraumes von zwei Jahren (1983, 1984) erfolgte nahezu die gesamte EDV-Versorgung der Universität über zwei im Verbund betriebene Zentralrechner. Im Beobachtungszeitraum standen den Benutzern zwischen 50 und 90 Bildschirme sowie 27 Personal-Computer zur Verfügung.

5.2. Gliederung des Untersuchungsobjekts

Die im Kapitel drei verwendete Strukturierung nach den Dimensionen eines Informations- und Kommunikationssystems wurde auch bei der zweiten empirischen Studie verwendet [5], und zwar:

(1) Dimension organisatorische Teilsysteme

Die organisatorische Dimension des Untersuchungsobjekts ist durch die strukturorganisatorische Gliederung der Universität gegeben. Abbildung 5/1 zeigt diese als Organigramm [6].

(2) Dimension Anwendungssysteme

Die Gruppen von Anwendungssystemen sind durch einschlägige gesetzliche Bestimmungen weitgehend gegeben und sind wie folgt festgelegt:

- Wissenschaftliche Lehre: Vorlesungen, Übungen, Praktika, Seminare, Diplomarbeiten, sonstige Arbeiten;
- Wissenschaftliche Forschung: Forschungsarbeiten, Dissertationen;
- Verwaltungsarbeiten: Einschlägige Projekte;
- Bibliotheksarbeiten: Literaturdokumentation;
- Studienförderungswesen;
- Systemaufgaben.

Die Vergabe von Benutzerberechtigungen (Benutzer-Kenn-Nummer und Paßwort) erfolgte einerseits über die anwendungsbezogene Dimension, andererseits ad personam, also organisationsbezogen. So er-

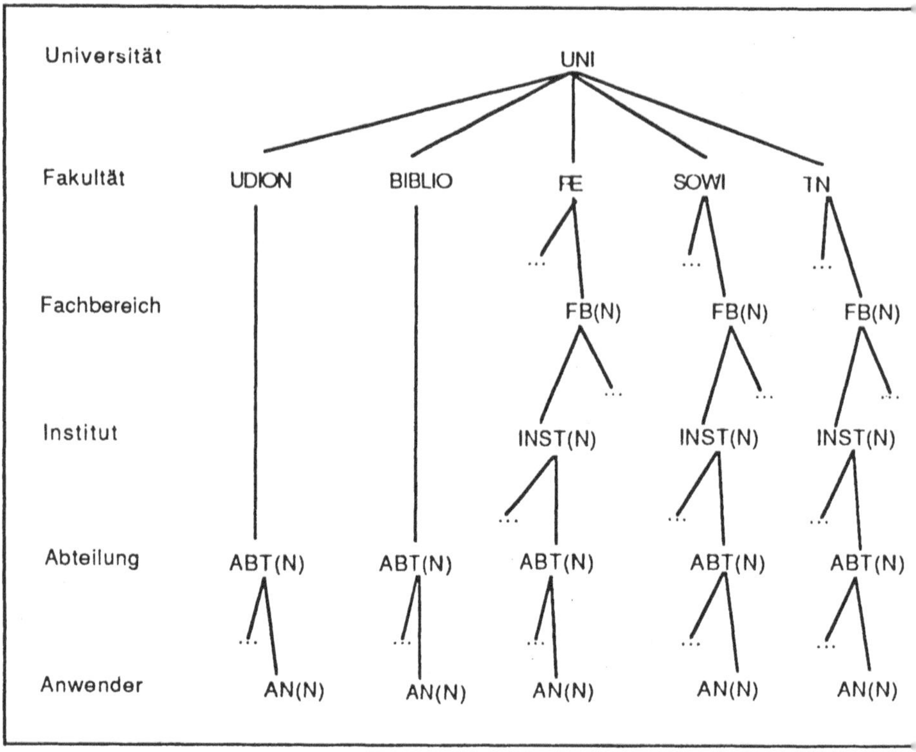

Abb. 5/1: Strukturorganisatorische Gliederung der Universität

hielt z.B. das Praktikum aus Dialog- und Teilnehmersysteme 10 Benutzerberechtigungen (für 10 Projekte), die zwischen 60 Benutzern geteilt wurden. Je 10 Benutzer erhielten eine Benutzerberechtigung. Der Praktikumsleiter war für die Einhaltung der Benutzervorschriften verantwortlich. Es gab aber auch Fälle, wo beispielsweise ein Assistent der Abteilung für angewandte Informatik eine Benutzerberechtigung für seine eigene Forschungs- und Lehrtätigkeit erhielt. Dadurch konnte eine Person über mehrere Benutzerberechtigungen verfügen.

(3) Dimension Informationssystemfunktion

Der Informationsprozeß ist an einer Universität durch einschlägige gesetzliche Bestimmungen stärker reglementiert als der Informationsprozeß im nicht öffentlichen Bereich [7]. Aus den Grundsätzen der öffentlichen Verwaltung läßt sich ableiten, daß der Informationskommunikation wesentlich mehr Bedeutung zukommt als der Informationssammlung bzw. der Informationstransformation. Das heißt, daß beispielsweise ein einmal erstellter Erlaß einmal "gesammelt" und dann normalerweise nicht mehr verändert wird. Sehr wohl wird er aber im Zuge der Informationskommunikation weiter verwendet [8].

(3.1) Die Systemplanung umfaßte wegen der heterogenen Struktur einer Universität (Forschungsaufgaben, Lehraufgaben und klassische Verwaltungsaufgaben) die gesamte Bandbreite des möglichen Spektrums, beginnend bei Eigenfertigung bis hin zum schlüsselfertigen Fremdbezug.

(3.2) Die Systemnutzung. Die Hardwarekonfiguration bestand aus zwei Zentraleinheiten IBM 3031, die im Verbund betrieben wurden. Eine Zentraleinheit war für die Stapelverarbeitung zuständig, während der Online-Betrieb auf der zweiten Zentraleinheit abgewickelt wurde. Die Magnetplattenspeicherkapazität lag bei ca. 6 Gigabyte.

An Systemsoftware wurden das Betriebssystem OS/VS1, das Dialogsystem GUTS, das Teilhabersystem CICS sowie das Datenbanksystem DL/1 verwendet. Daneben waren mehrere Compiler und viele Anwendungssysteme in Verwendung. Die Systemnutzung war (mit Ausnahme der für die Datensicherung und für die Systemarbeiten notwendigen Zeit) für die Benutzer 24 Stunden täglich, 7 Tage je Woche möglich. Im operatorlosen Betrieb stand das EDV-System werktags zwischen 22.00 Uhr und 7.00 Uhr zur Verfügung, auch während der Wochenenden und sonn- und feiertags.

5.3. Methode der Datenerhebung

Da sich das Untersuchungsobjekt im Produktionsbetrieb befand, war es notwendig, bei aufgetretenen Vergehen "Sofortmaßnahmen" zu setzen, um den sicheren Betrieb zu garantieren. Aus diesem Grunde wird im Kapitel "Ergebnisse" nur teilweise über quantitative Untersuchungsergebnisse berichtet, da bei jenen Fällen, bei denen zur Sicherung des ordnungsmäßigen Betriebs Sofortmaßnahmen gesetzt werden mußten, keine Häufigkeitsangaben verfügbar sind.

Die Daten wurden mit folgenden Erhebungsmethoden gewonnen:

- Beobachtung und Dokumenteanalyse;
- automatische Protokollierung von Systemabläufen (z.B: SMF);
- schriftliche und mündliche Befragung von Benutzern.

Zur Auswertung der erhobenen Daten wurde die SIR-Datenbank verwendet [9].

5.4. Ergebnisse

Im Untersuchungszeitraum wurden 628.300 Programme gerechnet und 198.374 Terminal-Sitzungen abgehalten, was bei 366 Arbeitstagen 271 Terminal-Sitzungen täglich ergibt. Zum Zeitpunkt der Untersuchung waren 457 Projekte in Bearbeitung [10]. Die mittlere Anzahl der Benutzerberechtigungen lag bei 600, während die mittlere Anzahl der Personen, die das EDV-System benutzten, bei ca. 3.000 lag.

Unter Vergehen wird das explizite oder implizite Nichtbeachten einer Norm verstanden. Es ist dabei unbedeutsam, ob die Norm schriftlich vorliegt oder ob sie nur als allgemein anerkannt verstanden wird. Grundsätzlich lassen sich die Vergehen in zwei Gruppen einteilen. Die eine Gruppe umfaßt physische Vergehen, während sich die zweite Gruppe auf logische Vergehen bezieht. Die festgestellten Vergehen werden wie unter 5.2. dargestellt strukturiert, wobei zusätzlich bemerkenswerte Strukturmerkmale festgehalten werden, um eventuell später ergänzende Dimensionen zu bilden.

Für dieses Benutzerprofil wurden die im folgenden strukturierten Vergehen erfaßt:

(1) Diebstahl von EDV-Geräten (insbesondere Bildschirme und Personalcomputer) oder von Komponenten;

(2) Diebstahl von Literatur (Manuals zur Programmierung sowie Manuals über Fehlercodes);

(3) Diebstahl von System- und Arbeitsdisketten;

(4) Beschädigung von EDV-Geräten (insbesondere das Bekleben von Geräten sowie das Zerstören von Diskettenlaufwerken);

(5) Nichteinhalten von "LOG-ON"- bzw. "LOG-OFF-Prozeduren", also Vergehen gegen vorgeschriebene An- bzw. Abmeldeprozeduren (so schalteten z.B. Bildschirmbenutzer am Ende der Terminalsitzung ihre Bildschirme ab, ohne sich abzumelden). Von den 198.374 Terminal-Sitzungen wurden 49.544 nicht korrekt abgeschlossen. Nimmt man diese mit 100% an, so ergibt sich die in Tafel 5/1

Organisatorische Teilsysteme	Anteil (%)
Universitätsdirektion	4
Bilbiothek	3
Rechtswissenschaftliche Fakultät	1
Sozial- und wirtschafts-wissenschaftliche Fakultät	18
Technisch-naturwissen-schaftliche Fakultät	74

Tafel 5/1: Nicht korrekter Abschluß von Terminal-Sitzungen gegliedert nach organisatorischen Teilsystemen

dargestellte Verteilung der Vergehen gegliedert nach organisatorischen Teilsystemen. Eine Gliederung nach der Dimension Anwendungssysteme ist wegen der unter (6) dargestellten Vergehen nicht aussagefähig.

(6) Die EDV-Ressourcen wurden nicht der zugewiesenen Berechtigung entsprechend verwendet. Hier sind insbesondere folgende Vergehen zu nennen:

- Ein Anwender arbeitet unter der Benutzerberechtigung eines anderen Anwenders (vgl. 5).
- Ein Anwender hat mehrere Benutzerberechtigungen, wickelt jedoch seine Projekte nur unter einer Benutzerberechtigung ab.

Die Gliederung dieses Vergehens nach organisatorischen Teilsystemen zeigt Tafel 5/2.

Organisatorische Teilsysteme	Anteil (%)
Universitätsdirektion	5
Bibliothek	5
Rechtswissenschaftliche Fakultät	10
Sozial- und wirtschaftswissenschaftliche Fakultät	39
Technisch-naturwissenschaftliche Fakultät	74

Tafel 5/2: Häufigkeit der Verwendung der EDV-Ressourcen außerhalb der zugewiesenen Berechtigung

(7) Paßwort-Vergehen durch das Nichteinhalten der vorgeschriebenen Änderungsprozedur und Weitergeben von Paßworten an andere Benutzer. Lediglich 2% der Benutzer verändern ihr Paßwort regelmäßig. Dies gilt für alle organistorischen Teilsysteme in gleichem Ausmaß. Tafel 5/3 zeigt die Struktur der verwendeten Paßworte:

Art des Passwort	Anteil (%)
Teile von Vor- und Familiennamen Namen von Verwandten, Freunden und Tieren	62
Namen aus dem Hobbybereich des Anwenders	31
Zufällige Alphanumerische Zeichenkombinationen	7

Tafel 5/3: Struktur der Paßworte

(8) Systembezogene Penetration. Darunter ist das gezielte Eingreifen von Benutzern in Betriebssystemfunktionen zu verstehen. Im operatorlosen Betrieb führten Benutzer unberechtigt Prioritätsveränderung bei den Programmen der Eingabewarteschlange durch.

(9) Anwenderbezogene Penetration durch Entschlüsseln der Benutzerkennzeichen und der Autorität der Systemprogrammierung. Darunter werden jene Maßnahmen verstanden, mit denen Benutzer versuchten, in Applikationen anderer Benutzer einzudringen.

Im Mittel wurden in 24 Stunden 12 Penetrationsversuche vom Betriebssystem festgestellt, wobei 80% der Versuche von Anwendungssystemen der TN-Fakultät und 20% von Anwendungssystemen der SOWI-Fakultät ausgingen. Tafel 5/4 zeigt, von welchen Anwendungssystemen welcher Fakultät die Penetrationsversuche ausgingen [11].

(10) Bei Systemfehlern bzw. Fehlfunktionen erfolgte die Fehlerdiagnose und die Fehlerverfolgung seitens der Systemprogrammierung nicht systematisch. Die Ursache ist in Mängeln des Systemmanagements zu sehen.

Anwendungssysteme \ Organisatorische Teilsysteme	SOWI	TN
Verwaltungsarbeiten	1	-
Bibliotheksarbeiten	5	3
Forschungsarbeiten	6	8
Übungen	38	41
Praktika	42	39
Seminare	5	5
Diplomarbeiten	2	4
Dissertationen	2	-

Tafel 5/4: Prozentueller Anteil der Penetrationsversuche

(11) Betriebssystemverbesserungen wurden mit Programmsystemen durchgeführt, die von Herstellern zur Verfügung gestellt wurden. Nach durchgeführter Verbesserung mußte in einem von 10 Fällen festgestellt werden, daß in anderen Bereichen des Betriebssystems Fehler auftraten, was eine sofortige Rücknahme der Verbesserung notwendig machte (Schwächen in der Systemplanung des Herstellers). Gestört war die Systemnutzung aller organisatorischen Teilsysteme.

(12) Mit großer Häufigkeit wurden Ergebnislisten Dritter aus den Ausgabebereichen entfernt.

(13) Vielfach erfolgte die Softwareentwicklung nach der Methode "try and error".

(14) Die Softwareentwicklung führte zu Einschränkungen im Produktionsbetrieb, soferne sie auf demselben TP-Monitor durchgeführt wurde. Um die Sicherheit des Datenverarbeitungssystems zu gewährleisten war es notwendig zwei Teilhabersysteme (CICS), eines für den Testbetrieb und eines für den Produktionsbetrieb, zu betreiben.

(15) In der Systemnutzung wurden Anwendungen realisiert, für die es keine Benutzerberechtigung gab und die gegen die Bestimmungen des Datenschutzgesetzes verstießen.

(16) Programmtests wurden vielfach auf Original-Datenbeständen ausgeführt. Diese Feststellung trifft in unterschiedlichem Maße für alle organisatorischen Teilsysteme zu.

(17) Für die Informationstransformation wurden in vielen Fällen ungeeignete Methoden verwendet. So wurden beispielsweise für statistische Auswertungen in den Sozial- und Wirtschaftswissenschaften Methoden angewandt, die für die konkrete Problemstellung ungeeignet waren.

(18) Die Dokumentation war meist nicht im Gleichschritt mit der Programmentwicklung.

(19) Die strategischen Managementebene hatte die Ziele und Strategien nicht genau vorgegeben; eine schriftliche Fixierung existierte nicht.

Folgende Hypothesen werden aus der Studie abgeleitet:

Hypothese 10:

Die Schwachstellen des realisierten Informations- und Kommunikationssystems sind zu einem großen Anteil auf das Nichtvorhandensein eines Zielsystems zurückzuführen.

Hypothese 11:

Das Nichtvorhandensein situationsgerechter Meßvorschriften und damit die fehlende Möglichkeit der Bildung eines Meßmodells macht es unmöglich, das Informations- und Kommunikationssystem systematisch zu steuern.

Hypothese 12:

Das Risikomanagement wird weder bei der Systemplanung noch bei der Systemnutzung systematisch eingesetzt; dies führt zu Schwachstellen im Informations- und Kommunikationssystem.

Zusammenfassend kann festgestellt werden, daß die Hypothese 10, die Hypothesen 5 und 9 bestätigt. Die Hypothese 11 bestätigt die Hypothesen 1, 3, 5 und 8, während die Hypothese 12 die Hypothesen 4 und 6 bestätigt. Die bestätigten Hypothesen sind Ausgangspunkt für die Untersuchung, über die in den nachfolgenden Kapiteln berichtet wird.

Anmerkungen

[1] Roithmayr, F.: Schwachstellenanalyse in der Informationsverarbeitung - Fallstudie, Ergebnisse - Thesen. In: DuD, 208-212

[2] Hesse, W.: Methoden und Werkzeuge zur Software-Entwicklung - Ein Marsch durch die Technologie-Landschaft. In: Informatik-Spektrum 4/1981, 229-245

[3] Wong, K.: Computer Crime in the UK Are You Vulnerable?. In: DuD 1/84, 34-36; Wong, K.: Computer Crime - Risk Management and Computer Security. In: DuD 4/83, 256-259

[4] Lindemann, V.: DV-Katastrophen: Bankrott nach nur fünf Tagen. In: CW 1984/18, 27. April 1984, 1f; Roithmayr, F.: Sicherheit in der Informationsverarbeitung. In: Universitätsnachrichten, Zeitschrift der Johannes Kepler Universität Linz, 5. Jhg., Heft 6, Juli/August 1984, 1f

[5] Rockart et al.: Centralization vs Decentralization of Information Systems. A Preliminary Model for Decision Making M.I.T. Working Paper, April 1977, 24

[6] Entnommen bei Heinrich, L. J. und Roithmayr, F.: Die Bestimmung des optimalen Distribuierungsgrades, 40

[7] Die den Informationsprozeß reglementierten Gesetze sind: Das Universitätsorganisationsgesetz (UOG) und das Allgemeine Hochschulstudiengesetz (AHStG)

[8] Zum Controlling in Kommunalverwaltungen vgl. Reinermann, H.: Controlling in mittleren und kleineren Kommunalverwaltungen. In: DBW 44/1984, 85-97

[9] SIR ist ein statistisches Anwendungssystem, das auf der Basis eines relationalen Datenbanksystems unter Benutzung einfacher Abfragesprachen aufbaut

[10] Zum 31.12.1985 betrug die Anzahl der gleichzeitig bearbeiteten Projekte 421

[11] Das Virus-Problem darf im Bereich studentischer Benutzer, die dem organisatorischen Teilsystem Informatik angehören, nicht unterschätzt werden. So war es im gegenständlichen Informations- und Kommunikationssystem in bezug auf die Systemsicherheit notwendig, die Logik-Handbücher des verwendeten Betriebssystems für alle Benutzer zu sperren

6. Informationsmanagement

Die Vorgehensweise in diesem Kapitel ist durch jene Hypothesen bestimmt, die im Kapitel vier formuliert und die durch die Ergebnisse der im Kapitel fünf dargestellten zweiten empirischen Studie bestätigt wurden. Dies ist insbesondere bei Hypothesen, die Aussagen über Ziele von Informations- und Kommunikationssystemen betreffen, und bei Hypothesen, die Aussagen über Meßvorschriften zum Inhalt haben, der Fall. Es werden die Ziele der strategischen Managementebene ermittelt sowie Objekte gebildet, die den Zusammenhang zwischen der strategischen, der taktischen und der operativen Managementebene aufzeigen. Weiters werden die theoretischen Grundlagen für die Bildung von Meßvorschriften erarbeitet.

6.1. Ausgangssituation und Forschungsmethode

Informationsmanagement ist das Konstrukt aus Information, Kommunikation sowie Management und meint das Leitungshandeln in einer Organisation in Bezug auf den Produktionsfaktor Information und Kommunikation, also alle die Informationsfunktion betreffenden Führungsaufgaben [1]. Es wird von der Überlegung ausgegangen, daß zur Beschreibung von Informations- und Kommunikationssystemen eine Vielzahl unsystematisch strukturierter Ansätze existiert, die dahinter stehendenden Ziele jedoch genau so unsystematisch sind wie die daraus abgeleiteten Ansätze. Dies führt dazu, daß Ziele mit gleicher Syntax bezeichnet werden, obwohl sie semantisch oft unterschiedlich sind, was die Messung des Ausmaßes der Zielerreichung erschwert oder sogar unmöglich macht.

Nach Abwägen der Vor- und Nachteile verschiedener Forschungsmethoden wurde eine Forschungsmethode mit vier Phasen gewählt.

In Phase 1 wurden die durch die empirischen Studien erhaltenen strategischen Ziele eines Informations- und Kommunikationssystems durch eine Literaturstudie verifiziert und ergänzt. Die Makrologik für diese Phase zeigt Abbildung 6/1.

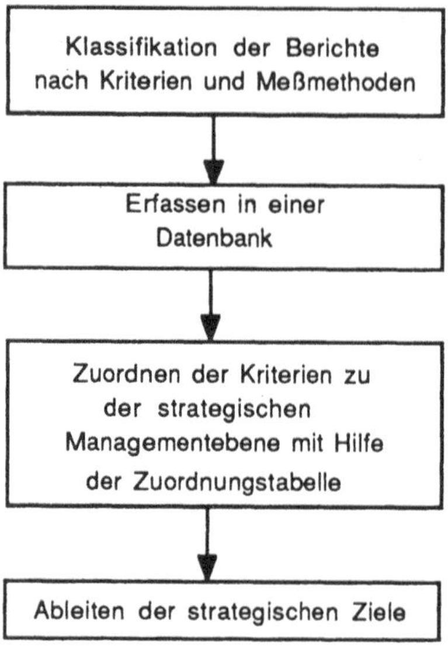

Abb. 6/1: Makrologik für Phase 1 der Forschungsmethode

Zunächst wurden ca. 160 Berichte über Controlling und Revision von Informations- und Kommunikationssystemen gesammelt, Kriterien zu Controlling und Revision mit ihren Meßobjekten herausgearbeitet, nach dem Controllingkonzept klassifiziert und in einer Datenbank gespeichert [2]. Die Auswertung erfolgte unter Verwendung der SIR-Datenbank und des Dokumentationssystems STAIRS [3]. Die Meßobjekte waren primär für die taktische und operative Managementebene aussagefähig. Die Ziele der strategischen Managementebene wurden aus denen der taktischen und der operativen Managementebene bottom-up abgeleitet. Zu diesem Zweck wurden die in den untersuchten Berichten erarbeiteten Ziele entsprechend der in Abb. 6/2 dargestellten Zuordnungstabelle den Zielen der strategischen Managementebene zugeordnet.

Trotz der Breite der Untersuchungsliteratur wurde bereits in einem

Zugeordnete Ziele der strategischen Managementebene	Ziele der taktischen/ operativen Managementebene
Sicherheitsstreben	Schutzstreben, Vollständigkeitsstreben, Zeitgerechtigkeitsstreben, Richtigkeitsstreben, Zuverlässigkeitsstreben, Legalitätsstreben, Streben nach Objektsicherheit, Streben nach Systemsicherheit, Integritätsstreben
Effizienzstreben	Wirtschaftlichkeitsstreben, Produktivitätsstreben, Termingerechtigkeitsstreben, Streben nach automatischem Softwareentwurf

Abb. 6/2: Zuordnung strategischer Ziele aus den Zielen der taktischen/operativen Managementebene

frühen Stadium der Untersuchung festgestellt, daß sich die erfaßten Ziele und deren Meßobjekte primär auf die operative und taktische Managementebene bezogen. Diese Situation ist in Abbildung 6/2 dargestellt.

Man kann dem hier verfolgten Ansatz Einseitigkeit bei der Literaturauswahl vorwerfen, was bis zu einem bestimmten Grad auch seine Berechtigung hat. Es darf aber nicht unbeachtet bleiben, daß das Controlling von Informations- und Kommunikationssystemen primär in den unter [2] dargestellten Zeitschriften diskutiert wird und andere Zeitschriften der Sozial- und Wirtschaftswissenschaften das Controlling für Informations- und Kommunikationssysteme nicht behandeln [4].

Da es mit der Bottom-Up-Strategie nicht möglich war, sämtliche Ziele der strategischen Managementebene abzuleiten, wurden in Phase 2 mit Hilfe des aktuellen betriebswirtschaftlichen Schrifttums weitere Ziele der strategischen Managementebene gebildet [5].

Ausgehend von den strategischen Konzepten werden Objekte nach der Top-Down-Strategie abgeleitet, die den Ausgangspunkt für die Entwicklung von Meßvorschriften bilden. Objekte umfassen abgeleitete Ziele, Strategien, Mittel und Meßobjekte, aus denen Meßvorschriften abgeleitet werden. Somit kommt der Bildung von Objekten auf allen drei Managementebenen eine zentrale Bedeutung zu.

Phase 3 der Untersuchungsmethode ist durch die Bildung von Objekten und durch den theoretischen Entwurf von Meßvorschriften auf den drei Managementebenen gekennzeichnet.

An einem Beispiel werden in Phase 4 für eine konkrete Problemstellung Objekte gebildet und daraus die Meßvorschriften abgeleitet.

6.2. Zielaufrichtung – Zielheuristik – Systeminhärenz

Da es aufgrund der Ergebnisse der empirischen Studien nicht möglich war, die Ziele der strategischen Managementebene zu ermitteln, wurden vor allem unter Beachtung der Hypothesen 4 und 6 und unter Verwendung der in Abbildung 6/2 dargestellten Zuordnung die strategischen Ziele

- Sicherheitsstreben,
- Effizienzstreben,

abgeleitet.

Zusätzlich wurde Risikomanagement als ein das gesamte Informations- und Kommunikationssystem begleitender Prozeß erkannt. Als Ergebnis von Phase 2 wurden zusätzlich die strategischen Ziele

- Durchdringungsstreben und
- Anpassungstreben

ermittelt [6].

Im Mittelpunkt der Überlegung steht die Frage, ob strategische Ziele von Informations- und Kommunikationssystemen "systembezogen" oder "systemindifferent" sind. Unter systembezogenen Zielen werden jene Ziele verstanden, die vom jeweiligen Informations- und Kommunikationssystem abhängig sind. Systemindifferente Ziele sind solche Ziele, die vom jeweiligen Informations- und Kommunikationssystem unabhängig und somit für jedes Informations- und Kommunikationssystem gültig sind. Tafel 6/1 zeigt die in Phase 1 ermittelten Ziele mit deren Häufigkeiten auf den Managementebenen.

Strategische Ziele \ Managementebene	strategische	taktische	operative
Sicherheitsstreben	9	74	17
Risiko	19	55	26
Effizienzstreben	28	63	9

Tafel 6/1: Prozentueller Anteil der in Phase 1 ermittelten strategischen Ziele

Eine Auswertung der in Tafel 6/1 dargestellten Ziele nach organisatorischen Teilsysteme wird nicht durchgeführt, da sich über 85% der Berichte auf das organisatorische Teilsystem EDV-Abteilung beziehen und dabei auf die Informationssystemfunktion. Die Informationssystemfunktion ist Grundlage jedes Informations- und Kommunikationssystems. Da die Ziele Sicherheitsstreben und Effizienzstreben aus der Informationssystemfunktion abgeleitet werden, handelt es sich um systemindifferente Ziele der strategischen Managementebene. Ebenso ist Risikomanagement ein systemindifferenter Prozeß, der alle Ziele umfaßt, insbesondere jedoch das Sicherheitsstreben.

Die Häufigkeit des Auftretens einzelner Ziele auf den unterschiedlichen Managementebenen zeigt, daß sich das Informationsmanagement bisher überwiegend mit operativen und taktischen Aufgaben beschäftigt hat, was auch Tafel 6/1 zeigt.

Die Durchdringung von Betriebswirtschaften mittels innovativer Techniksysteme führt zu betriebswirtschaftlichen, psychologischen, soziologischen und rechtlichen Folgen. Es mehren sich verstärkt Stimmen, die Durchdringung mittels innovativer Techniksysteme nicht nur nach dem technischen Fortschritt zu bewerten, sondern auch nach ihren Folgen für die Gesellschaft [7]. Führt die weitere Durchdringung mittels innovativer Techniksysteme zu negativen betriebswirtschaftlichen, psychologischen, soziologischen oder rechtlichen Folgen, so kann man wohl annehmen, daß einige aktuelle negative Folgen mit entsprechender Wirkung ausreichen, um die Frage des Einsatzes innovativer Techniksysteme zu polarisieren. Obwohl beispielsweise die vom Fessel+GFK-Institut 1982 durchgeführte Repräsentativumfrage den Österreichern bescheinigte, daß sie eine Ambivalenz gegenüber innovativen Techniksystemen haben und der Einführung der Mikroelektronik neutral bis positiv gegenüberstehen [8], ist eine zunehmende Sensibilisierung der Öffentlichkeit für die Risiken moderner Techniksysteme feststellbar.

Die schnelle technologische Entwicklung bei Hard- und Software führt zu erheblichen Verbesserungen des Preis-Leistungsverhältnisses von Techniksystemen. Die Auswirkungen auf Effizienz, Durchdringung und Sicherheit sind unverkennbar. Innovation hat somit erhebliche Auswirkungen auf die Organisation, woraus sich vielfältige Auswirkungen auf Methoden und Konzepte der Unternehmensplanung ableiten [9].

Flexibilität als Unternehmenskonzept wird immer dann gefordert, wenn nachlassende Unternehmenserfolge und zunehmende Konkursraten auftreten. Der 21. Deutsche Betriebswirtschafter-Tag 1968 stand unter dem Generalthema "Stabilität durch betriebliche Elastizität", jener aus dem Jahre 1984 stand unter dem Generalthema "Flexibilität als Unternehmenskonzept" [10]. Dieser Schwerpunktverschiebung im Unternehmenskonzept in Richtung der Flexibilität wird auch in den einschlägigen Publikationen vermehrt Rechnung getragen [11]. Das Anpassungsstreben hat demnach eine strategische Dimension und wird auf der strategischen Managementebene bisher nicht wahrgenommen. Geht man der Frage nach, ob das Anpassungsstreben systemindifferent oder systembezogen ist, so ist das Anpassungsstreben für privatwirtschaftlich geführte Unternehmen aus den vorhin angeführten Gründen als systemindifferentes Ziel zu bezeichnen. Wie weit in der öffentlichen Verwaltung das Anpassungsstreben als strategisches Ziel seine Gültigkeit hat, kann nicht beantwortet werden. Eine Beurteilung dieser Frage macht es notwendig, die Grundprinzipien der öffentlichen Verwaltung zu durchleuchten. Ohne hier eine vertiefende Diskussion führen zu wollen, soll die Frage auf Basis des Legalitätsprinzips beantwortet werden.

Das Legalitätsprinzip als Grundprinzip in der öffentlichen Verwaltung gestattet Handlungen nur aufgrund von Gesetzen. Ist beispielsweise in einem Gesetz ein Antragsformular abgebildet, so kann dieses für Zwecke der Informationsverarbeitung ohne Gesetzesänderung nicht umgestaltet werden [12]. Kraus weist auf die Formalanforderungen bei öffentlichen Investitionen hin. Jede größere Investition im öffentlichen Bereich zur Anschaffung von Techniksystemen setzt einen komplexen Prozeß von Formalanforderungen voraus [13]. Es besteht auch hier das Anpassungsstreben. Die Freiheitsgrade der Anpassung sind jedoch gegenüber Unternehmen des nicht öffentlichen Bereichs wesentlich geringer. Zusätzlich ist die Anpassungsgeschwindigkeit im öffentlichen Bereich geringer als in Betriebswirtschaften.

Der zunehmende EDV-Einsatz in den Fachabteilungen wirft die Frage der Durchdringung mit Techniksystemen auf. Mit dem Schlagwort "Personal Computing" kann diese Situation treffend beschrieben werden. Unter Personal Computing darf in Anlehnung an Scheer nicht nur der Einsatz von Personal-Computern verstanden werden, sondern es zählt dazu genau so die Verwendung von Abfrage- und Planungssprachen der Groß-EDV [14]. Personal-Computing im hier verstandenen Sinne ist auf die Anpassung ausgerichtet und ist unabhängig von der Hardware [15]. Spätestens seit Einführung der integrierten Datenverarbeitung sollte das Durchdringungs- und Anpassungsstreben für die Steuerung und Kontrolle von Informations- und Kommunikationssystemen als strategisches Ziel institutionalisiert sein [16].

Die Ergebnisse der ersten empirischen Studie bestätigen, daß das mangelnde bis nicht vorhandene Durchdringungs- und Anpassungsstreben auf strategischer Managementebene vielfach die Ursache für Fehlentwicklungen bei Informations- und Kommunikationssystemen ist. Vergleicht man die heute breit geführte Diskussion zur Büroautomation mit der Diskussion zu Beginn der integrierten Datenverarbeitung Ende der 60-er Jahre, so sind Analogien unverkennbar. Das Durchdringungs- und Anpassungsstreben wurde damals nicht explizit genannt [17].

Obwohl in den westlichen Industrienationen eine weitere Verlagerung der Arbeit von der Fertigung in das Büro stattfindet, sind kaum empirische Untersuchungen darüber bekannt [18]. Durch diese Verlagerung sind Auswirkungen auf das Durchdringungs- und Anpassungsstreben zu erwarten. Abbildung 6/3 zeigt die Durchdringung von Büros mit Techniksystemen [19].

6.3. Das Konzept des Informationsmanagements

6.3.1. Der theoretische Ansatz

Heinrich definiert: "Informationsmanagement meint also das Leistungshandeln (Management) in einer Organisation in Bezug auf Information und Kommunikation, also alle die Information und Kommunikation betreffenden Führungsaufgaben" [20]. Dies ist auch der Ausgangspunkt für die informationsorientierte Unternehmensführung. Für Höhn ist Informationsmanagement "die Zusammenschau von betriebswirtschaftlichen Problemen, managementorientierten Fragen und den Herausforderungen an die Informatik im Sinne von Hardware, Software und Büroautomation [21]". Die zentrale Stellung des Informationsmanagement beruht nicht zuletzt auf den theoretischen

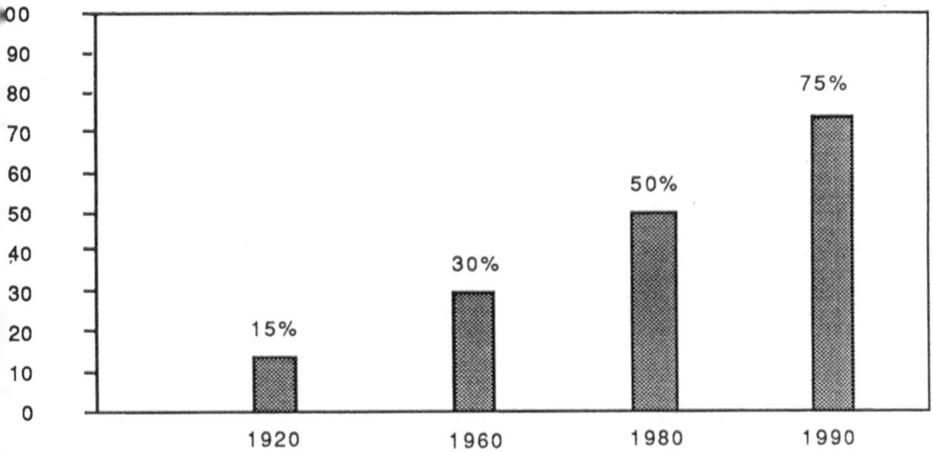

Abb. 6/3: Verhältnis Beschäftigte im Büro zur Gesamtbeschäftigtenanzahl in den USA

und empirischen Erkenntnissen über die Möglichkeiten und Grenzen der die Effizienz beeinflussenden Information in Entscheidungs- und Problemlösungsprozessen [21]. Informationsmanagement muß Ziele setzen und Strategien formulieren. Dies wirft die Frage nach den strategischen, taktischen und operativen Zielen auf. Faßt man Ziele, Strategien, Mittel und Meßobjekte in Objekten zusammen, so kann die Ableitung dieser Objekte für die einzelnen Managementebenen nach der Top-Down-Strategie erfolgen. Für die Beitragsermittlung dieser Objekte zum Erfolg eines Informations- und Kommunikationssystems sind geeignete Meßvorschriften zu entwickeln, mit deren Hilfe eine Operationalisierung der Objekte erfolgt. Hübner gibt wohl ein Konzept der strategischen Planung und Unternehmensführung, orientiert sich aber nicht an Zielen und Meßvorschriften [22]. Dies hat zur Folge, daß ein nicht operationales System entsteht.

6.3.1.1. Aufgaben der strategischen Managementebene

Ein situatives Controllingkonzept erfordert die Bildung strategischer Ziele sowie die Bildung von Meßvorschriften, die der Komplexität in Informations- und Kommunikationssystemen Rechnung tragen. Durch Anwendung der imperativischen Logik erfolgt die Überleitung vom Erklärungs- zum Entscheidungsmodell [23]. Diese imperativischen Prämissen des Entscheidungsmodells stellen die verfolgten Ziele dar. Heinen faßt sie unter dem Begriff der "generellen Imperative" zusammen [24]. Die strategischen Ziele eines Controllingkonzepts sind generelle Imperative, da sie nicht unmittelbar in Handlungen übertragbar sind.

Eine zusätzliche Aufgabe der strategischen Managementebene besteht darin, singuläre Imperative abzuleiten, um zu konkreten Handlungsempfehlungen zu gelangen. Generelle Imperative implizieren die Dimensionen des Ziels [25]. Demnach ist jedes Ziel nach Zielinhalt, Zielausmaß, Zielmaßstab und zeitlichem Bezug zu beschreiben.

Die strategischen Ziele implementierter Informations- und Kommunikationssysteme sind unsystematisch [26]. Sonst wäre es nicht möglich, daß sich der Großteil der Veröffentlichungen mit Zielen und den sie beschreibenden Meßobjekten beschäftigt, das Zielsystem des Informations- und Kommunikationssystems jedoch außer acht lassen [27]. Die stärkste Zielorientierung findet sich bei Anwendungssystemen der Finanzbuchhaltung. Der Grund dürfte darin zu suchen sein, daß sich im Laufe der Zeit für die Buchhaltung Grundsätze herausgebildet haben, die man in Ziele umgesetzt hat [28].

Innerhalb des Zielsystems muß die strategische Managementebene unter Verwendung der Ordnungskriterien die Zielordnung aufbauen [29]. Abbildung 6/4 zeigt die Makrologik der Aufgaben der strategischen Managementebene.

Unter Verwendung der Entscheidungslogik, insbesondere mit Hilfe der singulären Imperative, schreibt die strategische Mangementebene bestimmte Handlungen vor, die unmittelbar in Aktivitäten umsetzbar sind [30]. Dies muß jedoch noch keine Operationalisierbar-

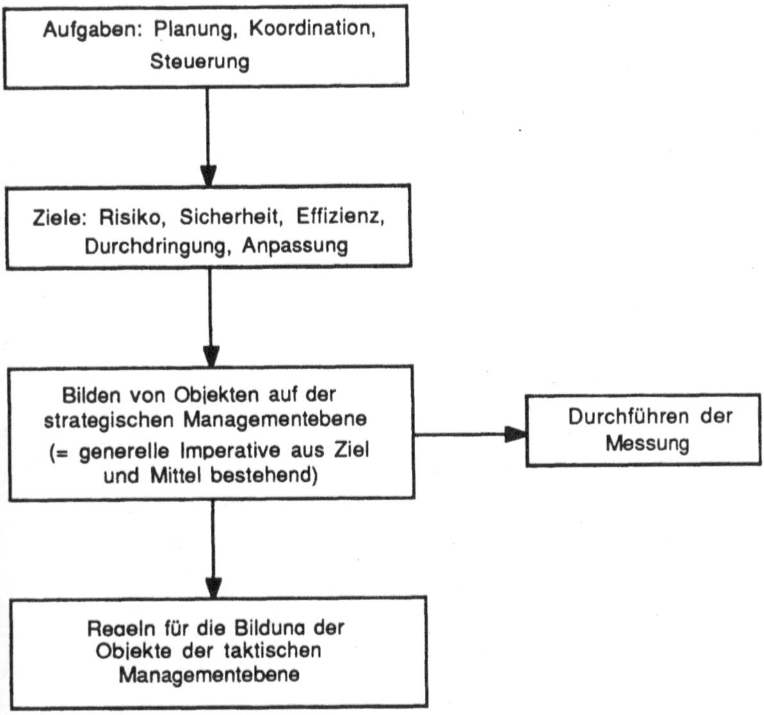

Abb. 6/4: Makrologik der Aufgaben der strategischen Managementebene aus Diagnosesicht

keit bewirken. Sollen Ziele die Steuerungs- und Koordinierungsfunktion erfüllen, so müssen die Zieldimensionen operational formuliert sein [31]. Ein Ziel ist nach Strebel dann operational, wenn Sätze, in denen es auftritt, empirisch intersubjektiv nachprüfbar sind [32]. Die Ziele der strategischen Managementebene werden in einigen Fällen operational formuliert sein (z.B. Wirtschaftlichkeit), in anderen Fällen wiederum nicht.

Ein geeigneter Ansatz für die Steuerungs- und Koordinierungsfunktion ist die Bildung von Objekten, aus denen Meßvorschriften abgeleitet werden. Ein Objekt wird definiert als ein Konstrukt, das aus einem Ziel und dem dieses Ziel beschreibendem Meßobjekt besteht. Aus einem Objekt sind weitere Objekte ableitbar. Von den

Objekten werden Meßvorschriften abgeleitet, mit deren Hilfe die Zielbeitragsermittlung der Objekte gemessen wird. Für das Controllingkonzept werden die Objekte in einem hierarchischen Konzept verknüpft, wie dies beispielsweise im Kapitel 6.5. dargestellt ist.

6.3.1.2. Aufgaben der taktischen Mangementebene

Die taktische Managementebene bildet Objekte in Abhängigkeit von den Objekten der strategischen Managementebene. Im Mittelpunkt der Bildung der Objekte steht unter anderem das Meßziel. Nach Heinrich ist ein "Meßziel ein operationales Element des Zielsystems, für das eine Meßvorschrift zum Bestimmen des Ausmaßes der Zielerreichung angegeben werden kann; es handelt sich in der Regel um Ziele, die am Ende einer Zielkette der Zielhierarchie stehen." Meßvorschrift wird als ein "Algorithmus zur Ermittlung des Wertes (des Istwertes) einer Zielvariablen" definiert [33].

Abbildung 6/5 zeigt die Makrologik der Aufgaben der taktischen Managementebene.

6.3.1.3. Aufgaben der operativen Managementebene

Die operative Managementebene bildet Objekte in Abhängigkeit der Objekte der taktischen Managementebene. Die Objekte der operativen Managementebene unterscheiden sich in zweifacher Hinsicht von den Objekten der beiden übergeordneten Managementebenen:

- Die Objekte der operativen Managementebene sind wesentlich detaillierter als die Objekte der beiden übergeordneten Managementebenen. Beispielsweise ist das Paßwort ein Objekt der operativen Managementebene, während auf der taktischen Managementebene nicht das Paßwort interessiert, sondern das Sicherungssystem.

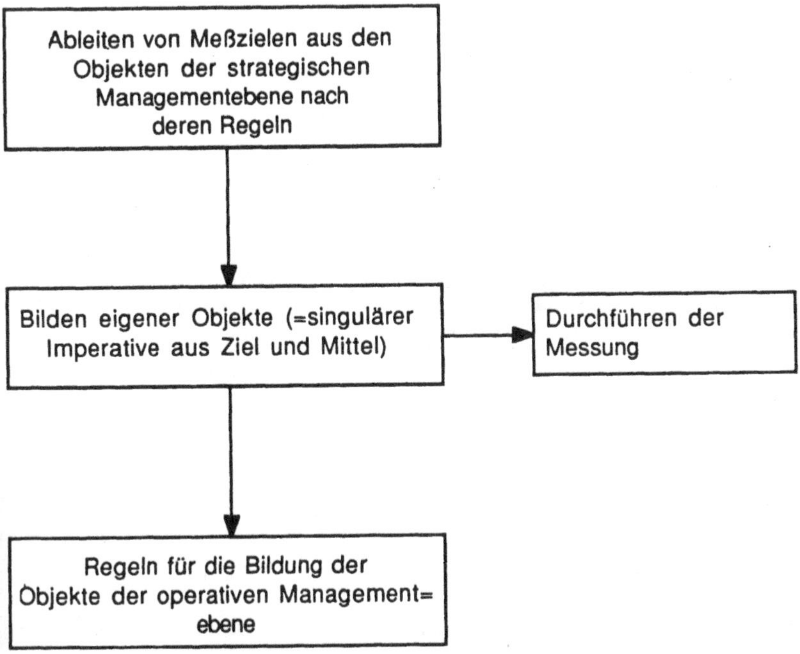

Abb. 6/5: Makrologik der Aufgaben der taktischen Managementebene aus Diagnosesicht

- Die Detaillierung der Objekte auf der operativen Managementebene bewirkt, daß auf dieser Managementebene wesentlich mehr Objekte notwendig sind als auf den beiden übergeordneten Managementebenen. Innerhalb der Objekte nehmen neben den Meßzielen die Meßobjekte eine wichtige Stellung ein, da eine Messung nur mit deren Hilfe möglich ist.

Für Heinrich ist ein Meßobjekt "Ein Element (hier: eines computergestützten Informations- und Kommunikationssystems), das aus der inhaltlichen Bestimmung des Meßzieles abgeleitet wird." [34]

Abbildung 6/6 zeigt die Makrologik der Aufgaben der operativen Managementebene.

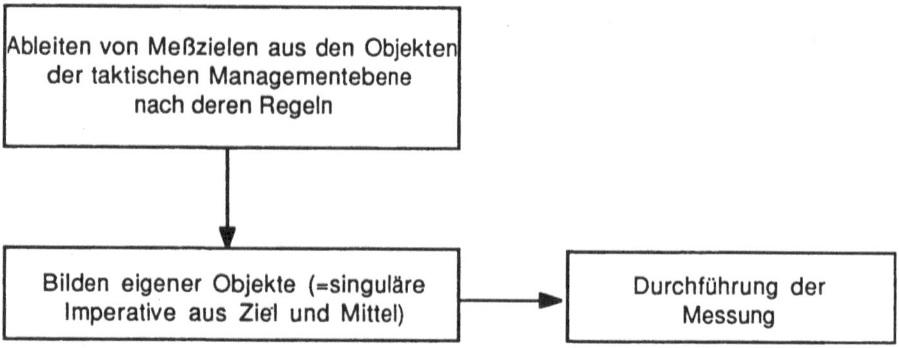

Abb. 6/6: Makrologik der Aufgaben der operativen Managementebene aus Diagnosesicht

6.4. Der Entwurf von Meßvorschriften

Der Entwurf von Meßvorschriften zählt in den Sozial- und Wirtschaftswissenschaften wohl zu den schwierigsten Aufgaben [35]. So weisen Kraus und Nagel auf das Fehlen eines geeigneten Instrumentariums zum Messen und Beurteilen von Buchhaltungssystemen hin [36]. Ziel der weiteren Ausführungen ist es, das theoretische Konzept von Meßvorschriften zu entwickeln.

Um das Verhalten eines Informations- und Kommunikationssystems in unterschiedlichen Situationen verstehen zu können, setzt dies Meßziele voraus. Meßziele sind nach den Zieldimensionen operationalisierbar, das heißt, daß die Meßvorschrift Angaben über die Ermittlung der Ist-Werte für die Zieldimensionen beinhalten muß. Ein Ziel kann durch mehrere Meßziele beschrieben werden. Die Vielfalt der Terminologie von Meßvorschriften macht es notwendig, parallel zur Entwicklung von Meßvorschriften auch das notwendige Begriffsgebäude mit zu entwerfen [37].

Die einzelnen Schritte bei der Entwicklung einer Meßvorschrift sind [38]:

(1) Überführung des Ziels in ein Meßziel,

(2) Bildung der dieses Meßziel beschreibenden Meßobjekte,

(3) Bilden der das Meßziel beschreibenden Meßgrößen,

(4) Bestimmen der Meßpunkte zur Erfassung der Meßgrößen,

(5) Festlegen der Meßinstrumente,

(6) Festlegen der Sollwerte,

(7) Definieren der Meßformel zur Ermittlung der Istwerte,

(8) Festlegen des zu verwendenden Maßstabs,

(9) Angaben über die Meßgenauigkeit,

(10) Meßgrößentransformation zur Ermittlung eines mit dem Sollwert vergleichbaren Istwertes,

(11) Einheitliche Beschreibungssystematik,

(12) Literaturhinweise,

(13) Hinweise sonstiger Art,

(14) Einbinden der Meßvorschrift in das Fehlerbaumkonzept.

Die Notwendigkeit der Modularität und der daraus resultierenden Flexibilität von Meßvorschriften ergibt sich aus den Hypothesen 1, 3, 5 und 8. Nach dem Controllingkonzept wird die Informationssystemfunktion in logische Einheiten, nämlich in die 'basic decision units', aufgebrochen. Die Meßobjekte sind solche 'basic decision units'.

6.4.1. Überführung eines Ziels in ein Meßziel

Jedes Element des Zielsystems ist ein potentielles Meßziel [39]. Bei der Überführung eines Ziels in ein Meßziel ist darauf zu achten, daß die Zieldimensionen operational werden. Die Vielfalt der Zielinhalte macht die Verfolgung eines modularen Konzepts notwendig. Beispielsweise kann beim Objekt Paßwort das Ausmaß der Zielerreichung für das Sicherheitsstreben nicht mit einer Meßvorschrift gemessen werden, sondern es bedarf dafür mehrerer Meßvorschriften, wie z.B. einer Meßvorschrift über die Paßwortstruktur, einer Meßvorschrift über die Paßwortvergabe usw.

Nach der inhaltlichen Fixierung des Meßziels ist als nächster Schritt das angestrebte Ausmaß der Zielerreichung zu definieren. Die Theorie nennt bezüglich des Ausmaßes der Zielerreichung zwei Möglichkeiten [40]. Entweder kann der Entscheidungsträger versuchen, Alternativen zu ermitteln, die für seinen Zielinhalt einen optimalen Wert ergeben, oder er kann die Lösungssuche bereits dann abbrechen kann, wenn für Meßgrößen als befriedigend angenommene Werte erreicht werden. Die schwierige Quantifizierung im Controllingkonzept läßt eine Präferenz für die zweite Möglichkeit erwarten.

Für die eindeutige Festlegung der Meßziele ist schließlich die Zeitdimension zu bestimmen [41]. Grundsätzlich ist zwischen Zeitpunkten und Zeiträumen zu unterscheiden.

6.4.2. Bildung der das Meßziel beschreibenden Meßobjekte

Meßobjekt ist jedes Element, mit dem das Meßziel beschreibbar ist. Das Meßobjekt ist aus der inhaltlichen Zielbestimmung des Meßziels abzuleiten. Die in Abbildung 6/7 dargestellten Varianten sind möglich [42].

In Abbildung 6/7 gibt es Fälle, bei denen das Meßobjekt alle drei Dimensionen des Meßzieles abbilden muß. Dies sind jene Fälle, wo die Abbildung mit einem Meßobjekt erfolgt.

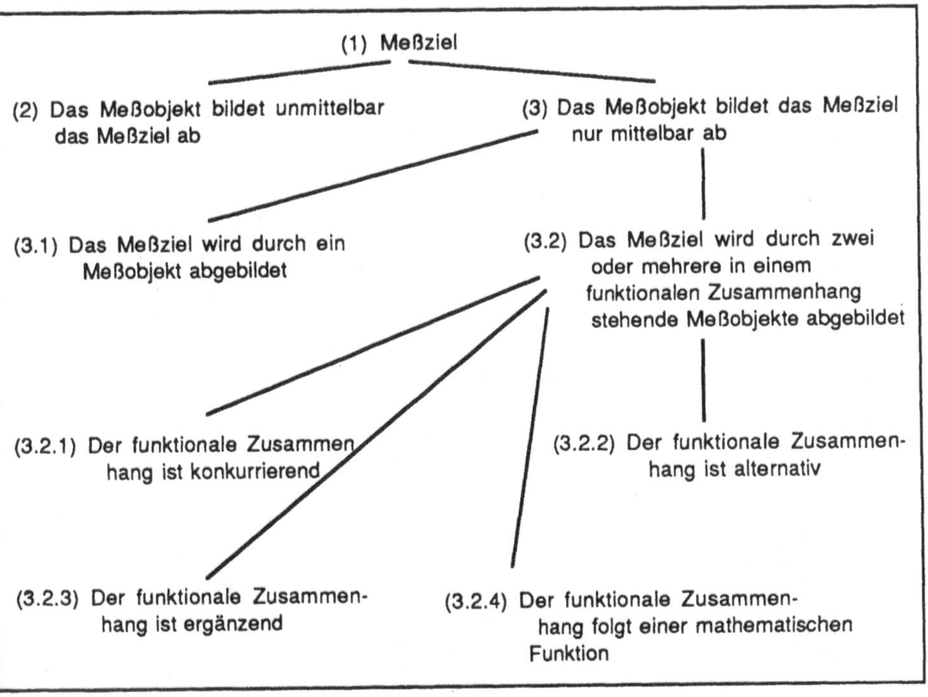

Abb. 6/7: Abbildung des Meßziels durch Meßobjekte

6.4.3. Bildung der das Meßobjekt beschreibenden Meßgrößen

Nach DIN 1319 Teil 1 wird die Meßgröße als physikalische Größe, die durch die Messung erfaßt wird, bezeichnet [43]. Vielfach werden Meßgrößen eines Meßobjektes auch als Kriterien bezeichnet [44]. In dieser Arbeit wird unter Meßgröße das meßbare Äquivalent des Meßobjektes verstanden [45]. In analoger Weise zu Abbildung 6/7 erfolgt in Abbildung 6/8 die Darstellung der Abbildung der Meßobjekte durch Meßgrößen [46].

In Abbildung 6/8 gibt es Fälle, bei denen die Meßgröße alle Dimensionen des Meßzieles abbilden muß. Dies sind jene Fälle, wo die Abbildung mit einer Meßgröße erfolgt.

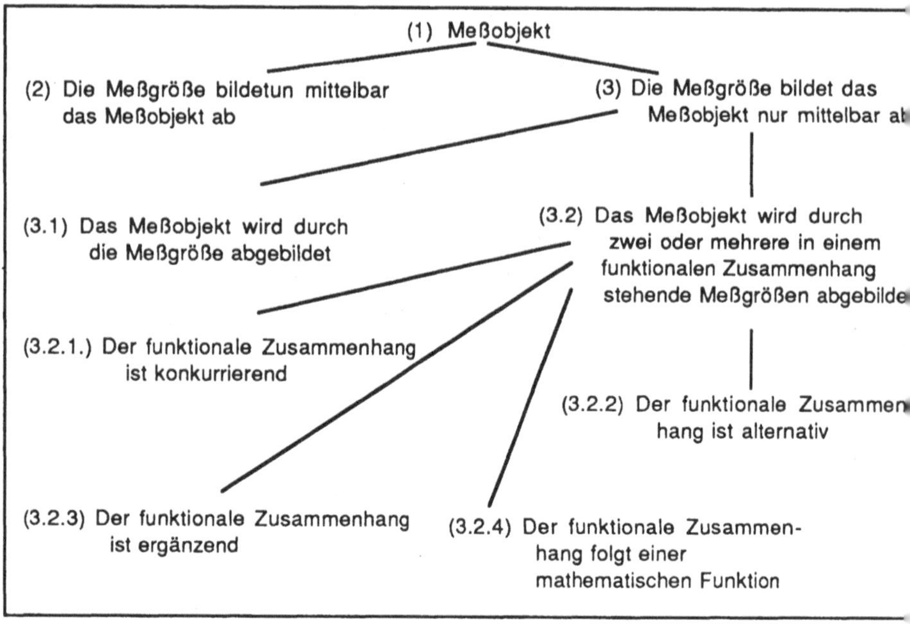

Abb. 6/8: Abbildung des Meßobjekts durch Meßgrößen

6.4.4. Bestimmung der Meßpunkte zur Erfassung der Meßgrößen

"Meßpunkte sind Elemente eines Informations- und Kommunikationssystems, an denen Meßgrößen erfaßt werden können." [47] Auch bei den Meßpunkten ist in der Literatur keine einheitliche Terminologie zu finden [48]. In Abbildung 6/9 gibt es Fälle, bei denen der Meßpunkt alle Dimensionen der Meßgröße abbilden muß. Dies sind jene Fälle, wo die Abbildung mit einem Meßpunkt erfolgt.

6.4.5. Bestimmung der Meßinstrumente

Für die Erfassung von Meßobjekten, Meßgrößen und Meßpunkten sind geeignete Meßinstrumente festzulegen [49]. Das Spektrum einsetzbarer Meßinstrumente zur Messung des Ausmaßes der Zielerreichung wird durch die Meßobjekte, die Meßpunkte, die Meßgrößen und die

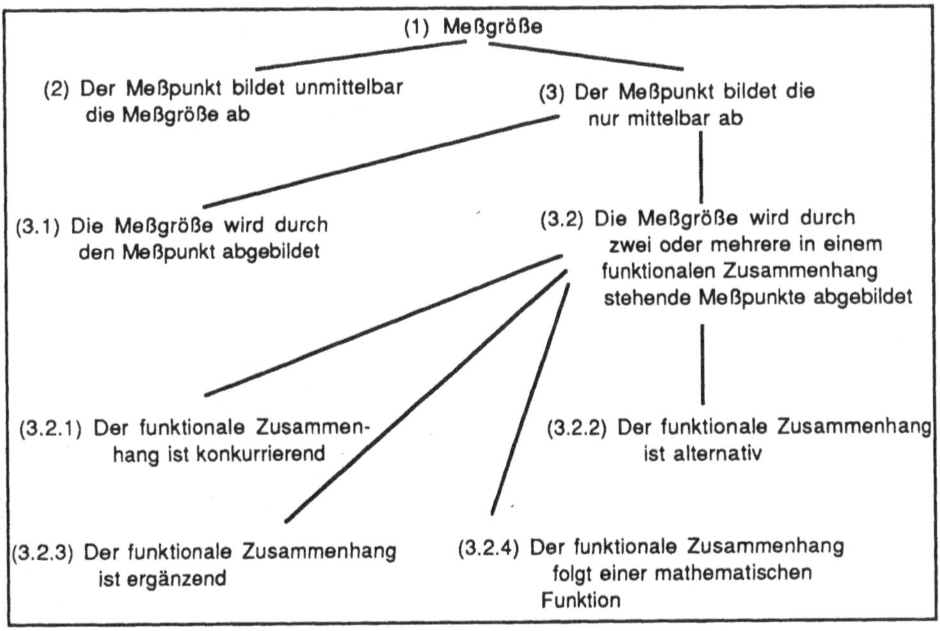

Abb. 6/9: Abbildung der Meßgröße durch Meßpunkte

Meßgenauigkeit bestimmt. Daneben wird der Einsatz der Meßinstrumente durch Wirtschaftlichkeitsüberlegungen beeinflußt [50]. Bei der Revision, insbesondere bei der externen Revision, wird der Einsatz der Meßinstrumente zur Kontrolle der Informationssystemfunktion zusätzlich durch die Portabilität der Meßinstrumente sowie deren benutzerfreundlicher Anwendung beeinflußt [51]. So hat das Meßinstrument EPSOS-D mangels eines benutzerfreundlichen Konzepts für die Wirtschaftsprüfung bisher nicht die von den Entwerfern erwartete Akzeptanz erzielt [52]. Eine zusätzliche Akzeptanzbarriere der Meßinstrumente ergibt sich aus ihrer für den Benutzer nicht durchschaubaren Struktur. Der Einsatz solcher Meßinstrumente ist vielfach vergleichbar mit dem Einsatz statistischer Methoden in der Sozialforschung. Jahrelange Erfahrung des Autors mit Benutzern eines Rechenzentrums zeigt, daß diese statistische Methoden oft für Probleme verwenden, für die die Methoden nicht geeignet sind. Der Grund dafür dürfte darin zu suchen sein, daß die Benutzer mit der Theorie, welche den Methoden zugrunde liegt, nicht vertraut sind. Ahnlich ist dies beim Einsatz der Meßinstrumente für das Controlling.

6.4.6. Festlegen der Sollwerte

Beim Festlegen der Sollwerte ist die Frage nach dem Skalenniveau zu beantworten [53]. Sollwerte stellen das angestrebte Ausmaß der Zielerreichung dar. Da das angestrebte Ausmaß der Zielerreichung von der zu beurteilenden Dimension des Informations- und Kommunikationssystems abhängig ist, stellen Sollwerte keine absoluten Größen dar. Die Unmöglichkeit, das Ausmaß der Zielerreichung in exakten Größen (technisch, ökonomisch) zu quantifizieren, hat dazu geführt, das Ausmaß der Zielerreichung mit Hilfe von Expertenschätzungen zu ermitteln [54]. Dies ermöglicht es, das Ausmaß der Zielerreichung auf kardinalem Meßniveau zu bestimmen. Dem Einwand von Dworatschek und Höker gegen eine solche Vorgehensweise wird aus eigenen Erfahrungen zugestimmt [55]. Argumente, die gegen eine solche Vorgehensweise sprechen, sind einerseits die schwierige Rekrutierung der Experten, andererseits die Schwierigkeit, die verfügbaren Meßobjekte exakt zu bewerten.

6.4.7. Definieren der Meßformel zum Festlegen der Istwerte

Die Meßformel beinhaltet die Definition des betrachteten Maßes. Das ist die Darstellung des Maßes mit Hilfe eines Algorithmus (Formel). In diese Meßformel gehen vor allem die Meßgrößen ein [56]. Folgende Anforderungen werden an eine solche Meßformel gestellt :

- Objektivität: Die Freiheit der Meßformel von subjektiven Einflüssen;
- Zuverlässigkeit: Der Grad der Genauigkeit, der mit der Meßformel erzielbar ist;

- Validität: Das Ausmaß, mit dem die Meßformel jene Eigenschaften, die sie messen soll, auch tatsächlich mißt.

6.4.8. Festlegen des zu verwendenden Maßstabs

Die Vergleichbarkeit unterschiedlicher Skalenniveaus bzw. deren Transformierbarkeit ist nach wie vor wissenschaftlich nicht gelöst, worauf z.B. Wallsten und Thomas hinweisen [57]. Es ist nicht Ziel dieses Kapitels, die Skalenproblematik zu diskutieren und wissenschaftlich zu analysieren, vielmehr sollen hier pragmatische Ansätze zur Operationalisierung aufgezeigt werden. Durch die Strukturierung des Informations- und Kommunikationssystems in kleine Einheiten (basic decision units) und dem modularen Entwurf von Meßvorschriften bietet sich die Möglichkeit, unterschiedliche Meßobjekte und auch Meßgrößen auf der Grundlage gleicher Skalenniveaus zu analysieren. Das heißt, daß zu einem Meßziel das Ausmaß der Zielerreichung auf unterschiedlichen Meßniveaus ermittelt werden kann.

Die Art des zu verwendenden Maßstabs ist abhängig von den verfügbaren Meßobjekten, von den Anforderungen an die Zuverlässigkeit und von der Meßgrößentransformation.

Die Verwendung kardinaler Maßstäbe ist bei den Meßobjekten der Systemnutzung möglich. Schwierig ist die Verwendung kardinaler Maßstäbe bei der Systemplanung, worauf auch Dworatschek/Höcker und Bechmann hinweisen [58].

6.4.9. Angaben über die Meßgenauigkeit

Die Meßgenauigkeit wird beeinflußt von den Meßobjekten, den Meßinstrumenten, den verwendeten Skalen sowie der gewünschten Meßgrößentransformation [59]. Wenn Meßgrößen stochastische Werte bilden, sollten diese um Wahrscheinlichkeitsaussagen ergänzt werden.

6.4.10. Meßgrößentransformation zur Ermittlung eines mit dem Sollwert vergleichbaren Istwertes

Unter Meßgrößentransformation versteht Heinrich einen "Algorithmus zur Überführung von Meßgrößen in Istwerte, die mit Sollwerten vergleichbar sind" [60]. Der Einsatz von Meßvorschriften läßt sich auf die der Meßgrößentransformation reduzieren. Auf die Schwierigkeiten beim Vergleich von Meßgrößen unterschiedlicher Skalen wurde bereits hingewiesen. Die Meßgrößentransformation gleichen Skalenniveaus ist heute als gelöst anzusehen. Die fehlende Möglichkeit, kardinale Maßstäbe zu verwenden, hat insbesondere bei der Messung des Prozesses der Systemplanung dazu geführt, ordinale Maßstäbe zu benutzen, das heißt, man führt eine komperative Nutzenmessung durch [61]. Dies setzt voraus, daß die in qualitativen Kriterien formulierten Rangordnungen für die Wertsynthese in ordinale Maßstäbe transformierbar sind [62]. Eine Wertsynthese kann nur auf einem Maßstab basieren. Dies setzt eine Vereinheitlichung auf dem niedrigsten der unterschiedlichen Maßstäbe voraus - in diesem Falle dem ordinalen Maßstab.

Die Softwarequalität wird an Kriterien gemessen. So schlägt Werner 57 Kriterien mit teilweise erheblichen Überschneidungen vor, die aber zur Entwicklung von Meßvorschriften keinen wesentlichen Beitrag leisten [63]. Ursache dafür ist, daß diese Kriterien mit unterschiedlichen Maßstäben gemessen und anschließend verglichen wurden, um auf einen einheitlichen Istwert zu gelangen.

6.4.11. Die einheitliche Beschreibungssystematik, Literaturhinweise und Hinweise sonstiger Art

Planung, Steuerung und Kontrolle erfordern eine Operationalisierung der Ziele. Dies setzt eine einheitliche Beschreibungssystematik voraus. Der im Kapitel 6.4. dargestellte Ansatz folgt dieser Beschreibungssystematik. Die einheitliche Beschreibungssystematik ist eine wesentliche Voraussetzung für den computergestützten Entwurf eines Meßsystems. Unter einem Meßsystem wird die situationsgerechte Kombination von Meßvorschriften zur Messung des Ausmaßes der Zielerreichung verstanden.

Jede Meßvorschrift sollte Literaturangaben beinhalten. Damit ist der Benutzer in der Lage, bei der Beurteilung der einzusetzenden Meßvorschriften auf Vertiefungsliteratur zurückzugreifen.

Es werden Erfahrungsberichte und Risikoüberlegungen in Bezug auf die Meßvorschrift angeführt. Dem Benutzer gibt dies zusätzliche Informationen zu den Literaturhinweisen.

Die isoliert entwickelten Meßvorschriften müssen für ein Controllingkonzept mit geeigneten Methoden so zusammengeführt werden, daß die Messung des Ausmaßes der Zielerreichung für die Dimensionen des Informations- und Kommunikationssystems möglich ist. Eine geeignete Methode dafür ist die Fehlerbaumanalyse, die nachfolgend, eingebunden in das Fehlerbaumkonzept, dargestellt wird.

6.5. Das Fehlerbaumkonzept

Den Ausgangspunkt für die Entwicklung von Meßvorschriften bildet eine analytische Vorgehensweise, was sich in der Entwicklung modularer Meßvorschriften niederschlägt. Dieses Konzept eignet sich zur Messung kleinster Einheiten eines Informations- und Kommunikationssystems und ist letztlich auch der Ansatz für die Beurteilung der Softwarequalität. Das Informations- und Kommunikationssystem insgesamt kann jedoch damit nicht gemessen werden. Für diese Messung ist eine Methode erforderlich, mit deren Hilfe ein Meßsystem aufgebaut werden kann. Dafür wurden auch verschiedene Ansätze entwickelt [64].

Der von Campbell und Sands vorgeschlagene Ansatz zur Abschätzung des Sicherheitsrisikos sieht folgendes Konzept vor [65]:

- Modulare Strukturierung des Untersuchungsobjektes,
- hierarchische Strukturierung des Untersuchungsobjektes,
- iterative Vorgehensweise,
- Abgrenzung der Verantwortlichkeit,
- es sollte nicht versucht werden, sämtliche Kriterien in quantitative Größen zu transformieren.

Bildet man diesen Ansatz auf das Controlling ab, so bewegt man sich auf der Ebene der Meßvorschriften; das Meßsystem ist damit aber noch nicht gebildet. Der Grund dafür, daß die meisten Ansätze auf dieser Ebene verbleiben, ist darin zu sehen, daß die Kombination unterschiedlicher Meßskalen bis heute wissenschaftlich nicht zufriedenstellend gelöst ist. Es kann nicht Ziel dieser Arbeit sein, einen Beitrag zur Theorie des Messens zu leisten; dies ist Aufgabe eines Statistikers. Vielmehr geht es darum, eine Methode zu suchen, mit deren Hilfe Meßvorschriften zu einem Meßsystem kombiniert werden können. Zu diesem Zweck ist es notwendig, das Untersuchungsobjekt genau zu kennen. Kann ein Meßziel mit einem oder mit mehreren Meßobjekten, die jedoch auf unterschiedlichen Metriken basieren, deren Bezug untereinander in einem invarianten Verhältnis steht, gemessen werden, so ist die Transformation von einer Verhältnisskala eines Meßobjekts in die Verhältnisskala anderer Meßobjekte zulässig. Wird beispielsweise x in Zentimetern gemessen und y in Inches, so gilt: $x/y = 2.54$

Ist zur Messung des Ausmaßes der Zielerreichung der Einsatz mehrerer Meßobjekte mit unterschiedlichen Meßgrößen und Meßpunkten notwendig, die auf unterschiedlichen Skalen basieren, so ist dies der komplexeste Fall eines Meßsystems. Für diesen Fall weist das Fehlerbaumkonzept eine besondere Eignung auf. Dieses Konzept ist in der Betriebswirtschaft nicht grundsätzlich neu. Der Fehlerbaum ist "die graphische Darstellung des logischen Zusammenwirkens von Ausfällen einzelner Komponenten eines Systems für ein definiertes, unerwünschtes Ereignis (Fehler) als Ergebnis systemtechnischer Untersuchung" [66]. "Fault tree analysis is a well developed technique for the reliability and softy analysis of complex systems such as nuclear power plants and weapon systems [67]".

Zur Operationalisierung des Fehlerbaums ist es notwendig, die verwendeten Symbole zu definieren. Ein Fehlerbaum besteht aus Ästen, die die Verbindung zwischen Meßvorschriften in gleicher oder unterschiedlicher Dimension (z.B. gleicher oder unterschiedlicher Managementebene des Informations- und Kommunikationssystems) herstellen. Äste werden graphisch mit einem " ―――――― " bezeichnet. Die Knoten (Ereignis) des Fehlerbaums werden durch die Meßvorschriften gebildet und werden mit einem  bezeichnet [64]. Richtungen, in denen beim Fehlerbaum voranzuschreiten ist, werden mit Pfeilen angegeben. UND-Verknüpfungen werden mit  , ODER-Verknüpfungen mit  bezeichnet. Wegen der Bedeutung der Meßgrößentransformation wird das Transformationssymbol T für die Meßgrößentransformation eingeführt.

Sobald eine Meßvorschrift ergibt, daß der Istwert vom Sollwert abweicht bzw. bei stochastischen Werten die Toleranzgrenze überschritten wird, wird die Meßvorschrift zu einem Ereignis (basic event) im Sinne des Fehlerbaums. Das Ereignis ist somit ein TOP-Kandidat. Unter einem TOP-Kandidaten wird ein Ereignis verstanden, das selbst ein TOP-Ereignis sein, oder in Kombination mit anderen TOP-Kandidaten zu einem TOP-Ereignis führen kann. Das TOP- Ereignis ist die Wurzel des Fehlerbaum.

Abbildung 6/10 zeigt das Fehlerbaumkonzept unter Verwendung von Objekten und Meßvorschriften.

6.6. Die Positionierung der strategischen Ziele und die Bildung von Objekten

In den Ausführungen der Kapitel 6.7. bis 6.11. werden Objekte für die einzelnen strategischen Ziele gebildet. Abbildung 6/11 zeigt

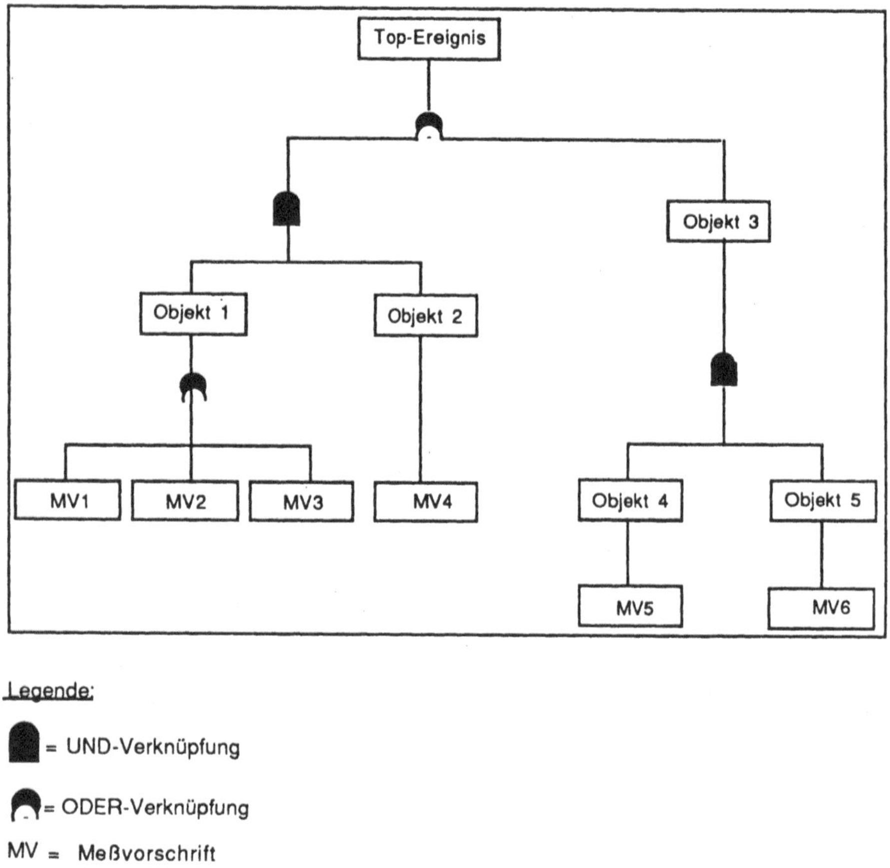

Abb. 6/10: Fehlerbaumkonzept unter Einbeziehung von Objekten und Meßvorschriften

die Positionierung der strategischen Ziele in einem Controllingkonzept.

Dabei zeigt sich, daß das Risikomanagement eine "Querschnitts-Funktion" darstellt, das alle anderen strategischen Ziele und alle Managementebenen durchdringt.

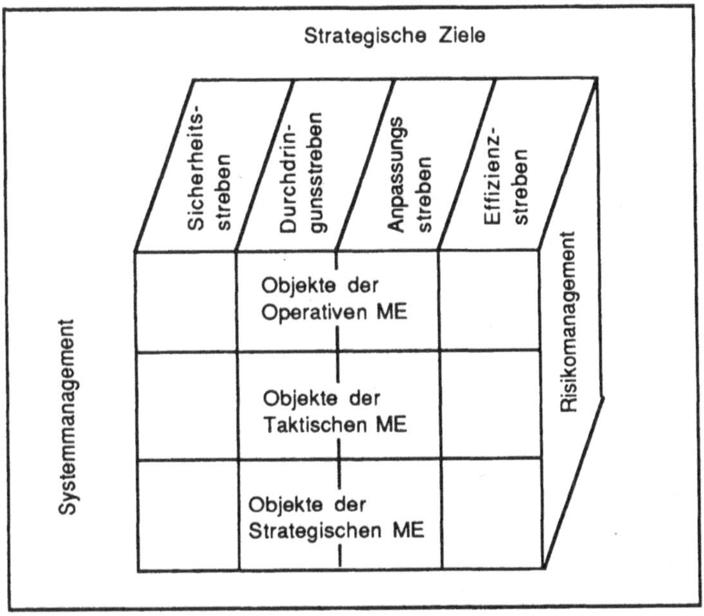

Legende: ME = Managementebene

Abb. 6/11: Positionierung der strategischen Ziele in einem Controllingkonzept

Um die Objekte der Managementebenen zu ermitteln, wird die Top-Down-Strategie gewählt. Ausgehend von den Sachgebieten der Wirtschaftsinformatik wird deren Relevanz für die einzelnen strategischen Ziele in Abbildung 6/12 dargestellt [68].

Die in Abbildung 6/12 in Spalte "K" angegebenen Sachgebiete können keinem strategischen Ziel eindeutig zugeordnet werden. Eine Zuordnung ist nur dann möglich, wenn man den Fall einer konkreten Problemstellung unterstellt. So kann beispielsweise die Analysemethode unter Effizienz, Sicherheit, Durchdringung und Anpassung als Objekt gebildet werden. Diese Aussage hat auch für alle anderen Sachgebiete dieser Spalte ihre Gültigkeit.

Sachgebiet \ Ziel	K	S	D	A	E	R
Analysemethode	x					x
Anwendungssystemmanagement			x			x
Arbeitsorganisation				x		x
Benutzersystem				x		x
Berufsbild-Tätigkeitsfeld	x					x
Darstellungsmethode	x					x
Darstellungstechnik	x					x
Datenmanagement	x					x
Datensystem	x					x
Entwurfsmethode	x					x
Ergonomie				x		x
Erhebungsmethode	x					x
Führung			x			x
Implementierungsmethode	x					x
Informationsrecht		x				x
Infrastruktur				x		x
Katastrophenmanagement		x				x
Kosten- und Leistungsrechnung					x	x
Methodensystem	x					x
Methodik Systemplanung	x					x
Partizipation	x					x
Personalmanagement	x					x
Produktionsmanagement	x					x
Programmiersystem	x					x
Projektmanagement			x			x
Qualifikation				x		x
Sicherungssystem		x				x
Technik	x					x
Transportdienst	x					x
Transportsystem	x					x
Verhalten				x		x

Legende:

K = In Abhängigkeit von der Problemstellung kann das Sachgebiet unterschiedlichen strategischen Zielen zugeordnet werden. S = Sicherheit, D = Durchdringung, A = Anpassung, E = Effizienz, R = Risikomanagement, x = relevantes Teilgebiet

Abb. 6/12: Relevanz der Sachgebiete der Wirtschaftsinformatik für die strategischen Ziele

6.7. Das Sicherheitsstreben

Die Praxis der Planung und Steuerung von Sicherungssystemen hat sich bisher primär mit taktischen und operativen Zielen beschäftigt. Dies hat dazu geführt, daß das Sicherungssystem primär auf die taktische und die operative Managementebene beschränkt ist. Ziel dieses Kapitels ist es, Objekte des Sicherheitsstrebens für die drei Managementebenen zu bilden, um daraus Meßvorschriften abzuleiten.

Zunächst soll der Sicherheitsbegriff definiert werden. Sicherheit wird im einschlägigen Schrifttum unterschiedlich verstanden. Fernandez et al. definieren: "Information security is the protection of information against unauthorized disclosure, alteration, or destruction....The term privacy is used broadly for all the ethical and legal aspects of personal data systems - systems that contain information about individuals [69]. Browne definiert: "Computer security is a widely discussed subject, and a generally agreed definition refers to it as protection of data against accidental or intentional disclosure, destruction or modification. Security can be viewed as a problem of "comprehensive control", involving the development of means to insure that privacy decisions are enforced" [70]. Wegen weiterer Definitionen wird auf [71] verwiesen.

Sicherheitsstreben im hier verstandenen Sinne vermeidet das Entstehen von Gefährdungszuständen in, um und mit Informations- und Kommunikationssystemen. Sicherheitsstreben ist umfassend zu verstehen und meint auch das Schutzstreben.

Abbildung 6/13 zeigt die Objektverbindung der drei Managementebenen für das Sicherheitsstreben.

Strategische Managementebene: **Sicherheitsstreben**
Als Ergebnis der Risikoanalyse exisiert ein logisches und physisches Sicherheitskonzept

Taktische Managementebene: Sicherungssystem

Operative Managementebene: Abschirmung, Allgemeine Grundstätze der Computersicherheit, Ausfallzeit, Authentifikation, Blitzschaden, Call Wartung, Code-Prüfung, Computermißbrauch-Versicherung, Datensicherheit,Datensicherung, Datensicherungsmaßnahme, DES-Algorithmus, Ereignisaufzeichnung, Fehlererkennungscode, Fehlerüberwachungseinheit, Fehlerkorrekturcode, Fehlerrate, Fehlertoleranz, Fixpunkt, Frame Check Sequence, Funktionssicherung, Funktionstastensicherung, Funktionstrennung, Integriertes Verschlüsselungssystem, Kontrollfluß, Kryptoanalyse, Kryptographische Methode, Objektsicherung, Offenes Verschlüsselungssystem, Paßwort, Penetrierung, PIN, Plausibilitätskontrolle, Prüfbit, Prüfsoftware, Prüfziffernrechnung, Programmabbruch, Programmunterbrechung, RAS-Einrichtung, Sachversicherung, Schlüssel, Selbsttest, Sensibilität, Softwareschutz, Systemabbruch, Teleservice, Verschlüsselungssystem, Vertrauensschaden-Versicherung, Wachhund, Wartung, Wartungsprozessor, Wiederanlauf, Wiederherstellung, Zahlendreher, Zugriffsberechtigung

Taktische Managementebene: Katastrophenmanagement

Operative Managementebene: Abschirmung, Ausweich-Rechenzentrum, Blitzschaden, Computermißbrauchversicherung, Computersabotage, Computervirus, Logische Bombe, Rückfallsystem, Sabotageakt, Sachversicherung, Vertrauensschaden-Versicherung, Katastrophenhandbuch

Taktische Managementebene: Informationsrecht

Operative Managementebene: Allgemeine EDV-Vergaberichtlinien, Auftraggeber, Auskunftsrecht, Automatenmißbrauch, BDSG, Betriebsverfassungsgesetz, Betroffener, BTX-Gesetz, BTX-Recht, BTX-Staatsvertrag, BVB, Computerbetrug, Computerkriminalität, Computermanipulation, Computermißbrauch, Computersabotage, Computerspionage, Computervirus, Datendiebstahl, Datengeheimnis, Datenschutz, Datenschutzbeauftragter, Datenschutzgesetz, Datenschutzkommission, Datenschutzrat, Datenverarbeitungsregister, DSG, Freie Daten, GoDS, Hacker, Juristische Integration, Kontrollsystem, Löschungsrecht, Logische Bombe, Mitbestimmung, Modellvertrag, Nutzungsbewilligung, Nutzungsrecht, Patentschutz, Personenbezogene Daten, Pflichtenheft, Privater Bereich, Public-Domain-Software, Raubkopie, Richtigstellungsrecht, Öffentlicher Bereich, Schutzhüllenvertrag, Softwarediebstahl, Softwarelizenz, Softwareschutz, Sperrecht, Spezifikationsschein, Telearbeit, Übermittlung, UFAB, Urheberrecht, Verarbeiter, Wettbewerbsrecht, Zeitdiebstahl

Abb. 6/13: Objekte des Sicherheitsstrebens

6.7.1. Das Sicherheitsstreben auf der strategischen Managementebene

Das Sicherheitsstreben ist integrierender Bestandteil bei der Realisierung des Controllingkonzepts. Dies heißt, daß auf der strategischen Managementebene bewußte Vorstellungen über das Risiko um, in und mit Informations- und Kommunikationssystemen existieren, um für die einzelnen Dimensionen des Controllingkonzepts schwerpunktartige Submodelle für das Risikomanagement ableiten zu können.

Die Wirklichkeit der Informations- und Kommunikationssysteme ist dadurch gekennzeichnet, daß das Management auf die Auswirkungen neuer Informationstechnologien noch immer nicht entsprechend vorbereitet ist. Auf diese Situation hat Szyperski schon 1980 hingewiesen [72].

Die Weiterentwicklung der Informations- und Kommunikationssysteme geschieht derzeit primär unter dem Aspekt des Kostenreduzierung. Eine wichtige Aufgabe dieser weiterentwickelten Informations- und Kommunikationssysteme besteht darin, Qualitätsmerkmale entstehen zu lassen [73], um daraus entsprechende Wettbewerbsvorteile zu gewinnen. Die Abstützung der Unternehmen auf die Informationstechnik hat heute bereits ein Ausmaß erreicht, das die Arbeitsfähigkeit vieler Unternehmen von funktionsfähigen Informations- und Kommunikationssystemen abhängig macht [74]. Folgt man den Prognosen der vom Deutschen Bundestag eingesetzten Enquete-Kommission "Neue Informations- und Kommunikationstechniken", so werden für 1990 von rund 70% der Beschäftigten für deren berufliche Tätigkeit Grundkenntnisse auf dem Gebiet der Informationsverarbeitung gefordert. Die Deutsche Gesellschaft für Informatik präzisiert diese Prognose dahingehend, daß bis 1990 ca. 5% der Erwerbstätigen fachlich tiefgehende Kenntnisse auf diesem Gebiet, 15% zusätzlich zu anderem Wissen ausgeprägte Kenntnisse in Spezialbereichen der Informationsverarbeitung und rund 50% einfache Anwendungskenntnisse, etwa so viel, wie heute im Zusammenhang mit dem Kraftfahrzeug zum Erwerb eines Führerscheins erforderlich ist, benötigen [75].

6.7.2. Das Sicherheitsstreben auf der taktischen Managementebene

Diese Managementebene ist durch folgende Merkmale gekennzeichnet.

- in allen Dimensionen des Informations- und Kommunikationssystems existiert ein angepaßtes Risikomanagement;
- das Management hat den Einfluß unsicherer Ereignisse auf das Informations- und Kommunikationssystem identifiziert und gemessen.

Ein umfassendes Sicherheitskonzept wird von Nielsen et al. als Ergebnis einer empirischen Studie präsentiert, der jedoch Operationalisierungsansätze fehlen [76].

Drei Objekte kennzeichnen das Sicherheitsstreben auf der taktischen Managementebene:

- Sicherungssystem,
- Informationsrecht und
- Katastrophenmanagement.

Aufgabe des Sicherungssystems ist es einerseits, das Informations- und Kommunikationssystem vor Gefahren zu schützen, und andererseits auch Gefahren, die von diesem Informations- und Kommunikationssystem ausgehen, abzuwenden. Demnach bezieht sich das Sicherungssystem auf die Gesamtheit aller Einrichtungen, Mittel, Maßnahmen, Personen usw., welche Bestandteile der Infrastruktur der Informationsfunktion einer Organisation sind. Die Gefahren, die auf diese Infrastruktur einwirken, gehen von unterschiedlichen Quellen aus. Einerseits von der Unzuverlässigkeit der Bestandteile der Infrastruktur selbst, andererseits von deliktischen Handlungen von Personen (Computerkriminalität). Ein absolut sicheres System läßt sich mit wirtschaftlich vertretbarem Aufwand nicht realisieren. Das Sicherungssystem wird sehr oft am Begriff der "Angemessenheit" orientiert. Es liegt in der Verantwortung des strategischen Management einer Organisation, das von ihr gewollte Ausmaß an Sicherheit zu planen, zu realisieren und zu kontrollieren. Insbesondere ist das Sicherungssystem so auszulegen, daß alle möglichen Risiken, denen ein Informations- und Kommunikationssystem ausgesetzt ist, kalkulierbar gemacht werden. Es ist nicht ausreichend, das Sicherungssystem ausschließlich auf das Datensystem zu beziehen, vielmehr ist das Sicherungssystem auf die gesamte Infrastruktur auszudehnen.

Katastrophe ist ein Ereignis oder Geschehen, welches die Informationssystemfunktion einer Organisation so beeinträchtigt, daß die Steuerung der Organisation für einen langen Zeitraum nicht mehr gegeben ist und daß schwerwiegende finanzielle Folgen für die Organisation entstehen. Katastrophenmanagement ist mehr als das Hintanhalten funktionsbeeinträchtigender Ereignisse oder Geschehen - dies ist Aufgabe des Sicherungssystems. Wie die Erfahrungen des Autors zeigen, ist es nicht ausreichend, ein Katastrophenmanagement nur durch genaue Regelungen zu implementieren. Vielmehr ist es notwendig, diese Regelungen einem realistischen Praxistest zu unterziehen, auch wenn dadurch erhebliche Kosten verursacht werden. Nur so kann garantiert werden, daß im Katastrophenfall das Katastrophenmanagement auch funktioniert.

Unter Informationsrecht werden alle Rechtsfragen verstanden, die sich im Zusammenhang mit der rechtlichen Beurteilung von Tatbeständen ergeben, die für das Informations- und Kommunikationssystem spezifisch sind. Zwischen Informationsrecht und Sicherungssystem besteht ein enger Zusammenhang. So kann beispielsweise die Computerkriminalität mit der derzeit gültigen österreichischen Rechtsordnung nur sehr schwer gefaßt werden, da dem Verursacher die Schädigungsabsicht nachzuweisen ist (was im Normalfall nur sehr schwer möglich sein wird). Weist nun ein Sicherungssystem Schwachstellen auf (z.B. mangelnder Paßwortschutz), so wird der

Katastrophenfall wesentlich rascher eintreten, wenn zusätzlich auch das Informationsrecht keine strengen Sanktionen für die Computerkriminalität enthält. Vereinigen sich die Schwachstellen des Sicherungssystems mit jenen des Informationsrechts, so ist der Katastrophenfall programmiert. Bei Schwachstellen im Katastrophenmanagement kann dies zur nicht beherrschbaren Katastrophe führen.

6.7.3. Das Sicherheitsstreben auf der operativen Managementebene

Die in der wissenschaftlichen Literatur dargestellten Ansätze zum Sicherheitsstreben beziehen sich vornehmlich auf die operative Managementebene [77]. Die Erfahrung des Autors zeigt, daß die auf dieser Managementebene realisierten Ansätze großteils aus punktuellen Notwendigkeiten heraus entstanden sind. Das Sicherheitsstreben wurde nicht aufgrund eines systematischen Vorgehens entwikkelt, sondern ist ist durch aktuelle Anlässe bedingt entstanden.

Aus der Sicht der Revision behandeln die in der Literatur abgehandelten Beiträge primär die operative Managementebene [78]. Die Prüfungsvorschläge und Empfehlungen werden nicht von der strategischen Managementebene ausgehend abgeleitet (so beispielsweise auch nicht das FAMA-Konzept) [79].

Die Dezentralisierung bei der Systemplanung, insbesondere jedoch bei der Systemnutzung, wirft für das Sicherheitsstreben völlig neue Probleme auf, die bei zentralen Konzepten nicht bestehen. Dies soll an einem Beispiel exemplarisch dargestellt werden.

In einem Industriebetrieb wurden von drei organisatorischen Teilsystemen (außerhalb der Datenverarbeitungsabteilung) unkoordiniert 9 Personal-Computer unterschiedlicher Konfiguration angeschafft. Der kleinste dieser Personal-Computer verfügt über eine Plattenspeicherkapazität von 10 MB. Durch die tagsüber durchgeführten Veränderungen in den Datenbasen mußten täglich im Mittel 6 MB

Plattenspeicherkapazität auf Disketten gesichert werden, was eine Zeitdauer von 30 Minuten erforderte. Rechnet man diesen Zeitaufwand auf die 9 Personal-Computer hoch, so beträgt der tägliche Sicherungsaufwand 270 Minuten, also mehr als einen halben Arbeitstag. Da nicht angenommen werden kann, daß durch den Personal-Computer-Einsatz eine Personaleinsparung erzielbar ist, hat diese unkoordinierte Aktion der operativen und der taktischen Managementebene - rein rechnerisch - den zusätzlichen Aufwand von einer halben Person notwendig gemacht. Die Schwachstelle wurde anläßlich eines Revisionsberichts der Geschäftsleitung dargelegt. Derzeit wird versucht - im Sinne der vorhin zitierten punktuellen Vorgehensweise - die Schwachstelle durch Anschluß der Personal-Computer an den Großrechner zu beseitigen, der dann die Datensicherung übernehmen soll.

Ausgehend von den Objekten der taktischen Managementebene werden für die operative Managementebene die in Abbildung 6/13 dargestellten Objekte abgeleitet. Auf eine begriffliche Darlegung der Vielzahl der auf der operativen Managementebene angeführten Objekte wird hier verzichtet. Sie kann an anderer Stelle nachgelesen werden [80]. Für einige der in Abbildung 6/13 dargestellten Objekte erfolgt im Kapitel sieben der Entwurf geeigneter Meßvorschriften.

6.8. Das Durchdringungsstreben

Unter Durchdringung wird der Umfang des Einsatzes von Techniksystemen in Organisationen verstanden. Die Techniksysteme zwingen durch die im Vergleich zur Personalkostenentwicklung günstigen Preis- Leistungsverhältnisse dazu, diese stärker Organisationen einzusetzen. Die Entwicklung des Einsatzes von Techniksystemen hat sich nicht auf der Grundlage strategischer Ziele vollzogen, sondern ist vielemehr ein Ergebnis taktischer und operativer Ziele [81]. Dies führt dazu, daß Informations- und Kommunikationssysteme heute oftmals isoliert in der Organisation stehen und nicht in da Durchdringungsstreben der Organisation passen. Der Haupteinsat der Informations- und Kommunikationstechnik erfolgt derzeit in de klassischen betrieblichen Funktionalbereichen wie im Rechnungswesen, in der Auftragsabwicklung und in der Fertigungssteuerung. Wi Abbildung 6/14 zeigt, sind die Objekte des Durchdringungsstreben durch das Anwendungssystemmanagement, die Führung und das Projektmanagement gekennzeichnet. Ein enger Bezug besteht zum strategischen Ziel der Anpassung. Abbildung 6/14 zeigt die Objekte de drei Managementebenen für das Durchdringungsstreben.

Strategische Managementebene: **Durchdringungsstreben**
Durchdringungsgeschwindigkeit, Organisatorisches Gesamtkonzept

Taktische Managementebene: Anwendungsmanagement, insbesondere Lebenszyklusmanagement

Operative Managementebene: Änderungsdienst, Entwicklungsrückstau, Flickarbeit, Meßprogramm, Monitoring, Tuning, Wartung

Taktische Managementebene: Führung

Operative Managementebene: Entscheidungsunterstützungssystem, Führungs-Informationssystem, Frühwarnsystem, Informations-orientierte Unternehmensführung

Taktische Managementebene: Projektmanagement

Operative Managementebene: Brook'sches Gesetz, Chef-Programmierer-Team, Projektgruppe, Projektplanung, Projektsteuerung, Projektteam

Abb. 6/14: Objekte des Durchdringungsstrebens

6.8.1. Das Durchdringungsstreben auf der strategischen Managementebene

Folgende Merkmale kennzeichnen das Durchdringungsstreben auf de strategischen Managementebene:

(1) Es bestehen Ziele ("Sachziele"), in welchen Anwendungen und in welchen organisatorischen Teilsystemen Informations- und Kommunikationssysteme eingesetzt werden. Diese umfassen mindestens folgende Anwendungssysteme:

- klassische betriebswirtschaftliche Anwendungssysteme wie das Rechnungswesen, die Auftragsbearbeitung usw.,
- technische Anwendungssysteme wie CAD, CAM,
- Anwendungssysteme der Büroautomation.

(2) Das Durchdringungsstreben basiert auf einer organisatorischen und einer systemtechnischen Gesamkonzeption. Neue Informationstechnologien stellen eine notwendige, nicht jedoch eine hinreichende Bedingung für eine effiziente Nutzung eines Informations- und Kommunikationssystems dar [82]. Als ein Grundmerkmal moderner betriebswirtschaftlicher Abstimmung zwischen den einzelnen Datenverarbeitungsaufgaben stellte Mertens bereits 1969 die Notwendigkeit "der umfangreichen und sorgfältig durchdachten Abstimmung zwischen den einzelnen Datenverarbeitungsteilaufgaben" dar [83]. Rückschauend muß festgestellt werden, daß diese Forderung erst ca. 10 Jahre später, bedingt durch den breiteren Einsatz von Datenbanksystemen, teilweise realisiert wurde.

Im Gegensatz zu den 70-er Jahren sind die Techniksysteme der end-80iger Jahre besser geeignet, diese notwendige Abstimmung der Anwendungssysteme zu unterstützen, wobei dies primär technische Anwendungssysteme und Anwendungssysteme der Büroautomation betrifft. Eine Verbindung zu den klassischen betriebswirtschaftlichen Anwendungssystemen ist jedoch erforderlich. So weist Meffert darauf hin, daß die Implementierung neuer Techniken vor allem ein Managementproblem ist und erst in zweiter Linie ein technisches Problem darstellt [84]. Das Durchdringungsstreben fordert als unverzichtbare Voraussetzung neue Formen der organisatorischen Gestaltung, im Rahmen derer die Durchdringung erfolgt. Das Denkmodell der betriebswirtschaftlichen Organisationstheorie, in dem die Komponenten "Aufgaben", "Mensch" und "Maschine" integriert werden bildet den Ausgangspunkt für das Durchdringungsstreben [85].

(3) Die Geschwindigkeit der Durchdringung.
Die Informations- und Kommunikationssysteme sind heute so weit entwickelt, daß ein dezentraler Systembetrieb bis hin zu den Arbeitsplätzen der Sachbearbeiter gegeben ist. Die Innovation bei der Entwicklung von Techniksystemen führt zu einer weiteren Zunahme der Durchdringungsgeschwindigkeit der Informations- und Kommunikationssysteme. Die Durchdringungsgeschwindigkeit hängt ganz wesentlich davon ab, wie die strategische Managementebene die Ausschöpfung des Innovations- und Wirtschaftlichkeitspotentials der Techniksysteme beurteilt [86]. Die Angebote der Hersteller sind durch eine zunehmende Anzahl von Ankündigungen, die sich durch leistungsstärkere und in den Funktionen vielfältigere Techniksysteme auszeichnen, gekennzeichnet [87]. Ohne den Anspruch auf wissenschaftliche Genauigkeit erheben zu wollen, hat ein Vergleich der Ankündigungen des Jahres 1984 von IBM mit denen des Jahres 1985 eine Steigerung von 18% ergeben. Diese zunehmende Anzahl der Ankündigungen von Techniksystemen darf aber nicht darüber hinwegtäuschen, daß diese Ankündigungsspirale beliebig zu erweitern ist. Die Durchdringungsgeschwindigkeit ist wesentlich von der Akzeptanz dieser Techniksysteme durch die Benutzer abhängig [88].

(4) Ein Modell für die Risikoanalyse wird eingesetzt.
Der Erfolg des Durchdringungsstrebens ist davon abhängig, inwieweit die Innovation der Techniksysteme bewußt zur Gestaltung des Informations- und Kommunikationssystems berücksichtigt wird. Die Innovation der Techniksysteme läßt sich durch folgende Merkmale kennzeichnen:

Die Mikroelektronik mit den Anwendungen in der Telekommunikation, der Mikroprozessortechnik, der Roboter- und Sensortechnik sowie im CAD und CAM umfaßt nach einer internen Untersuchung von Battelle vier Schlüsseltechnologien der Zukunft [89].

Das hohe Tempo der Innovationsgeschwindigkeit führt zu weiteren Verkürzungen im Produktlebenszyklus. Dies soll an zwei Beispielen gezeigt werden.

Der von Philips im Jahr 1983 angekündigte Personal-Computer P2000 wurde zum Zeitpunkt seiner Ankündigung mit einem Listenpreis von S 84.000,- angegeben. Zwei Jahre später war das Gerät technisch völlig überaltert, und in der Leistung gleichwertige Personal-Computer waren zur Hälfte des Preises zu erwerben. Mit der Entwicklung der 32-Bit Personal-Computer ist mit einer weiteren Verschärfung dieser Lebenszyklus-Preis-Spirale zu rechnen.

Ein anderes, zufällig aus dem Bereich größerer EDV-Systeme gewähltes Beispiel, soll diese Entwicklung außerhalb der Personal-Computer beschreiben. Das System IBM 370/155 wurde 1970 zum Vertrieb freigegeben und erst 1980 aus der Produktion genommen. Das System IBM 4341 wurde 1981 zum Vertrieb freigegeben, wird aber bereits 1986 aus der Produktion genommen. Das heißt, daß sich in 16 Jahren der Hardwarelebenszyklus neuer Produkte auf die halbe Zeit reduziert hat.

Die Innovationsgeschwindigkeit der Software ist noch immer langsamer als jene der Hardware. Ein Ansteigen ist aber bemerkbar. So sind beispielsweise Verbesserungen im Betriebssystem MVS für den Anwender nur dann realisierbar, wenn er die XA-fähige Hardware besitzt.

Die Innovation der Kommunikationsinfrastruktur (öffentliche Dienste, Lichtleiter usw.), aber auch die Standardisierungsbestrebungen im Rahmen des ISO-Referenzmodells, bewirken ein Sich-Öffnen der Informations- und Kommunikationssysteme. Die daraus folgenden Konsequenzen für das Sicherheitsstreben sind nicht zu übersehen. Aber auch die Entwicklungen bei UNIX bzw. dessen Derivaten sind der Versuch, Voraussetzungen für offene Informations- und Kommunikationssysteme zu schaffen.

Die Innovation bewirkt eine weitere Verbesserung im Preis-Leistungsverhältnis, sowohl bei der Investition als auch bei der Wartung [90].

Die Innovation führt zu Veränderungen bei den Arbeitsinhalten [91].

Wird auf der strategischen Managementebene die Innovation als Mittel der Durchdringung akzeptiert und bewußt verwendet, so sind die organisatorischen Voraussetzungen dafür zu schaffen. Die Entwicklung innovativer Techniksysteme bewirkt Innovationsschwerpunkte, die im Informations- und Kommunikationssystem zu einer erheblichen Umstrukturierung führen, deren organisatorische Wirkungen rechtzeitig erkannt werden müssen [92]. Diese Forderung rückt das "Change Management" in den Mittelpunkt der Betrachtungen. Change Management befaßt sich mit den Problemen der Änderungsanforderungen, die ein Informations- und Kommunikationssystem zu bewältigen hat [93]. Dabei bedeutet Change Management den Methodeneinsatz zum störungsfreien Ablauf des Informations- und Kommunikationssystems. Von Bedeutung ist dafür die methodische Orientierung durch die im Bereich der Systemplanung bekannten Methoden des Projektmanagements, der Analyse und der Bewertung. Die Stärke der Innovation als Mittel der Durchdringung ist durch die strategische Managementebene zu regulieren. Von außen kommende Innovationsimpulse sind je nach Ziel zu verstärken oder abzuschwächen. Diese Verstärkung bzw. Abschwächung der Innovationsimpulse läßt sich recht gut mit Hilfe der Portfolio-Methode analysieren. Dies setzt ein schrittweises Vorgehen voraus, etwa wie folgt [94].

(1) Innovations-Identifikation. Sie hat die Aufgabe, die hinter den Produkten stehende Innovation herauszuarbeiten bzw. zu identifizieren. Damit ist es möglich, die Relevanz der Innovation als Beitrag zum Informations- und Kommunikationssystem zu messen. Dieser Grundgedanke läßt sich schematisch durch eine Gegenüberstellung von Produkt und Innovation, wie dies in Abbildung 6/15 erfolgt, darstellen [95].

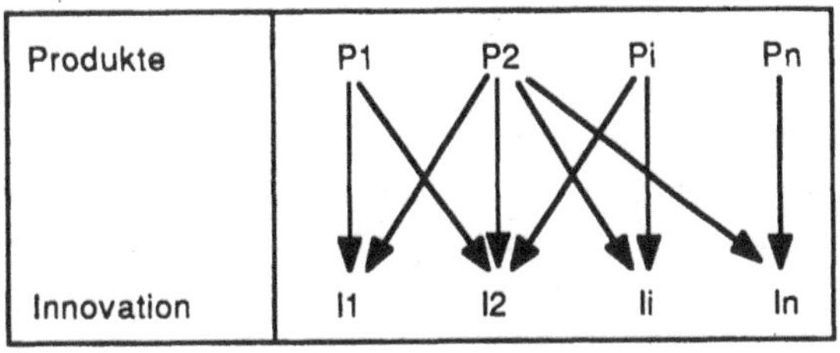

Abb. 6/15: Produkt-Innovations-Zusammenhang

Abbildung 6/15 zeigt, daß I2 eine Schlüsselinnovation bei den betrachteten Produkten ist. Dieser so erarbeitete Zusammenhang ist nicht in einem Schritt möglich, sondern ist das Ergebnis einer umfassenden Analyse.

(2) Beurteilung der Innovationsattraktivität. Ziel dieses Schrittes ist die Beurteilung der Relevanz der identifizierten Innovationen für das Unternehmen. Der Gewinn einer Innovation kann sich unterschiedlich auswirken in Effizienz (....doing a job faster), Effektivität (....doing a job better) und/oder Durchführen neuer Aufgaben [96].

Mehr als bei allen anderen Zielen wird beim Durchdringungsstreben zunächst das Effektivitätsstreben als Ziel abgeleitet. Das Effektivitätsstreben ist kurz bis mittelfristig gültig und hat somit keine strategische Dimension. Das Produktivitäts-

und das Wirtschaftlichkeitsstreben sichern das Überleben des Unternehmens und sind somit strategische Ziele.

Abbildung 6/16 zeigt die strategische Verhaltensempfehlung zu den Innovationsempulsen. Zur Beurteilung dieser Innovationsattraktivität sind mindestens folgende Kriterien einzubeziehen:

- Potentialrelevanz wie Weiterentwickelbarkeit und Zeitbedarf bis zur nächsten Entwicklungsstufe und
- Benutzerrelevanz, wie z.B. Anwendungsumfang.

(3) Beurteilen der Ressourcenstärke für das Unternehmen.
Unter Ressourcenstärke werden die zur Realisierung der Innovation im Unternehmen bereits vorhandenen Ressourcen verstanden. Im einzelnen sind dies:

- Technologiemanagement Entwicklung; dies umfaßt alle Regelungen und Maßnahmen, die getroffen werden müssen, um die auf dem Markt verfügbar werdende Innovation zur Entwicklungstechnologie laufend und unabhängig von konkreten Aufgabenstellungen zu erkennen und auf ihre Einsatzmöglichkeit zu überprüfen [97].

- Technolgiemanagement Betrieb; dies umfaßt die Verfahren, mit denen die technologische Entwicklung der Hardware, Systemsoftware und systemnaher Software laufend und unabhängig von konkreten Aufgabenstellungen auf ihre Einsatzmöglichkeit überprüft werden und bei Eignung zum Einsatz kommen [98].

- Know-how-Management der Entwicklung; dies umfaßt alle Maßnahmen, die sicherstellen, daß die Anforderungen aus den Benutzerbereichen mit dem qualitativ hohen Entwicklungs-Know-how erfüllt werden können [99].

- Finanzstärke; dies umfaßt die notwendige Budgethöhe sowie die Kontinuität des Budgets.

(4) Handlungsempfehlung

Ressourcen-stärke / Innovationsaktivität	niedrig	mittel	hoch
Effektivitätssteigerung	1	2	3
Effizienzsteigerung	4	5	6
Durchführen neuer Aufgaben	7	8	9

Abb. 6/16: Strategische Verhaltensempfehlung zu den Innovationsimpulsen

Werden durch den Innovationsimpuls die Felder 6, 8, 9 in Abbildung 6/16 berührt, so soll dieser verstärkt werden. Berührt der Innovationsimpuls die Felder 1, 2, 3, 4, 5, 7, so ist es empfehlenswert, den Innovationsimpuls abzuschwächen. Diese theoretischen Ausführungen werden nachfolgend am Beispiel der strategischen Verhaltensempfehlung bei der Innovation mit Personal-Computer konkretisiert:

Ein Unternehmen, das über eine eigene Datenverarbeitungsanlage verfügt, die in einem Rechenzentrum betrieben wird, läßt die Frage der Dezentralisierung durch Personal-Computer-Einsatz prüfen. Das Controllingkonzept führt zur Bildung folgender organisatorischer Teilsysteme:

(1) einzelne Mitarbeiter,
(2) Abteilungen oder Arbeitsgruppen,
(3) Gesamtorganisation.

Für die Strukturierung der Innovationsattraktivität werden die Kriterien aus Abbildung 6/16 verwendet. Die Kombination dieser Kriterien mit dem organisatorischen Teilsystem ergibt die in Abbildung 6/17 dargestellte Empfehlung.

Innovationsattraktivität \ Organisatorsches Teilsystem	Einzelne Mitarbeiter	Abteilungen/ Arbeits- gruppe	Gesamt- organisation
Effektivitätssteigerung	1	4	7
Effizienzsteigerung	2	5	8
Durchführen neuer Aufgaben	3	6	9

Abb. 6/17: Innovationsempfehlung PC-Einsatz

Unter Beachtung der Ergebnisse der empirischen Studie von Goti [100] und jener von Arkusk [101] lassen sich aus Abbildung 6/17 drei Cluster bilden:

Das erste Cluster wird aus den Feldern 1 und 2 gebildet. In einer ersten Phase ist nach den Anlaufschwierigkeiten mit einer Effizienzsteigerung (Zeitgewinn) für den einzelnen Mitarbeiter zu rechnen. Nach Überwindung dieser Phase ist nach etwa einem Jahr mit einer Effektivitätssteigerung dann zu rechnen, wenn adäquate Decision Support Systeme verfügbar sind.

Ein zweites Cluster wird durch die Felder 4 und 5 gebildet. Ein Großteil der heutigen Informations- und Kommunikationssysteme wird durch dieses Cluster abgedeckt.

Die Durchführung neuer Aufgaben setzt einen Einsatz von Personal-Computern von mehr als einem Jahr voraus. Das dritte Cluster, gebildet durch die Felder 3, 6, 9, 7 und 8, erfordert einen Realisierungszeitraum von mindestens zwei Jahren. Diese Innovationsimpulse können nur dann verstärkt werden, wenn der Produktlebenszyklus gleich oder größer ist als der Zeitraum für die Projektrealisierung.

Demnach kann aus Abbildung 6/17 noch keine Innovationsempfehlung abgeleitet werden. Eine zusätzliche Analyse, in die die Ressourcenstärke einmündet (vgl. Abbildung 6/16), wird empfohlen.

6.8.2. Das Durchdringungsstreben auf der taktischen Managementebene

Ausgehend von den Objekten der strategischen Managementebene kennzeichnen die Objekte Anwendungssystemmanagement, und hier insbesondere das Lebenszyklusmanagement, die Führung und das Projektmanagement die taktische Managementebene.

Das Objekt Anwendungssystemmanagement umfaßt die Planung, die Steuerung und die Überwachung der Anwendungssysteme der Organisation. Das Ziel das Anwendungssystemmanagements ist es, den Bestand an Anwendungssystemen in einer Organisation zu optimieren. Wechselbeziehungen zum Projektmanagement sind gegeben.

Führung hat durch zweck- und zielorientierte Harmonisierung des arbeitsteiligen Systems die Erfüllung der Organisationsziele zu sichern. Führung ist mehr als ein rein technisches Problem. Systeme zur Unterstützung von Führungsaufgaben setzen primär bei der Unterstützung der Kommunikation durch Kommunikationstechniken an.

Die Durchdringung setzt voraus, daß sie zielgerichtet, klar definiert und zeitlich begrenzt ist sowie durch Größe, Bedeutung, Komplexität, Neuartigkeit und Einmaligkeit, aber auch durch Kosten und Risiko, aus dem üblichen Geschehen einer Organisation herausragt.

Das Lebenszyklusmanagement ist für die Durchdringung als wesentliches Merkmal anzusehen. Eine detailliertere Betrachtung ist hier angebracht.

Die Zunahme der Durchdringungsgeschwindigkeit der Informations- und Kommunikationssysteme mit Techniksystemen muß zwangsläufig zu einer Verkürzung des Lebenszyklus von Anwendungssystemen führen. Betroffen davon ist vor allem die Phase der Produktentwicklung [102].

Dieser Trend wirkt in Richtung auf das Prototypingkonzept. So ist beispielsweise bei Taco Bell die Phase 3 im Lebenszyklusmanagement die Prototyping-Phase [103]. Für diese Phase ist ein Zeitanteil zwischen 40% und 50% des Aufwandes aller Phasen vorgesehen. Verstärkt wird der Trend durch das Konzept der Arbeitsplatzsysteme, insbesondere durch das Personal Computing [104].

Das Durchdringungsstreben läßt sich recht gut in Anlehnung an Nolan's Phasenschema [105] messen. Nolan geht von der These aus, daß die Einordnung von Techniksystemen in Organisationen ein Prozeß ist, der große Ähnlichkeiten mit den Merkmalen von Lernkurven aufweist [106]. Dabei unterscheidet er vier Phasen des organisatorischen Lernens und des EDV-Wachstums:

Phase 1: langsames, stetiges Wachstum,
Phase 2: hohes, exponentielles Wachstum,
Phase 3: absolutes, aber abnehmendes Wachstum,
Phase 4: geplantes, stetiges Wachstum.

Diese vier Phasen korrellieren auch mit den Budgets für Informations- und Kommunikationssysteme. Die von Nolan und Gibson ergänzend durchgeführten Studien über die organisatorischen Faktoren, die in jeder Phase wirksam werden, führte zu einer Erweiterung seiner Phasenhypothesen [107] um vier Wachstumsprozesse. Diese sind:

- Entwicklung einer Anzahl von EDV-Anwendungen,
- Aufbau der EDV-Organisation,
- Aufbau des EDV-Planungs- und Kontrollsystems,
- Entwicklung der Benutzerorientierung.

Von Interesse ist hier, welcher der vier Wachstumsprozesse in den Unternehmen dominiert. Die erste empirische Studie kann eine wertvolle Hilfe leisten. Die dort formulierten Hypothesen sind dem Wachstumsprozeß des EDV-Planungs- und Kontrollsystem zuzuordnen. Daraus ist abzuleiten, daß die Informations- und Kommunikationssysteme derzeit durch das Planungs- und Kontrollsystem als Wachstumsprozeß gekennzeichnet sind. Abbildung 6/18 zeigt dies graphisch.

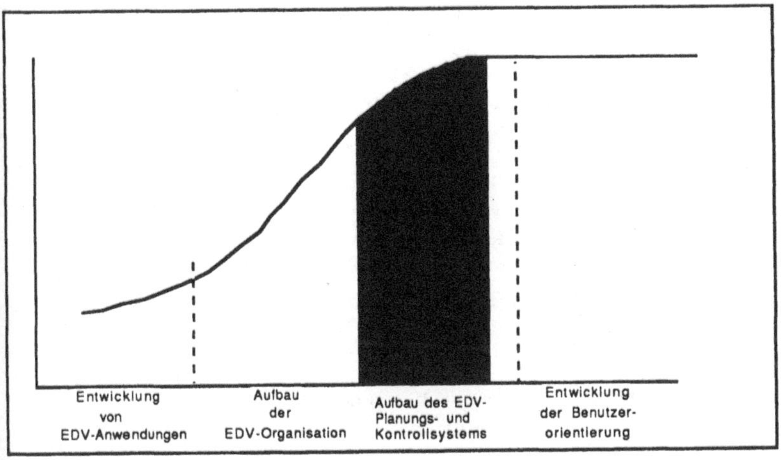

Abb. 6/18: Das Durchdringungskonzept gemessen an Nolan`s Phasenschema

Obwohl die Benutzerorientierung in mehr oder weniger großem Ausmaß bei den untersuchten Unternehmen realisiert ist, ist deren Anteil an Entwicklung und am Betrieb des Informations- und Kommunikationssystems zu gering, um bereits von einer eigenen Wachstumsphase sprechen zu können. Die Benutzerorientierung geht davon aus, daß der Erfolg eines Informations- und Kommunikationssystems von seiner Benutzung abhängig ist und der Mensch einen zentralen Risikofaktor darstellt. Wie sensibel dieser Bereich einzustufen ist, zeigt die Diskussion über die eben verabschiedeten Sicherheitsgesetze in der Bundesrepublik Deutschland einerseits, während andererseits die erst kürzlich publizierte Untersuchung aus Schweden über die gesundheitliche Gefährung durch die Arbeit an Bildschirmarbeitsplätzen zur Diskussion Anlaß gibt. Es ist eine wesentliche

Aufgabe der taktischen Managementebene, diesbezügliche Studien auf Relevanz und auf Signifikanz für das Unternehmen zu prüfen [108].

6.8.3. Das Durchdringungsstreben auf der operativen Managementebene

Nach Griese ist der quantitative Durchdringungsgrad wie folgt definiert [109]:

```
  Informationsverarbeitungs-Betriebskosten
+ kalkulatorische Abschreibung des Programmbestands
+ Kosten für Anwendungssoftware
-------------------------------------------------
  Kosten 1

  Personalkosten
+ Informationsverarbeitungs-Betriebskosten
+ kalkulatorische Abschreibungen des Programmbestands
+ Kosten für Anwendungssoftware
----------------------------------------------------
  Kosten 2
```

Quantitativer Durchdringungsgrad = Kosten 1/Kosten 2

Für die einzelnen Anwendungssysteme können so Kennzahlen ermittelt werden, wobei beispielsweise für das Finanz- und Rechnungswesen bei Überschreitung eines Quotienten von 25% der Durchdringungsgrad als günstig angenommen wird.

Der qualitative Durchdringungsgrad ist abhängig von den wettbewerbsbeeinflussenden Kriterien neuer Informationstechnologien. Eichhorn und Schreier unterteilen die wettbewerbsbeeinflussenden Kriterien in institutionelle und funktionelle Kriterien [110]. Erstere zeigen, wo sich Auswirkungen registrieren lassen (Wirtschaftszweige, Unternehmensgrößen usw.), letztere ermöglichen die Diskussion der Art der Auswirkungen (Zeitgerechtigkeit von Entscheidungsvorbereitung, Verkürzung von Aktionen und Reaktionen usw.).

Gemessen am Potential der technischen Anwendungsmöglichkeiten vollzieht sich die Durchdringung heute noch überaus schleppend [111]. Dies deutet auf zum Teil erhebliche Akzeptanzbarrieren seitens der Benutzer hin.

Eine Möglichkeit, das Durchdringungsstreben zu messen, besteht in der Strukturierung der Informations- und Kommunikationssysteme nach deren Typologie. Die klassische Strukturierung in Administrations-, Dispositions-, Informations- und Planungssysteme scheint heute nicht mehr angebracht, da die Phase der Administrations- und Dispositionssysteme heute eine Selbstverständlichkeit darstellen sollte [112]. Geeignet scheint der hier etwas adaptierte Ansatz von Norton [113]. Demnach lassen sich Informations- und Kommunikationssysteme der 90-er Jahre wie folgt typisieren:

(1) Informations- und Kommunikationssysteme zur Abwicklung betrieblicher Aufgaben.
(2) Professionelle Unterstützungssysteme (z.B. Expertensysteme).
(3) Systeme der Prozeßautomation.
(4) Systeme, die sich über Organisations-, Kunden- und Lieferantengrenzen hinweg erstrecken.

6.9. Das Anpassungsstreben

Unter Anpassung wird die Abbildung der Realität im Informations- und Kommunikationssystem verstanden. Es existieren konkrete Vorstellungen darüber, welchen qualitativen und quantitativen Beitrag das Informations- und Kommunikationssystem zum Informationsprozeß leistet. Der Test, wie weit ein Modell ein Original abbildet, wird in der empirischen Sozialforschung unter Validität diskutiert [114]. Validität oder Gültigkeit ist die Korrellation von Information und Original und gibt die Genauigkeit an, mit der eine Abbildung das abbildet, was sie abbilden soll, oder das, was sie abzubilden vorgibt, auch "tatsächlich" abbildet [115]. Das Validitätsproblem ist aus zweifacher Sicht zu sehen. Einerseits ist dies eine Frage des semantisch-logischen Zusammenhangs zwischen Information und Original [116]. Andererseits soll ein Validitätstest die Abbildungsqualität auch im Lichte der Pragmatik beurteilen, was sofort das praktische Problem aufwirft, nach welchen Kriterien diese Abbildungsqualität zu beurteilen ist [117].

Abbildung 6/19 zeigt die Objektverbindung zwischen den Managementebenen für das Anpassungsstreben.

6.9.1. Das Anpassungsstreben auf der strategischen Managementebene

Auf strategischer Managementebene ist eine Anpassung dann realisiert, wenn Vorstellungen über den Abbildungsgrad der Realität im Informations- und Kommunikationssystem und damit verbunden Konzepte über die Anpassung des Informations- und Kommunikationssystems an Mensch und Aufgabe existieren.

Dies ist jedoch nur ein Aspekt der Anpassung. Ein anderer Aspekt der Anpassung ist darin zu sehen, wie ein Informations- und Kommunikationssystem auf veränderte Anforderungen des Marktes zu reagieren in der Lage ist. Diese Überlegungen finden auf taktischer Managementebene in Flexibilität und Integration ihren Ausdruck. In Abhängigkeit von den Ergebnissen, die bei der Risikoanalyse erzielt wurden, existieren auf strategischer Managementebene Vorstellungen über den notwendigen Grad an Flexibilität und Integration im Informations- und Kommunikationssystem.

6.9.2. Das Anpassungsstreben auf der taktischen Managementebene

Das Anpassungsstreben findet auf der taktischen Managementebene einerseits seinen Ausdruck im Flexibilitätsstreben und andererseits im Integrationsstreben. Integration und Flexibilität sind

Strategische Managementebene: **Anpassungsstreben**
Abbildungsgrad der Realität im IKS und damit verbunden die Anpassung des IKS an Mensch und Aufgabe

Taktische Managementebene: Flexibilitäts- und Integrationskonzept

Taktische Managementebene: Arbeitsorganisation

Operative Managementebene: Ablauforganisation, Arbeitsablauf, Arbeitsanforderung, Arbeitsinhalt, Arbeitsqualität, Arbeitsstrukturierung, Arbeitsteilung, Aufbauorganisation, Aufgabenbereicherung, Aufgabenerweiterung, Aufgabenwandel, Aufgabenwechsel, Aufgabenzuordnung, Auslösendes Ereignis, Automatisierungsgrad, Benutzerunabhängigkeit, Bildschirmarbeitsplatz, Dialoggestaltung, Dialogisierungsgrad, Dynamisches Sitzen, Einfügungsgrad, Ereignis, Funktionstrennung, Handauflage, Handlungsspielraum, Hilfsinformation, Kompetenz, Koordination, Koordinierungsgrad, Online-Dokumentation, Ordnungskomponente, Paralleler Dialog, Teilautonome Gruppe, Telearbeit, Telearbeitsplatz, Verantwortung, Vorgang

Taktische Managementebene: Benutzersystem

Operative Managementebene: Akzeptanz, Akzeptanzanalyse, Anforderung, Auditive Rückmeldung, Beantwortungszeit, Bearbeitungszeit, Benutzerdaten, Benutzerfehler, Benutzerfreundlichkeit, Benutzerkontrolle, Benutzerorientierung, Benutzerschnittstelle, Benutzersicht, Bericht, Berichtsystem, Dialog, Dialogführung, Dialogflexibilität, Dialoggestaltung, Dialogpartnermodell, Dialogtechnik, Direkte Manipulation, Durchlaufzeit, Durchsatzzeit, Endbenutzersystem, Formular, Freie Abfrage, Hilfsinformation, ikonisch, Informationsbedarf, Informationswiedergewinnung, Jobkette, Konvivialität, Laufzeit, Lesbarkeit, Maskengestaltung, Mehrbenutzersystem, Menü, Menüsteuerung, Mensch-Maschine-Kommunikation, Paralleler Dialog, Piktogramm, Primärdaten, Standardauswertung, Taktile Rückmeldung, Teilhaberbetrieb, Teilnehmer, Teilnehmerbetrieb, Vorprogrammierte Abfrage, Zugriffsberechtigung

Taktische Managementebene: Ergonomie

Operative Managementebene: Arbeitsplatzergonomie, Flimmern, Funktionstastensicherung, Informationsaustauschprozeß, Kommunikationsergonomie, N-Key-Roll-Over, Pop-Up-Menü, Pull-Down-Menü, Softwareergonomie

Taktische Managementebene: Infrastruktur

Operative Managementebene: Abteilung Informations- und Kommunikationssystem, Anwender, Anwendungssystem, Ausweich-Rechenzentrum, Basisanwendung, Benutzerservice, Betriebsmittel, Datenverarbeitungsabteilung, Lenkungsausschuß, Organisationsabteilung, Rechenzentrum, Stellenbeschreibung, Stellenbildung Informationsfunktion, Struktureinheit

Taktische Managementebene: Qualifikation

Operative Managementebene: Benutzerschulung, Benutzerservice, Benutzertyp, Beteiligtenorientierung, Beteiligungsfähigkeit, Kompetenz, Lernprogramm, Personalentwicklung, Problemlösen, Schulung

Abb. 6/19: Objekte des Anpassungsstrebens

zwei Ziele von Informations- und Kommunikationssystemen, die in der Regel miteinander konkurrieren [118].

Die zur Zeit verwendeten Informations- und Kommunikationssysteme sind historisch über viele Jahre gewachsen und weisen eine geringe Flexibilität auf. So ist beispielsweise mit CICS/DMS unter Verwendung von DL/1 ein bestimmter Integrationsgrad erzielbar. Eine Flexibilität ist nur durch Entwicklung neuer zusätzlicher Transaktionen möglich. Der zentralen Bedeutung der Flexibilität Rechnung tragend, wurde das Softwaresystem CSP als Ersatz für DMS, mit dem eine höhere Flexibilität, vor allem im Hinblick auf die Portabilität, erzielbar ist, verfügbar gemacht.

Flexibilität und Integration sind von den Anwendungssystemen abhängig. Die Implementierung von Softwarekomponenten, mit denen eine flexibles Informations- und Kommunikationssystem erzielbar ist, ist Aufgabe der Systemplanung. Jedes Informations- und Kommunikationssystem verfügt über eine "Built-in-Flexibilität" sowie über eine "Handlungsflexibilität". Beides sind Dimensionen der Flexibilität [119]. "Built-in-Flexibilität" ist die Anpaßbarkeit der Software an den Bedarf des Benutzers durch Parametrierung. Demnach ist die "Built-in-Flexibilität" begrifflich sehr eng gefaßt, im Gegensatz zum Begriff des "Customizing", worunter auch Änderungen im Programmcode verstanden werden [120]. Diese "Built-in-Flexibilität" umfaßt folgende Anpassungsmöglichkeiten:

- Anpassung an betriebswirtschaftliche Funktionen durch Wahl des Einsatzes von Programmodulen (z.B. der Einsatz des Programmoduls "Fremdwährung" in der Finanzbuchhaltung);

- Wahl von Parametern nach einem meist sehr engen Schema (z.B. Feldlängen, Namenskonvention usw.);

- Anpassung der Benutzeroberfläche (z.B. deutschsprachige Fehlermeldungen);

- Anpassung an die Hard- und Softwareumgebung (z.B. Portabilität).

Die "Built-in-Flexibilität" wird von der heute angebotenen Standardsoftware weitgehend erfüllt. Im Gegensatz zu dieser defensiven Konzeption des Informations- und Kommunikationssystems ist die "Handlungsflexibilität" des Informations- und Kommunikationssystems darauf ausgerichtet, die Aktions- und Reaktionskapazität zu erhöhen [121]. Dies findet seinen Ausdruck in folgenden Ansatzpunkten:

(1) Unter "Aktionsflexibilität" wird die Menge der Handlungsspielräume des Informations- und Kommunikationssystems verstanden. Wie die empirischen Studien über die in den Kapiteln vier und fünf berichtet wurde zeigen, ist die "Aktionsflexibilität" der realisierten Informations- und Kommunikationssysteme durch die "Built-in-Flexibilität" begrenzt. Allein die Anpassung einer vierstelligen numerischen Artikelnummer an eine fünfstellige, alphanumerische Artikelnummer kann zu unüberwindbaren Problemen, deren Ursachen meist in der Systemplanung liegen, führen. Die notwendige "Aktionsflexibilität" ist für alle Anwendungssysteme festzulegen. Die stärksten Auswirkungen schwer planbarer Markt- und Umweltentwicklungen treten im Produktionsbereich auf. Gerade hier rücken flexibilitätssteigernde Maßnahmen, wie Einsatz innovativer Produkte von CAD und CAM, in den Mittelpunkt der Betrachtungen [122]. Dies gilt speziell für die Fertigungsvorbereitung, die Fertigungssteuerung sowie die Fertigungskontrolle [123]. Ein zweiter Schlüsselbereich für die Flexibilität wird durch das Marketing gebildet. So ging es beispielsweise in einem vom Autor mit anderen realisierten Forschungsprojekt um die Frage, wie neue Medien durch Einbindung in das Informations- und Kommunikationssystem des Unternehmens Handlungspielräume eröffnen [124].

(2) Die "Prozeßflexibilität" ist die Handlungsschnelligkeit, in der das Informations- und Kommunikationssystem auf auftretende Veränderungen reagieren kann. Vor dem Hintergrund ständig steigender Wartungskosten kommt der "Prozeßflexibilität" große Bedeutung zu, was sich in der Entwurfsphase widerspiegelt. Die

zentrale Bedeutung der Entwurfsphase für die Qualität von Softwaresystemen wurde lange Zeit nicht erkannt [125]. Die Untersuchung von Österle zeigt, daß der Anteil der Entwicklungskosten an den Softwarekosten ca. 30%, jener der Wartungskosten ca. 70% ausmacht [126]. Flexibilität als Zwischenziel des Entwurfs von Softwaresystemen findet sich bei Höcker, der die Softwareentwurfsmethode u.a. hinsichtlich des Ziels Flexibilität mißt [127].

(3) "Strukturflexibilität" ist die Sicherung der Handlungsbereitschaft, mit der durch organisatorische Maßnahmen die Rahmenbedingungen für die "Anpassungs- und Prozeßflexibilität" geschaffen werden. Mehr als durch die "Aktions- und Prozeßflexibilität" wird durch die "Strukturflexibilität" das Führungssystem angesprochen. Zentral strukturierte Informations- und Kommunikationssysteme verkürzen die Reaktionszeit, schränken aber die "Aktionsflexibilität" ein. Dieser Sachverhalt verweist auf den richtigen Flexibilitätsmix im Informations- und Kommunikationssystem.

Arbeitsorganisation ist das Ergebnis der Kombination von Produktionsfaktoren. Kennzeichen der Arbeitsorganisation ist meist die Arbeitsteilung. So hat beispielsweise die Stapelverarbeitung während der 70-er Jahre zu einer - technologisch bedingt - Arbeitsteilung geführt. Die Datenerfassungsaufgaben wurden nicht vom Sachbearbeiter durchgeführt, sondern durch eigene Stellen für Datenerfassung. Die zunehmende Transaktionsorientierung während der 80-er Jahre führt dazu, daß die Aufgaben der Datenerfassung zum Arbeitsplatz des Sachbearbeiters zurückkehren. Dieses Beispiel zeigt die dynamische Komponente der Arbeitsorganisation.

Die Sichtweise des Benutzers eines Informations- und Kommunikationssystems unterscheidet sich erheblich von der Sichtweise des Systemplaners. Benutzersystem meint die Gesamtheit der Phänomene, die mit dem Benutzer als Aufgabenträger im Zusammenhang stehen, also nicht nur den Benutzer selbst, sondern auch seine Beziehungen zur Aufgabe und zur Technik sowie die Gesamtheit der Mittel und Maßnahmen, die zur Gestaltung dieser Beziehungen dienen.

Wie Abbildung 6/19 zeigt bilden Ergonomie, Infrastruktur und Qualifikation weitere Objekte des Anpassungsstrebens auf der taktischen Managementebene.

Ergonomie bezeichnet alle Mittel und Maßnahmen, die auf eine optimale Koordinierung von Mensch, Aufgabe und Informations- und Kommunikationstechnik ausgerichtet sind.

Die Anpassung des Informations- und Kommunikationssystems erfordert eine adäquate Infrastruktur. Darunter wird die Gesamtheit der für die Informationssystemfunktion erforderlichen Ressourcen verstanden.

Qualifikation bezeichnet die Gesamtheit des Wissens und des Könnens (Fähigkeiten, Fertigkeiten) einer Person oder Gruppe.

6.9.3. Das Anpassungsstreben auf der operativen Managementebene

Als weiteres Ergebnis der ersten empirischen Studie zeigt sich, daß bei 22% der Programme innerhalb von drei Jahren die ersten größeren Anpassungen der Programme an die Anforderungen erforderlich waren, nach vier Jahren waren bereits bei 39% der Programme Anpassungen notwendig, während nach fünf Jahren bereits bei 69% der Programme Anpassungen anstanden. Abbildung 6/20 zeigt die Gegenüberstellung dieser Ergebnisse mit den Ergebnissen der Untersuchung von Rieke [128].

Obwohl die Skalen in Abbildung 6/20 nicht vollständig vergleichbar sind (Rieke gibt für die Altersstruktur drei Intervalle an, nämlich bis 3 Jahre, zwischen 3 und 5 Jahren und über 5 Jahre, während die Werte der Untersuchung des Autors jeweils nach 3, nach 4 und nach 5 Jahren skalieren), läßt sich erkennen, daß ca. ab dem 4. Jahr der Änderungsdienst stark ansteigt.

Abbildung 6/20 zeigt, daß der Anpassungsaufwand beim vierjährigen Programmbestand bereits bei 39% der Programme auftritt. Dies erklärt auch, warum der größte Anteil des Programmbestands (60%) in der Untersuchung von Rieke nicht älter als drei Jahre ist.

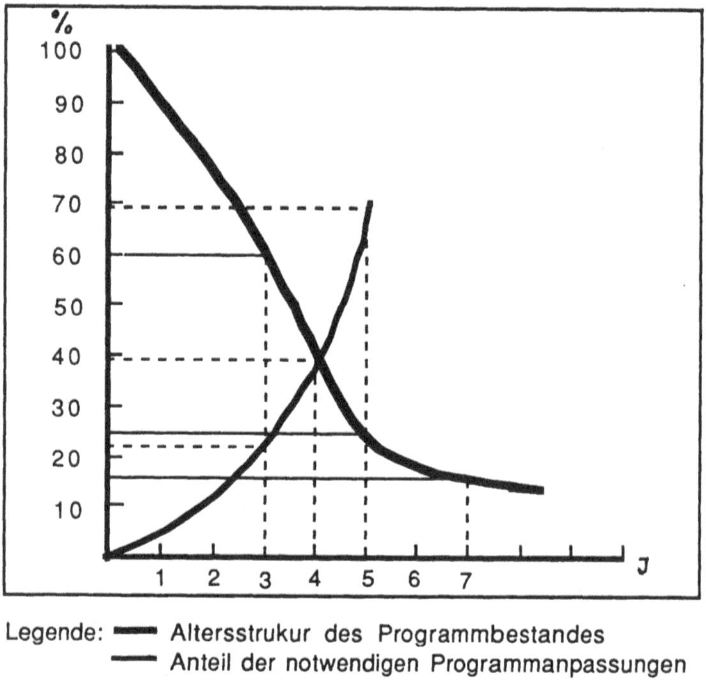

Abb. 6/20: Altersstruktur des Programmbestandes verglichen mit Anpassungsanforderungen

Durch einen geeigneten Technologiestand in der Systemplanung ist es möglich, den Anpassungsaufwand zu reduzieren und den Produktlebenszyklus zu verlängern. Zum Technologiestand zählen: Entwicklungsmethoden auf der Basis des Phasenkonzepts, Verfahren, die das Phasenkonzept unterstützen sowie Werkzeuge, die die Anwendung von Verfahren erleichtern bzw. beschleunigen.

Ein weiterer Faktor, der für das Anpassungsstreben ausschlaggebend ist, ist der Technologiestand der Systemnutzung. Dies ist der Technologiestand der Hardware und der Systemsoftware. IBM führt beispielsweise die Anpassung ihrer Softwaresysteme an den aktuellen Technologiestand mit Hilfe sogenannter PTF durch [129]. So erfordert die Verwendung spezieller Softwareentwicklungswerzeuge einen bestimmten PTF-Stand der Systemprogramme und der betroffenen Anwendungssysteme. Demnach stehen auf der operativen Managementebene zwei Vorgehensweisen zur Realisierung der Anpassung zur Verfügung:

Nach der ersten Vorgehensweise wird der Hard- und Softwaretechnologiestand ab einem bestimmten Zeitpunkt "eingefroren". Eine zu einem späteren Zeitpunkt anstehende Anpassung erfordert ein Aktualisieren des für die Anpassung notwendigen Technologiestandes. Diese Vorgehensweise eignet sich bei stabilen Informations- und Kommunikationssystemen. Dadurch ist garantiert, daß in der Systemnutzung keine Unruhe durch ständige Technologieanpassungen auftritt.

Nach der zweiten Vorgehensweise erfolgt ein ständiges Anpassen des Hard- und Softwaretechnologiestandes. Dies stellt an die Systemplanung erhöhte Anforderungen und verursacht eine ständige Unruhe in der Systemnutzung. Der Vorteil ist darin zu sehen, daß die Anpassung des Informations- und Kommunikationssystems unmittelbar durchführbar ist, da der für die Anpassung notwendige Technologiestand jederzeit gegeben ist.

6.10. Das Effizienzstreben

Effizienz ist das Verhältnis zwischen der von einem Informations- und Kommunikationssystem erbrachten Leistung und den dafür eingesetzten Mitteln. Eine Beurteilung nach technischen Kriterien (z.B. das Verhältnis zwischen dem mengenmäßigen Ertrag und dem mengenmäßigen Einsatz zur Erbringung dieses Ertrages) führt zum Begriff der Produktivität. Die Wirtschaftlichkeit beurteilt nach ökonomischen Kriterien und beschreibt das Verhältnis zwischen der tatsächlich erreichten und einer geplanten Kostensituation. Abbildung 6/21 zeigt die Objektverbindung zwischen den Managementebenen für das Effizienzstreben.

Strategische Managementebene: **Effizienzstreben**
Orientierung der IKS-Investitionen am Unternehmenerfolg

Taktische Managementebene: Kosten- und Leistungsrechnung

Operative Managementebene: Abrechnungssystem, Analogiemethode, Auftra rechnung, Aufwandschätzung, COCOMO, Function-Point-Verfahren, Gewichtungsmethode, INVAS, Kosten, Kostenartenrechnung, Kostenstellenrechnung, Kostenträgerrechnung, Kostenumlage, Methode der parametrische Schätzgleichungen, Multiplikatormethode, Nutzenpreis, Prozentsatzmethode, Relationenmethode, Verrechnungspreis, Verteilungsschlüssel

Abb. 6/21: Objekte des Effizienzstrebens

6.10.1. Das Effizienzstreben auf der strategischen Managementebene

Die strategische Managementebene berücksichtigt, wieweit Effizienz zur Steuerung von Informations- und Kommunikationssystemen verwendet wird.

Die am Unternehmenserfolg orientierte Steuerung des Informations- und Kommunikationssystems erfolgt auf Basis einer Kosten- und Leistungsrechnung, bekannter Investitionsrichtlinien und Methoden der Nutzenbewertung [130]. Durch die Abrechnung von Dienstleistungen des Informations- und Kommunikationssystems an die Benutzer verfügt die strategische Managementebene über ein ausgezeichnetes Steuerungsinstrument [131]. So ist es beispielsweise sinnvoll, Innovationen im Informations- und Kommunikationssystem dadurch zum Durchbruch zu verhelfen, daß anteilige Investitions- und Folgekosten nicht auf den Benutzer umgelegt werden, sondern zentral getragen werden. Zur Effizienzbeurteilung stehen folgende Varianten zur Verfügung:

(1) Controlling im Konzept des Systemlebenszyklus gegenüber Controllingkonzepten, die sich nur auf die Softwareentwicklung beziehen. Die Vorteile des Controlling im Konzept des Systemlebenszyklus sieht Seibt wie folgt [132]:

- die Betrachtungsweise auf die gesamte Lebensdauer eines Systems ist Wirtschaftlichkeitsrechnungen immanent;
- für Wartung fallen höhere Kosten an, als im Entwicklungszeitraum [133];
- durch das Lebenszykluskonzept entstehen positive Wirkungen für das Verantwortungsbewußtsein der Systementwickler.

(2) Controlling nach dem Controllingkonzept. Durch die im Controllingkonzept vorgeschlagene Strukturierung (siehe Abbildung 3/2 und 6/10) können Effiziezanalysen nach beliebigen dort vorgesehenen Dimensionen durchgeführt werden.

6.10.2. Das Effizienzstreben auf der taktischen Managementebene

Aus der Sicht der Informations- und Kommunikationssysteme ist die spezifische Ausrichtung der Kosten- und Leistungsrechnung auf die Informationssystemfunktion der Organisation von Interesse.

Ein systematisches Aufbaukonzept der Kosten- und Leistungsrechnung existiert bei den realisierten Informations- und Kommunikationssystem nicht. Wenn man von einer informationsorientierten Unternehmensführung spricht, so impliziert dies eine Betrachtungsweise, die Information und Kommunikation als wirtschaftliches Gut sieht und somit auch das praktische und wissenschaftliche Interesse an einer Kosten- und Leistungsrechnung für die Informationssystemfunktion steigern muß. Die Kosten- und Leistungsrechnung bezieht sich auf die Informationssystemfunktion.

6.10.3. Das Effizienzstreben auf der operativen Managementebene

Die aus der taktischen Managementebene abgeleiteten Objekte entsprechen weitgehend dem theoretischen Ansatz der Kosten- und Leistungsrechnung, wie man ihn aus der Allgemeinen Betriebswirtschaftslehre kennt.

Es existieren Meßvorschriften zur Messung der Entwicklungsproduktivität (z.B. LoC). Die gegen solche Meßvorschriften immer wieder vorgebrachten Einwände beziehen sich vor allem auf die Komplexität der Software und auf den Methodeneinsatz. Derartige Einwände mögen ihre Berechtigung in einer unterschiedlichen Systemplanungsumgebung (unterschiedliche Organisationen) haben, in einer homogenen Systemplanungsumgebung verlieren sie ihre Berechtigung. Es existieren Meßvorschriften für den Servicegrad des Informations- und Kommunikationssystems. Derartige Meßvorschriften beziehen sich insbesondere auf die Systemplanung und die Systemnutzung.

6.11. Das Risikomanagement

Zu den besonders schwierigen und für die Bildung des Meßsystems bedeutsamen Fragen zählen die Objektbildung, die Auswahl der Meßvorschriften und deren Einbindung in das Fehlerbaumkonzept. Eine geeignete Möglichkeit, dies zu unterstützen, bietet das Risikomanagement. Risikomanagement ist die Identifikation, die Messung, die Kontrolle und die Minimierung des Einflusses unsicherer Ereignisse auf das Informations- und Kommunikationssystem [134].

Für den Entscheidungsprozeß unter Unsicherheit - und um einen solchen handelt es sich hier - lassen sich die in der Literatur angegebenen Methoden in zwei Kategorien einteilen, nämlich in problemlösende und die Problemlösung vorbereitende Methoden [135]. Erstere gestatten es zu entscheiden, ob eine Alternative günstiger ist als eine andere. Dies setzt jedoch Informationen über die Risikoeinstellung des Entscheidungsträgers voraus. Die Problemlösung vorbereitenden Methoden dienen dazu, dem Entscheidungsträger in komplexen Situationen leicht faßbare, gut interpretierbare Informationen über Risikosituationen zu liefern. Beispiele dafür sind die Methoden der Sensitivitätsanalyse, das Aufstellen von Entscheidungsbäumen und Methoden für Risikoanalysen [136].

Die wissenschaftliche Literatur zum Risikomanagement von Informations- und Kommunikationssystemen gibt in Abhängigkeit vom Meßobjekt eine Vielzahl möglicher Risiken an, ohne das Risikomanagement allgemeingültig zu strukturieren [137]. Risikomanagement ist ein analytischer, jedem Informations- und Kommunikationssystem eigener Prozeß in Managementverantwortung. So definiert beispielsweise die US-Army: "Risk managment is a managment responsibility, involving all levels of management dependent upon sensitive automated operations" [138]. Risikomanagement ist ein systematischer Prozeß, der die gesamte Informationsfunktion begleitet. Ohne dem Anspruch einer umfassenden Untersuchung gerecht werden zu wollen, wurden bei der Analyse gestellter Projektanträge in der im Kapitel vier dargestellten empirischen Studie in keinem der Projektanträge Aussagen zu eventuellen Risiken gemacht. Daraus wird geschlossen, daß das Risikomanagement nicht Teil von Projektgenehmigungsverfahren ist. Dies wird auch durch die bei Liessmann dargestellten Genehmigungs- und Beurteilungsblätter von Unternehmensberatern bestätigt [139]. In keinem der dort vorgestellten Genehmigungs- und Beurteilungsblätter waren Felder für Risikoabschätzungen vorgesehen. Aber auch die aktuelle Controlling-Literatur sieht Risikomanagement nur punktuell und nicht als einen das gesamte Informations- und Kommunikationssystem umfassenden Prozeß [140]. Eine Verstärkung dieses Problembewußtseins ist aber mit der zunehmenden Distribuierung der Informations- und Kommunikationssysteme feststellbar.

Aus der Vielzahl der Schemata zum Risikomanagement lassen sich für den hier vertretenen Ansatz folgende Strukturmerkmale ableiten [141]:

(1) In Fortsetzung des im CIKS-Konzept vertretenen Grundsatzes der Modularisierung wird dieser auch hier verfolgt. Meßvorschriften lassen sich in einem modularen Konzept besonders gut entwerfen.

(2) Eine hierarchische Strukturierung ermöglicht die Bewertung mit dem Fehlerbaumkonzept. Der Großteil riskanter Systeme (Kernreaktoren, Raumfahrt) wird erfolgreich nach verschiedensten Varianten hierarchischer Konzepte beurteilt.

(3) Der Prozeß des Risikomanagement ist iterativ.

(4) Das Risikomanagement beinhaltet im besonderen Maße Verantwortlichkeiten der organisatorischen Teilsysteme.

(5) Nicht alle Objekte sollten quantifizitert werden.

Risikomanagement ist im Gegensatz zum Effizienz-, Sicherheits-, Durchdringungs- und Anpassungsstreben eine Querschnittsfunktion, die jedes dieser Ziele, ausgehend von der strategischen Managementebene über die taktische Managementebene bis hin zur operativen Managementebene, miteinbezieht. Das Ergebnis des Risikomanagement sind Objekte, die für das Controlling eines Informations- und Kommunikationssystems die beste Eignung aufweisen.

Abbildung 6/22 zeigt die Objektverbindung zwischen den drei Managementebenen für das Risikomanagement. Das dabei verwendete Konzept des Risikomanagement hat seinen Ausgangspunkt bei Campbell [142].

Strategische Managementebene: **Risikomanagement**
Überprüfen identifizierter Risiken. Überprüfen der gesetzten Gegenmaßnahmen. Effizienzprüfung der zu setzenden Gegenmaßnahmen. Auswahl der zu setzenden Gegenmaßnahmen. Kontrolle der gesetzten Gegenmaßnahmen.

Taktische Managementebene: Wertanalyse

Operative Managementebene: Sensitivitätsanalyse, Auswirkungsanalyse für unterschiedliche Stufen des Katastrophenfalls, Wertbestimmung der IKS-Ressourcen

Taktische Managementebene: Gefahrenidentifikation 1 (Bestimmen der Gefahrenverursacher)

Operative Managementebene: Umgebungsfaktoren des IKS, Authorisierte Benutzer, Nicht authorisierte Benutzer

Taktische Managementebene: Gefahrenidentifikation 2 (Penetrationstechniken)

Operative Managementebene: Physische Techniken, Personenorientierte Techniken, Hardwareorientierte Techniken, Softwareorientierte Techniken, Formalorientierte Techniken

Taktische Managementebene: Verwundbarkeitsanalyse

Operative Managementebene: Auswirkungsanalyse für Identifikation der Verwundbarkeit, Gewichtung der Verwundbarkeit

Taktische Managementebene: Risikoanalyse 1 (Analyse der Gefahren und Verwundbarkeit

Operative Managementebene: Unerwünschte Enthüllung von Informationen, Nichtauthorisierte Manipulation mit Informationen

Taktische Managementebene: Risikoanalyse 2 (Identifikation unerwünschter Ereignisse

Operative Managementebene: Nichtauthorisierte Verwendung von Informationen, Falsche Unterstützung

Taktische Managementebene: Risikoeinschätzung

Operative Managementebene: Ereignisentwicklung

Taktische Managementebene: Akzeptierbares/Nicht akzeptierbares Ereignis

Operative Managementebene: Wahrscheinlichkeit des Ereigniseintritts

Taktische Managementebene: Kontrollphase

Operative Managementebene: Kontrollplanentwurf

Taktische Managementebene: Genehmigung des Kontrollplans

Operative Managementebene: Implementierung der Gegenmaßnahmen

Taktische Managementebene: Test der Gegenmaßnahmen

Abb. 6/22: Objekte des Risikomanagement

6.11.1. Das Risikomanagement auf der strategischen Managementebene

Auf der strategischen Managementebene umfaßt das Risikomanagement das Überprüfen identifizierter Risiken, das Überprüfen der gesetzten Sicherheit, die Effizienzprüfung der gesetzten Gegenmaßnahmen, die Auswahl der gesetzten Gegenmaßnahmen sowie deren Kontrolle.

Überprüfen identifizierter Risiken ist die kritische Analyse identifizierter Risiken in Verbindung mit identifizierten Gefahren und möglichen Verwundbarkeiten des Informations- und Kommunikationssystems. Die hier durchzuführende Analyse ist am Ursache-Wirkungszusammenhang orientiert.

Bei der Überprüfung der gesetzten Gegenmaßnahmen werden Gefahren und Verwundbarkeiten im Zusammenhang mit speziellen Risiken analysiert und die möglichen Gegenmaßnahmen entsprechend gereiht. Die Reihung der Gegenmaßnahmen ist abhängig von den Ergebnissen der Wertanalyse und der Gefahrenidentifikation. Beide Vorgänge finden auf der taktischen Managementebene statt.

Die Effizienzprüfung der zu setzenden Gegenmaßnahmen ist eine auf den Lebenszyklus des Informations- und Kommunikationssystems bezogene Wirtschaftlichkeitsprüfung.

Als Ergebnis der bisherigen Schritte erfolgt in einem vierten Schritt die Auswahl der zu setzenden Gegenmaßnahmen.

Die Kontrolle der gesetzten Gegenmaßnahmen umfaßt das Kontrollkonzept für das Risikomanagement sowie Regelungen über zu setzende Maßnahmen bei Soll-Ist-Abweichungen.

6.11.2. Das Risikomanagement auf der taktischen Managementebene

Das Ziel der Wertanalyse ist die Bestimmung des relativen Werts individueller Komponenten des Informations- und Kommunikationssystems sowie die Bestimmung ihrer Empfindlichkeit im Hinblick auf ihren Ausfall. Im Mittelpunkt der Wertanalyse steht somit die Frage, welchen Beitrag einzelne Komponenten des Informations- und Kommunikationssystems für die Informationsfunktion erbringen. So werden beispielsweise Komponenten, mit denen für das Unternehmen lebenswichtige Informationen im Informations- und Kommunikationssystem bearbeitet werden, einen wesentlich höheren Stellenwert bei der Wertanalyse ergeben, als Komponenten, von denen die Lebensfähigkeit des Unternehmens nicht beeinträchtigt wird.

Die Gefahrenidentifikation bezieht sich auf einzelne Komponenten des Informations- und Kommunikationssystems. Eine Gefahr wird hier definiert als die Verwendung einer speziellen Technik oder Methode oder das plötzliche Auftreten eines unerwünschten Effekts, was sich dergestalt auswirkt, daß die Funktionsfähigkeit des Informations- und Kommunikationssystems beeinträchtigt wird. Orientiert sich die Gefahrenidentifikation 1 in erster Linie auf das Bestimmen der Gefahrenverursacher, so widmet sich die Gefahrenidentifikation 2 primär den Penetrationstechniken. Die von den Gefahrenverursachern ausgehenden Gefahren können sich auf verschiedene Komponenten des Informations- und Kommunikationssystems richten.

Mit der Verwundbarkeitsanalyse sollen mögliche Schwächen im Informations- und Kommunikationssystem analysiert werden. Die Verwundbarkeitsanalyse umfaßt die Identifikation und die Gewichtung von Verwundbarkeiten.

Die Risikoanalyse identifiziert unerwünschte Ereignisse als Ergebnis der identifizierten Gefahren und Verwundbarkeiten.

Eine zentrale Stellung im Risikomanagement nimmt die Risikoeinschätzung ein. Die Aufgabe besteht in der Bestimmung der Auswirkungen eines Risikoeintritts auf das Informations- und Kommunikationssystem.

Aufgabe der Kontrollphase ist der Entwurf eines Kontrollansatzes, der die Phasen Kontrollplanentwurf, Genehmigung des Kontrollplans und Implementierung der Gegenmaßnahmen umfaßt.

Als letzte, aber sehr wesentliche Aufgabe der taktischen Managementebene ist der reale Test dieser Gegenmaßnahmen zu nennen. Eine besondere Bedeutung kommt dieser Phase im Sicherheitsstreben, und hier insbesondere beim Katastrophenmanagement, zu.

6.11.3. Das Risikomanagement auf der operativen Managementebene

Im Controllingkonzept bezieht sich die Sensitivitätsanalyse auf die Anwendungssysteme. Die Analyse sollte Aussagen über die Auswirkungen eines Ausfalls einzelner Anwendungssysteme machen. Dies ist bereits der Übergang zur Auswirkungsanalyse für die unterschiedlichen Stufen des Katastrophenfalls.

Letzter Teil der Wertanalyse ist die monetäre Wertbestimmung einzelner Ressourcen des Informations- und Kommunikationssystems. Eine Gliederung in Umgebungsfaktoren (z.B. Bauten, Raumausstattung, Energieversorgung usw.), in Hardware, in Software, sowie nach Kenngrößen der Systemplanung und Systemnutzung (wie z.B. Anzahl der Anwendungssysteme, Größe der Datenbanken, Betriebsstunden der Hardware usw.), ist sinnvoll.

Die Bestimmung der Gefahrenverursacher läßt sich nach den Umgebungsfaktoren des Informations- und Kommunikationssystems, nach den authorisierten Benutzern sowie nach den nicht authorisierten Benutzern gliedern.

Der Begriff der Umgebungsfaktoren ist sehr weit zu fassen und reicht von Luftverschmutzung (deren negative Auswirkungen auf Magnetplatten und Diskettenlaufwerke bekannt sind) bis zu nicht planbaren Naturkatastrophen.

Authorisierte Benutzer sind für das Informations- und Kommunikationssystem dann eine Gefahr, wenn sie ihre Privilegien und ihre Autorität überschreiten. Aus der Erfahrung des Autors wird berichtet, daß authorisierte Benutzer für das Informations- und Kommunikationssystem eine wesentlich größere Gefahrenursache darstellen als nicht authorisierte Benutzer, da letztere weniger Möglichkeiten besitzen, ein Informations- und Kommunikationssysstem zu penetrieren.

Physische Techniken implizieren die Anwendung physischer Gewalt, wie zum Beispiel Einbruch, Zerstörung. Personenorientierte Techniken sind dadurch gekennzeichnet, daß gegebene Autoritäten oder Privilegien überschritten werden. Bei den hardwareorientierten Techniken beziehen sich die Angriffe auf Komponenten der Hardware, während sich bei den softwareorientierten Techniken die Angriffe auf Komponenten der System- und Anwendungssoftware richten. Wie Analysen des Autors zeigen, ist ein stark zunehmendes Ansteigen der softwareorientierten Penetrationstechniken feststellbar. Ohne auf eine Detailanalyse eingehen zu können, wird die These aufgestellt, daß softwareorientierte Penetrationstechniken von allen Penetrationstechniken zu verheerendsten Folgen für das Informations- und Kommunikationssystem führen.

Bei den formalorientierten Penetrationstechniken werden formale Schwachstellen im Informations- und Kommunikationssystem (z.B. Benutzeranträge) ausgenutzt.

Die Verwundbarkeitsanalyse umfaßt die Identifikation der Verwundbarkeit sowie deren Gewichtung.

Risikoanalyse 1 ist die Analyse der Gefahren und Verwundbarkeiten und stellt die formale Beziehung zwischen der Gefahr und der Verwundbarkeit her.

Die Risikoanalyse 2 ist die Identifikation unerwünschter Ereignisse. Es sind hier die Fälle der unerwünschten Enthüllung von Informationen, der nicht authorisierten Manipulation mit Informationen, der nicht authorisierten Verwendung von Informationen sowie die falsche Unterstützung zu verstehen. Unerwünschte Enthüllung von Informationen ist die Weitergabe sensibler Informationen an nicht empfangsberechtigte Dritte. Unauthorisierte Manipulation mit Informationen ist die Störung der Integrität des Datensystems. Die nicht authorisierte Verwendung von Informationen bezeichnet die Verwendung von Informationen eines authorisierten Benutzers für eigene Zwecke. Unter der falschen Unterstützung ist ein weites Feld von Auswirkungen zu verstehen, wie zum Beispiel die mangelnde Beratung durch Systemplaner. Das Spektrum dieser unerwünschten Ereignisse reicht von einem bewußt falschen Systementwurf bis hin zu falscher Benutzerberatung. In allen Fällen ist die Funktionsfähigkeit des Informations- und Kommunikationssystems wesentlich beeinträchtigt; die Funktionsunfähigkeit wird jedoch nie erreicht. Der Nachweis der systematisch falschen Unterstützung ist sehr schwer möglich und erfordert vom Kontrollorgan eine tiefgehende Kenntnis der Informationsfunktion.

Risikoeinschätzung umfaßt die Ereignisgewichtung, die Wahrscheinlichkeitsbestimmung des Ereigniseintritts sowie die Akzeptierbarkeit bzw. die Nichtakzeptierbarkeit des Ereignisses. Die Ereignisgewichtung ist allen Risikoanalysen gemeinsam und basiert auf metrischen Skalen. Aus den Ergebnissen der empirischen Studie im Kapitel 5 dieser Arbeit können Wahrscheinlichkeiten für bestimmte Ereignisse auf Basis metrischer Skalen relativ einfach ermittelt werden. Hinsichtlich der Bestimmung der Akzeptierbarkeit bzw. der Nichtakzeptierbarkeit von Ereignissen besteht eine enge Verbindung zu den Aufgaben der taktischen Managementebene.

Die Aufgaben der Kontrollphase auf der taktischen Managementebene bedingen für die operative Managementebene den Entwurf des Kontrollplans sowie die Implementierung der Gegenmaßnahmen. Mehr als bei allen anderen Aufgaben des Risikomanagement besteht bei der Kontrollphase eine enge Verbindung zwischen den drei Managementebenen.

Anmerkungen

[1] Heinrich, L. J. und Burgholzer, P.: Informationsmanagement. München/Wien 1987, 5

[2] Folgende Zeitschriften wurden in die Analyse einbezogen: WPg, Das Rechenzentrum, Datamation, Informatik-Spektrum, Angewandte Informatik, Computerwoche, ZfB, ZfbF, DBW, Information Systems sowie diverse Tagungsberichte

[3] SIR/DBMS 2.1.2., IBM VM/CMS Machine Dependencies, DBMS-MAN-00015, 01.Nov.83; SIR/FORMS, Operators Guide, Forms-Prim-00062, 15.Dec.83; SIR/DBMS Introductory Course, Workbook, DBMS-CRS-00008, 00.Dec.82

[4] Die erste deutschsprachige Zeitschrift, die derartige Problemstellungen schwerpunktartig behandelt, ist die 1986 neu erschienene Zeitschrift 'Information Management', herausgegeben von Griese, Heinrich, Kurbel und Scheer

[5] Vgl. insbesondere Kilger, W. und Scheer, W. A. (Hrsg): Plankosten- und Deckungsbeitragsrechnung in der Praxis, Saarbrücker Arbeitstagung. Würzburg-Wien 1980; Krallmann, H. (Hrsg.): Unternehmensplanung und -steuerung in den 80-er Jahren, Anwendungsgespräch. Hamburg, November 1981, Berlin et al. 1982; Meffert, H.: Unternehmensführung und neue Informationstechnologien. In: DBW 44/1984, 461-465; Meffert, H.: Größere Flexibilität als Unternehmenskonzept. In: ZfbF 37 (2/1985), 121-137; Brockhoff, K.: Informationsverarbeitung in Entscheidungsprozessen, Skizze einer Taxonomie. In: ZfB 53.Jhg. (1983), 53-62; Scheer, A.W.: Personal Computing - EDV-Einsatz in Fachabteilungen. In: DBW 44/1984, 25-49; Grochla, E.: Betriebliche Konsequenzen der informationstechnologischen Entwicklung. In: Angewandte Informatik 2/82, 62-71; Riebel, P. und Sinzig, W.: Zur Realisierung der Einzelkosten- und Deckungsbeitragsrechnung mit einer relationalen Datenbank. In: Zfbf 33 (6/1981), 457-489; Knoblich, H. und Beßler, H.: Informationsbetriebe. In: DBW 45/1985, 558-575, 5; Riebel, P.: Zum Konzept einer zweckneutralen Grundrechnung. In : Zfbf 31 (1979), 785-798; Döringer, M.: Zur Flexibilität integrierter Informations- und Kommunikationssysteme. In: ZfO 6/76, 311-319

[6] Siehe auch Griese, J.: Informationsorientierte Unternehmensführung; Westphal, H.: Möglickeiten und Grenzen der in der betrieblichen Praxis eingesetzten Planungsverfahren. In: Krallmann, H. (Hrsg.): Unternehmensplanung und -steuerung in den 80er Jahren. Berlin et al. 1982

[7] Zu dieser Problematik vgl. insbesondere Esser, W. M.: Technologiefolgen - Abschätzung und Unternehmensplanung. In: Bratschitsch, R. und Schnellinger, W. (Hrsg.): Unternehmens-

krisen - Ursachen, Frühwarnung, Bewältigung. Stuttgart 1981, 85-121; Meffert, H.: Unternehmensführung und neue Informationstechnologien, 461; Marx, G.: Probleme der Informationstechnik. In: Angewandte Informatik, 4/81, 140-143; Mertens, P., Anselstetter, R., Eckardt, T. und Nickel, R.: Betriebswirtschaftliche Nutzeffekte und Schäden der EDV-Ergebnisse des NSI-Projektes. In: ZfB 52.Jg (1982), 135-154; Tschörtner, K. A.: Integration von Aufgabengebieten durch neue Informationstechnologien. In: ZfO Heft 5-6/1984, 317-328; Löhner, B.: Erfahrungen bei der Realisierung technologieunterstützter Informationsprozesse. In ZfO Heft 5-6/1984, 307-314; Witte, E.: Compunication als Organisationsproblem. In ZfO Heft 5-6/1984, 291-294

[8] Bretschneider, R.: Einstellung der österreichischen Bevölkerung zu Fragen der Technik und der Mikroprozessoren. In: FIM (Hrsg.): Mikroelektronik für den Menschen. Linz 1984, 856-871

[9] Die gesamte Literatur, die sich mit den Auswirkungen neuer Informationstechnologien auf Unternehmen und Gesellschaft beschäftigt, muß letztlich das Innovationsziel als Ausgangspunkt der Überlegungen sehen. Vgl. dazu insbes. Scheer, A. W.: Einfluß neuer Informationstechnolgoien auf Methoden und Konzepte der Unternehmensplanung. In: Krallmann, H. (Hrsg.): Unternehmensplanung und -steuerung in den 80-er Jahren. Hamburg 1982, 79-103; insbes. auch die Tagungsbände: FIM (Hrsg.): Mikroelektronik für den Menschen, Bd.1, Bd.2. Linz 1984

[10] Meffert, H.: Größere Flexibilität als Unternehmenskonzept. In: Zfbf 37 (2/1985), 121-137

[11] Vgl. Hirschmann, R. G.: Größere Flexibilität als Konzept eines mittelständischen Unternehmens. In: Zfbf 37(1985), 144-153; Lorenz, G.: Größere Flexibilität durch Innovation. In: Zfbf 37(1985), 138-143; Döringer, H.: Zur Flexibilität integrierter Informationssysteme, Probleme und Lösungsansätze. In: ZfO 6/76, 311-319. Aber auch Arbeiten, bei denen im Titel nicht der Begriff der Flexibilität aufscheint, müssen letztlich vom Flexibilitätsziel ableitbar sein. So betreffen nahezu alle Arbeiten zur integrierten Datenverarbeitung indirekt das Flexibilitätsziel. Vgl. dazu insbes. Mertens, P.: Industrielle Datenverarbeitung I, Bd.1. Wiesbaden 1973; Mertens, P. und Griese, J.: Industrielle Datenverarbeitung II, Bd. 2. Wiesbaden 1973; Mertens, P.: Die zwischenbetriebliche Integration und Kooperation bei der automatischen Datenverarbeitung. Meisenheim 1966

[12] Kraus, H.: Neue Informationstechnologien als Chance und Herausforderung für die öffentliche Verwaltung. In: Traumüller, R., Fiedler, H., Grimmer, K. und Reinermann, H. (Hrsg.): Neue Informationstechnologien und Verwaltung. Berlin et al. 1984, 15-27

[13] Kraus, H.: Neue Informationstechnologien als Chance und Herausforderung für die öffentliche Verwaltung. In: Traumüller, R., Fiedler, H., Grimmer, K. und Reinermann, H. (Hrsg.): Neue Informationstechnologien und Verwaltung. Berlin et al. 1984, 15-27, 16

[14] Scheer, A. W.: Personal-Computing - EDV-Einsatz in Fachabteilungen. In: DBW 44/1984, 25-49, 25

[15] Kirsch, W. und Kieser, H. P.: Perspektiven der Benutzeradäquanz von Management-Informations-Systemen. In: ZfB 44. Jhg. 6/1974, 383-402

[16] Zur integrierten Datenverarbeitung vgl. Mertens, P.: Industrielle Datenverarbeitung Bd.I; Mertens, P. und Griese, J.: Industrielle Datenverarbeitung Bd.II. Wiesbaden 19873

[17] Mertens, P.: Industrielle Datenverarbeitung. Wiesbaden 1969

[18] Eine situative Analyse der Bildschirmarbeit wurde von der Gesellschaft für Organisation aus arbeitsorganisatorischer Sicht durchgeführt (vgl. Sydow, J., Hatthe, W. und Staehle, W. H.: Situative Analyse der Bildschirmarbeit, ein empirischer Test der Thesen der Gesellschaft für Organisation. In: ZfO, Heft 4/81, 215-223

[19] Bullinger, H. J.: An der Schwelle zur Büroautomation - vom Mythos zur Realität. In: ZfO, Heft 5-6/1984, 295-301, 295

[20] Heinrich, L. J. und Burgholzer, P.: Informationsmanagement. München/Wien 1987, 5

[21] Höhn, S.: Unternehmensplanung und Konzernsteuerung als Probleme des Informationsmanagements - dargestellt im Rahmen der Strategie des Volkswagenwerkes. In: Krallmann (Hrsg.): Unternehmensplanung und -steuerung in den 80-er Jahren. Berlin 1982, 1-30, 1; Vgl. auch Brockhoff, K.: Informationsverarbeitung in Entscheidungsprozessen: Skizze einer Taxonomie. In: ZfB 53. Jg (1983), 53-62; Knoblich, H. und Beßler, H.: Informationsbetriebe. In: DBW 45/1985, 558-575; Hübner, H.: Informationsmanagement. München/Wien 1984

[22] Hübner, H.: Informationsmanagement. München/Wien 1984, 11ff

[23] Heinen, E.: Grundlagen betriebswirtschaftlicher Entscheidungen. Wiesbaden 1976, 51

[24] Heinen, E.: Grundlagen betriebswirtschaftlicher Entscheidungen, Wiesbaden 1976, 51

[25] Kupsch spricht von Zielelementen (sachliches Zielelement, Zielvorschrift, zeitliches Zielelement), zit. bei Strebel, H.: Zielsystem und Zielforschung. In: DBW 41/1981, 457-475, 459

[26] Vgl. die Ergebnisse im Kapitel 4

[27] Selbst die wohl umfassendste empirische Studie zum Thema "Systems Auditability & Control" berücksichtigt in ihrem Untersuchungskonzept nur einzelne Dimensionen (in der hier verwendeten Terminologie die Informationssystemfunktion) des Informationssystems. Eine Orientierung nach Zielen wird dort nicht verfolgt (vgl. Ruder, B., et al., Stanford Research Institute, Systems Auditability & Control Study, Data Processing, Audit Practices Report, January 81; Russel, S. H. u.a., Stanford Research Institute, Systems Auditability & Control Study, Data Processing Control Practices Report, October 1983. Aber auch andere Arbeiten neigen in diese Richtung, ohne sich an einem Zielsystem zu orientieren. Z.B. Fernandez, E. B., Summers, R. C. und Wood, C.: Database Security and Integrity. Reading/Massachusetts et al. 1981; Dewey, R.: Systems auditability and control in an EFTS environment. In: NCC, 1978, 185-189

[28] Nagl, K. und Zimmermann, S.: Ordnungsmäßigkeit der Speicherbuchführung. In: IBM Nachrichten, 27. Jg (1977), Heft 236, 193-198; Stellungnahme 1/74 der FAMA; "Prüfung von EDV-Buchführungen". In: WPg Heft 3/1974, 83-91; o. A. Ergebnisse des Arbeitskreises "Prüfung und Kontrolle in der EDV" der Arbeitsgemeinschaft für Datenverarbeitung. Wien; Minz, G.: Ansätze einer Prüfungstheorie für computergestützte Buchführungssysteme (Teil I). In: WPg, Heft 18/1983, 521-526; Minz, G.: Ansätze einer Prüfungstheorie für computergestützte Buchführungssysteme. In: WPg 19/1983, 554-558

[29] Vgl. insbes. Heinen, E.: Grundlagen betriebswirtschaftlicher Entscheidungen, 89ff; Strebel, H.: Zielsysteme und Zielforschung. In: DBW 41/1983, 459, sowie die dort angeführte Literatur

[30] Vgl. Heinen, E., Grundlagen betriebswirtschaftlicher Entscheidungen. Wiesbaden 1976, 51

[31] Zur Operationalität von Zielinhalten siehe insbes. Andrä, B. O.: Die Zielhierarchie des Betriebes. Bern/Frankfurt a.M., 1975, 104

[32] Strebel, H.: Zielsystem und Zielforschung. In: DBW 41/1981, 457-475, 459

[33] Heinrich, L. J.: Zur Diagnose und Optimierung von Informationssystemen. In: Heilmann, H. (Hrsg.): 4. Jahrbuch der EDV. Stuttgart/Wiesbaden 1975, 32

[34] Heinrich, L. J.: Zur Diagnose und Optimierung von Informationssystemen. In: Heilmann, H. (Hrsg.): 4. Jahrbuch der EDV. Stuttgart/Wiesbaden 1975, 33

[35] Vgl. Holm, K.(Hrsg.): Die Befragung 1; Holm, K.(Hrsg.): Die Befragung 2

[36] Kraus/Nagel, Journal UEC 1977, 128. Diese Aussage gilt nicht nur für Buchhaltungssysteme, sondern ist auf das gesamte Informations- und Kommunikationssystem anzuwenden

[37] Werner, A.: Ein pragmatischer Ansatz zur Beurteilung der Qualität von Softwareprodukten. In: Angewandte Informatik, 6/83, 242-251; Ahlers, J. et al.: Die Messung der Prüfungsgerechtigkeit von EDV-Buchführungssystemen, a.a.O., 529-538; Griese, J.: Software-Ergonomie. In: Angewandte Informatik 4/82, 230-235; Itzfeldt, W. D.: Beschreibungssystematik für Maße der Software-Qualität. In: Angewandte Informatik 7/83, 273-281

[38] Heinrich, L. J.: Zur Diagnose und Optimierung von Informationssystemen. In: Heilmann, H. (Hrsg.): 4. Jahrbuch der EDV. Stuttgart/Wiesbaden 1975, 28f; Itzfeldt, W. D.: Beschreibungssystematik für Maße der Software-Qualität. In: Angewandte Informatik, 7/83, 273-281; Itzfeldt, W. D.: Methodische Anforderungen an Software-Kennzahlen. In: Angewandte Informatik, Heft 2/1983, 55-61

[39] Heinrich, L. J.: Zur Diagnose und Optimierung von Informationssystemen. In: Heilmann, H. (Hrsg.): 4. Jahrbuch der EDV. Stuttgart/Wiesbaden 1975, 27

[40] Heinen, E.: Grundlagen betriebswirtschaftlicher Entscheidungen. Wiesbaden 1976, 82

[41] Zu den für die Formulierung der Zeitdimension notwendigen Kriterien vgl. insbes. Heinen, E.: Kostenlehre, 156ff, zit. bei: Heinen, E.: Grundlagen betriebswirtschaftlicher Entscheidungen. Wiesbaden 1976, 86

[42] Vgl. dazu Heinrich, L. J.: Zur Diagnose und Optimierung von Informationssystemen. In: Heilmann, H. (Hrsg.): 4. Jahrbuch der EDV. Stuttgart/Wiesbaden 1975, 27

[43] Deutsches Institut für Normung e.V.: DIN 1319, Teil 1

[44] Vgl. Itzfeldt, W. D.: Beschreibungssystematik für Maße der Software-Qualität. In: Angewandte Informatik 7/83, 273-281, 276; Herrmann, O.: Analyse der Einflußfaktoren auf die Kosten von Softwareentwicklungen. In: Angewandte Informatik, 4/83, 139-148, 142; Ruhl, U.: Wirtschaftlichkeit von Rechnerverbund - Kriterien und Methoden zur Beurteilung von Verbundsy-

stemen. In: Angewandte Informatik, 11/80, 452-461, 455; Posch, R., Haring, G., Gell, G. und Leonhardt, C.: Ein leistungsorientiertes Bewertungsverfahren zur Auswahl von Großrechnern. In: Angewandte Informatik, 2/79, 47-52; Dworatschek, S. und Höcker, H.: Möglichkeiten einer Bewertung software-technologischer Methoden. In: Angewandte Informatik 5/85, 183-190

[45] Heinrich, L. J.: Zur Diagnose und Optimierung von Informationssystemen. In: Heilmann, H. (Hrsg.): 4. Jahrbuch der EDV. Stuttgart/Wiesbaden 1975, 28; zusätzlich Werner, A.: Ein pragmatischer Ansatz zur Beurteilung von Softwareprodukten. In: Angewandte Informatik, 6/83, 242-251, 245

[46] siehe [45]

[47] siehe [45]

[48] Ahlers, J. et al.: Die Messung der Prüfungsgerechtigkeit von EDV-Buchführungssystemen. In: WPg 19/1982, 529-538, 534

[49] Heinrich, L. J., Zur Diagnose und Optimierung von Informationssystemen. In: Heilmann, H. (Hrsg.): 4. Jahrbuch der EDV. Stuttgart/Wiesbaden 1975, 28

[50] Worauf hinweisen: Will, H.: Prüf- und Controlling-Software-Entwicklungstendenzen und künftige Einsatzmöglichkeiten. In: CW-CSE (Hrsg.): EDV-Controlling. München 1983, 259-280 (265); Bittner, K.: Prüfsprache für die EDV-Revision - Anforderungen an die Praxis. In: CW-CSE (Hrsg): EDV-Revision & Controlling. München 1984, 207-235

[51] Im Hinblick auf den Einsatz von Prüfungssprachen siehe [50]

[52] Ahlers, J. et al.: Die Messung der Prüfungsgerechtigkeit von EDV-Buchführungssystemen. In: WPg 19/1982, 529-538

[53] Zum Skalenniveau siehe: Holm, K. (Hrsg.): Die Befragung 2. München 1975; Dworatschek, S. und Höcker, H.: Möglichkeiten einer Bewertung software-technologischer Methoden. In: Angewandte Informatik, 5/85, 183-190, 185

[54] So geht beispielsweise Diebold bei ihrer Studie zur Bewertung software-technologischer Methoden vor. Vgl. Diebold Deutschland GmbH: Einsatzmöglichkeiten software-technologischer Methoden mit Normungseffekt, BMFT-Forschungsbericht DV-76-03. Frankfurt 1976

[55] Dworatschek, S. und Höcker, H.: Möglichkeiten einer Bewertung software-technologischer Methoden. In: Angewandte Informatik 5/85, 183-190, 185; Heinrich, L. J. und Roithmayr, F.: Die Bestimmung des optimalen Distribuierungsgrades von Informa-

tionssystemen - Entscheidungsmodell und Fallstudie. In: HMD 121/1985, 29-45

[56] So gibt beispielsweise Itzfeldt das Komplexitätsmaß von McCabe mit folgender Meßvormel an: V(G)=e-n+2p, wobei V(G) die Komplexität eines Programms bezogen auf die durch einen Graphen G abgebildete Kontrollstruktur ist: e=Anzahl der Konten im Kontrollfluß-Graphen, n=Anzahl der Knoten im Kontrollfluß-Graphen, p=Anzahl der Zusammenhangskomponenten (zusammenhängende Programmteile), vgl. Itzfeldt, W. D.: Beschreibungssystematik für Maße der Software-Qualität. In: Angewandte Informatik, 7/83, 273-281, 277

[57] Auf diese Problematik verweisen insbesondere: Wallsten, T. S., Measurement Theory. In: Katz, S. und Johnson, N. L. (Hrsg).: Encyclopedia of statistical sciences, Vol. 5. New York et al. 1985, 387-389; Thomas, H.: Measurement structures and statistics. In: Katz, S. und Johnson, N. L. (Hrsg).: Encyclopedia of statistical sciences, Vol. 5, New York et al. 1985, 381-386

[58] Dworatschek, S. und Höcker, H.: Möglichkeiten einer Bewertung software-technologischer Methoden. In: Angewandte Informatik 5/85, 183-190, 185; Beckmann, A.: Nutzwertanalyse, Bewertungstheorie und Planung. Bern/Stuttgart, 1978, 58

[59] Vgl. Itzfeldt,W. D.: Beschreibungssystematik für Maße der Software-Qualität. In: Angewandte Informatik 7/83, 273-281, 276

[60] Heinrich, L. J.: Zur Diagnose und Optimierung von Informationssystemen. In: Heilmann, H. (Hrsg.): 4. Jahrbuch der EDV. Stuttgart/Wiesbaden 1975, 33

[61] Zangemeister, C.: Nutzwertanalyse in der Systemtechnik. München 1970; So geht auch der von Dworatschek. S. und Höcker, J. dargestellte Ansatz in diese Richtung

[62] Höcker, H. J.: Die Bewertung von Software-Entwurfsmethoden, Schriftenreihe des Fachbereis Wirtschaft der Hochschule Bremen, Bd. 27, 1984

[63] Werner, A.: Ein pragmatischer Ansatz zur Beurteilung der Qualität von Softwareprodukten. In: Angewandte Informatik, 6/83, 242-251 (242f) sowie die dort angegebene Literatur

[64] Freyer, M. O.: Risk Assessment of Computer Controlled Systems. In: IEEE Transactions on Software Engineering, Vol. SE-11.NO, 1.January 1985, 125-129. Techniken wie Korrektheitsprüfung, Verifikation und Validation, redundante Programmierung u.ä.sind für bestimmte Anwendungen gut geeignet, berücksichtigen jedoch nicht die Ziele des Informationssystems

[65] Campbell, R. P. und Sands, G. A.: A modular approach to computer security risk management. In: NCC 1979, 293-303

[66] Campbell, R. P. und Sands, G. A.: A modular approach to computer security risk management. In: NCC 1979, 293-303, 293f

[67] Ramamoorthy, C. V. und Ho, S. G.: Fault tree analysis of computer systems. In: NCC: 1977, 13-17, 13

[68] Den Ausgangspunkt für die Teilgebietsgliederung bildet Heinrich, L. J. und Roithmayr, F.: Wirtschaftsinformatik-Lexikon. München 1986

[69] Fernandez, E. B., Summers, R. C. und Wood, C.: Database Security and Integrity. Addison-Wesley, 1981, 5

[70] Browne, P. S.: Computer security - a survey. In: NCC 1976, 53-63, 54

[71] Eine umfassende Literaturzusammenstellung zum Thema Sicherheit in und um Informationssysteme findet sich bei: Browne, P. S.: Computer security - a survey. In: NCC 1976, 53-63; Highland, E. H. und Highland, H. J.: A Guide to NBS Computer Security Literature. In: DuD, 1/85, 30-38. Ein theoretisches Modell zur Abschätzung von Sicherungssystemen findet sich bei: Hoffman, L. J., Michelman, E. J. und Clements, D.: Securate - Security evaluation and analysis using fuzzy metrics. In: NCC 1978, 531-540. Das Modell basiert auf einem hohen Abstraktionsgrad und ist somit für eine Vielzahl von Sicherungssystemen einsetzbar

[72] Szyperski, N.: Strategisches Informationsmanagement im technologischen Wandel. Fragen zur Planung und Implementation von Informations- und Kommunikationssystemen. In: Angewandte Informatik 4/80, 141-148, 143. Vgl. auch: König, W. und Niederreichholz, J.: Der Fortschritt der Informationstechnik und seine Auswirkungen auf Managementtechniken. In: ZfB 56. Jg. (1986), Heft 1, 4-23; Kirsch, W. und Kieser, H. P.: Perspektiven der Benutzeradäquanz von Management-Informations-Systemen. In: ZfB 44. Jg (1974), H. 6, 383-401

[73] Marx, G.: Probleme der Informationstechnik. In: Angewandte Informatik 4/81, 140-143, 141; Mertens, P., Anselstetter, R. und Eckhardt, T.: Wirkungen von DV-Anwendungen. In: IBM-Nachrichten 31 (1981), Heft 256, 33-37

[74] Tatsächlich sind die meisten empirischen Befunde über den Einsatz der Fehlerbaumanalyse bei komplexen technischen Systemen zu finden. Vgl. insbes. Freyer, M. O.: Risk assessment of computer controlled systems. In: IEEE, 1985, 125-129;

Srinivas, S.: Error recovery in robots through failure reason analysis. In: NCC 1978, 275-282. Zur historischen Entwicklung des Fehlerbaumkonzepts sei verwiesen auf: Ramamoorthy, C. V. und Ho, S. G.: Fault tree analysis of computer systems. In: NCC: 1977, 13-17 und die dort angegebene Literatur. Mertens, P., Anselstetter, R., Eckardt, T. und Nickel, R.: Betriebswirtschaftliche Nutzeffekte und Schäden der EDV - Ergebnisse des NSI-Projektes. In: ZfB 52. Jg (1982), H. 2, 141 (135-154). Auf die Abhängigkeit von EDV-Personal wird verwiesen bei: o.A., Erster offizieller Streik in deutschen Rechenzentren, Online 17 (1979), 637. Siehe auch: Gehard, K.: EDV in der Gesellschaft; Fortschritt oder wachsende Abhängigkeit. In: Online 15 (1977), 58ff; o.A., Schuld daran war nur der Computer, Online 11 (1973), 92; Nilgens, M.: Vorkehrungen für den Katastrophenfall (Datensicherung). In: IBM (Hrsg.), Datenverarbeitung und Textverarbeitung in Technik, Wirtschaft und Gesellschaft. Stuttgart 1980, 87

[75] Sparberg, L. W. F.: Neue Technologien - Wandel in der Bildung. In: IBM-Nachrichten 34 (1984), Heft 271, 15f (15-20)

[76] Nielsen, N. R., Ruder, B. und Brandin, D. H.: Effective safeguards for computer system integrity. In: NCC 1976, 75-84, 78

[77] So beispielsweise: Fernandez, E. B., Summers, R. C. und Wood, C.: Database Security and Integrity. Reading/Massachusetts et al. 1981; Lange, P.: Die Sicherheit von Codes steht auf dem Spiel. In: CW, 2. August 1985, 22; Rihaczek, K.: Fälschungssichere elektronische Orderpapiere. In: DuD 3/84, 197-204; Eisele, R.: AIDA-Home Banking über Bildschirmtext, Zugangs- und Transaktionssicherung. In: DuD 3/84, 192-196; Carson, J. J., Summers, J. K. und Welch, J. S.: A microprocessor selective encryption terminal for privacy protection. In: NCC 1977, 35-38; Kaufmann, D. J.: A centralized approach to computer network security. In: NCC 1976, 85-90; Burris, J. R.: Computer network cryptography engineering. In: NCC 1976, 91-96; Bright, H. S. und Emison, R. L.: Cryptography using modular software elements. In: NCC 1976, 113-127; Pawlikowsky, G. J.: Punktuation von Grundsätzen der Datensicherung. In: DuD 2/85, 105-111; Kaufman, D. und Auerbach, K.: A secure, national system for electronic funds transfer; Wood, H. M.: The use of passwords for controlling access to remote computer systems and services. In: NCC 1977, 27-33; Wedekind, H.: Die Implementierung einer Sicherheitsmatrix. In: Angewandte Informatik 5/79, 191-197

[78] So beispielsweise: Storn, H.: Die Prüfung programmierter Verfahren. In: WPg 4/1983, 105-114; Nagel, K. und Zimmermann, S.: Ordnungsmäßigkeit der Speicherbuchführung. In: IBM-Nachrichten, 27. Jg (1977), Heft 236, 193-198; Heiting, W., Michael, K., Reusch, G., Scharwey, H. H. und Stanczyk, J.: Dokumentation von EDV-Verfahren. In: DuD 3/83, 197-202

[79] Vgl. Stellungnahme 1/74 des Fachausschusses für moderne Abrechnungssysteme. In: WPg 3/1974, 83-91

[80] Heinrich, L. J. und Roithmayr, F.: Wirtschaftsinformatik-Lexikon. München 1986

[81] Anselstetter, R.: Betriebswirtschaftliche Nutzeffekte der Datenverarbeitung. Berlin et al., 1984, 147; König, W. und Niederreichholz, J.: Der Fortschritt der Informationstechnik und seine Auswirkungen auf Managementtechniken. In: ZfB 56. Jg. (1986), H. 1, 4 (4-23)

[82] Meffert, H.: Unternehmensführung und neue Informationstechnologien. In: DBW 44/1984, 461-465, 464

[83] Mertens, P.: Industrielle Datenverarbeitung. Wiesbaden 1969, 14

[84] Meffert, H.: Unternehmensführung und neue Informationstechnologien. In: DBW 44/1984, 461-465, 465

[85] Witte, E.: Organisatorische Wirkungen neuer Kommunikationssysteme. Eine Problemanalyse. In: ZfO, 7/77, 361 (361-367); Heinrich, L. J., und Burgholzer, P.: Systemplanung I. 2. A. München 1986, 9

[86] Grochla, E.: Betriebliche Konsequenzen der informationstechnologischen Entwicklung. In: Angewandte Informatik 2/82, 62-71, 66

[87] Schmitz, P.: Die Nutzung des ADV-Leistungspotentials in der Unternehmung - Ergebnisse einer Expertenbefragung. In: Angewandte Informatik 5/81, 185-190

[88] Auf die Akzeptanz weisen insbesondere hin: Heilmann, H.: Modelle und Methoden der Benutzermitwirkung in Mensch-Computer-Systemen, 10.Jahrbuch der EDV (1981). Stuttgart/Wiesbaden 1981; Heinrich, L. J.: Computerleistung am Arbeitsplatz. München/Wien 1978. Auf einen diesbezüglichen Erfahrungsbericht verweist Löhner, B.: Erfahrungen bei der Realisierung technologieunterstützter Informationsprozesse. In: ZfO 5-6/1984, 307-314, 311. Kargl, J.: Die Mitwirkung des Benutzers bei Planung und Betrieb von Anwendungssystemen der EDV. In: ZFO, 2/78, 74-82; Kirsch,W. und Kieser, H. P.: Perspektiven der Benutzeradäquanz von Management-Informations-Systemen. In: ZfB 44.Jg (1974) H. 6, 383-402; Mumford, E. und Welter, G.: Benutzerbeteiligung bei der Entwicklung von Computersystemen. Berlin 1984

[89] Battelle ist der Frage nachgegangen, welchen 10 von insgesamt 250 Technologien in der nächsten Zukunft eine Schlüsselfunktion zukommt, vgl. Meffert, H.: Unternehmensführung und neue Informationstechnologien. In: DBW 44/1984, 461-465, 461

[90] Tschörtner, K. A.: Integration von Aufgabengebieten durch neue Informationstechnologien. In: ZfO, Heft 5-6/1984, 317-328

[91] Simons, W.: Technologieunterstützte Informationsprozesse - ein Praxisbeispiel aus der Versicherungswirtschaft. In: ZfO, Heft 5-6/1984, 315-316

[92] Vgl. Witte, E.: Organisatorische Wirkungen neuer Kommunikationssysteme, Eine Problemanalyse. In: ZfO, 7/77, 361-367

[93] Koreimann, D. S.: Zum Einsatz des change Management. In: ZfO 2/78, 84-92; IBM (Hrsg.): Problem and Change Management in Data Processing. IBM Form Nr. GE 19-5201-0

[94] Vgl. Pfeiffer, R. A., Amler, R., Schäffner, G. J. und Schneider, W.: Technologie-Portfolio-Methode des strategischen Innovationsmanagements. In: ZfO Heft 5-6/83, 252-261; o. A.: Six top information systems issues. In: Canning, R. G.: EDP-Analyzer, January 1985, Vol. 23, No. 1, 2 (1-16), 4f

[95] Entnommen bei Pfeiffer, R. A., Amler, R., Schäffner, G. J. und Schneider, W.: Technologie-Portfolio-Methode des strategischen Innovationsmanagements. In: ZfO Heft 5-6/83, 252-261

[96] o.A.: Six top information issues. In: Canning, R. G.: EDP-Analyzer, January 1985, Vol. 23, No. 1, 2 (1-16), 4f

[97] siehe [109]

[98] siehe [109]

[99] Aus der umfassenden Literatur zur Systemplanung sei beispielhaft verwiesen auf: Heinrich, L. J. und Burgholzer P.: Systemplanung Bd. 1 und Bd. 2, 2. A. München 1986

[99] siehe [109]; siehe auch: Pfeiffer, R. A., Amler, R., Schäffner, G. J. und Schneider, W.: Technologie- Portfolio-Methode des strategischen Innovationsmanagements. In: ZfO Heft 5-6/83, 252-261, 259

[100] Goti, G.: Wie die Unternehmungen den Arbeitsplatzrechner sehen; Ergebnisse einer Umfrage im Großraum Zürich. In: Klopcic, H. G. et al. (Hrsg.): Arbeitsplatzrechner in der Unternehmung. Berichte des German Chapter of the ACM 23. Stuttgart 1985, 9-20; siehe auch Lüscher, F. und Rüegg, P.: Der organisatorische Einsatz von Personal Computern in der "Zuerich"-Versicherung. In: Klopcic, H. G. et al. (Hrsg.): Arbeitsplatzrechner in der Unternehmung, 137-153

[101] o.A.: Six top information issues. In: Canning, R. G.: EDP-Analyzer, January 1985, Vol. 23, No. 1, 2 (1-16), 4

[102] So weist der EDP-Analyzer auf die Forderung der Industrie dergestalt hin: "Compress the product development life cycle! That is the battle cry in a growing number of industries". In: Speeding up application development. In: Canning, R. G. (Hrsg), EDP-Analyzer, April 1985, Vol. 23, No. 4, Vista, California

[103] o. A.: Speeding up application development. In: Canning, R. G. (Hrsg), EDP-Analyzer, April 1985, Vol. 23, No. 4, 6

[104] Die Situation kann besonders gut durch den Begriff des "end user computing" charakterisiert werden. Vgl. auch: Scheer, A. W.: Personal Computing - EDV. Einsatz in Fachabteilungen. In: DBW 44/1984, 25-49; Klopcic, H. G., Marty, R. und Rothauser, E. H.(Hrsg): Arbeitsplatzrechner in der Unternehmung. Stuttgart 1985

[105] Nolan, R. L.: Managing the Computer Resource: A Stage Hypothesis. In: Communications of the ACM, Vol.16 (1973), No.1, 76-88

[106] Kolf, F.: Gegenwärtige Probleme und zukünftige Strategien bei der Entwicklung von Management-Informations-Systemen. In: Angewandte Informatik 4/77, 147-154, 149

[107] Gibson, C. F. und Nolan, R. L.: Managing the four stages of EDP-Growth. In: Harvard Business Review, Vol.52 (1974), No.1, 76-88

[108] Vgl. o.A.: Manage the impact of systems on people. In: Canning, R. G.: EDP-Analyzer, Mai, 1985, Vol. 23, No. 5, 1-16; o.A.: Six top information issues. In: Canning, R. G.: EDP-Analyzer, January 1985, Vol. 23, No. 1, 2 (1-16); Veröffentlichte Teilergebnisse der im Auftrag von IBM-Deutschland durchgeführten Umfrage über die Auswahlmöglichkeit für oder gegen einen Bildschirm am eigenen Arbeitsplatz. In: Meffert, H.: Unternehmensführung und neue Informationstechnologien. In: DBW 44/1984, 461-465, 465

[109] Griese, J.: Arbeitsunterlage zum Workshop, Strategische Informationssystemplanung, gehalten im Rahmen des IPO am 13.11.1985 in Steyr

[110] Eichhorn, P. und Schreier, K.: Neue Informationstechnologien und Wettbewerbsfähigkeit der Unternehmen. In: ZfB 53. Jg. (1983), H. 7, 668-678

[111] Meffert, H.: Unternehmensführung und neue Informationstechnologien. In: DBW 44/1984, 463

[112] Mertens, P.: Industrielle Datenverarbeitung, Bd.1. Wiesbaden 1973

[113] o. A., Six top information issues. In: Canning, R. G.: EDP-Analyzer, January 1985, Vol. 23, No. 1, 2 (1-16),4

[114] Vgl. Mayntz, R., Holm, K. und Hübner, P.: Einführung in die Methoden der empirischen Soziologie. Opladen 1972

[115] Amler, W. R.: Analyse und Gestaltung strategischer Informationssysteme der Unternehmung. Göttingen 1983, 123

[116] Vgl. Mayntz, R., Holm, K. und Hübner, P.: Einführung in die Methoden der empirischen Soziologie. Opladen 1972, 23

[117] Amler, W.:Analyse und Gestaltung strategischer Informationssysteme der Unternehmung. Göttingen 1983, 124

[118] Döringer, H.: Zur Flexibilität integrierter Informationssysteme. In: ZfO 6/76, 311-319, 311

[119] Meffert, H.: Größere Flexibilität als Unternehmenskonzept. In: ZfbF 37 (2/1985), 121-137, 125

[120] Zimmermann, G.: Customizing von Anwendersoftware. In: Angewandte Informatik 3/83, 114-119

[121] Die Begriffe "Built-in-Flexibilität" und "Handlungsflexibilität" werden von Meffert im Zusammenhang mit dem Unternehmenskonzept verwendet. Die Verwendung dieser Begriffe im Zusammenhang mit der Flexibilität von Informationssystemen erscheint jedoch geeignet. Vgl. Meffert, H.: Größere Flexibilität als Unternehmenskonzept. In: ZfbF 37 2/1985, 121-137, 124

[122] Zum Stand der Technik, neuer Einsatzfelder und Grenzen der Automatisierung vgl. insbesondere Schraft, R. D.: Industrieroboter - Stand der Technik, neue Einsatzfelder, Grenzen der Automatisierung. In: Österreichische Gesellschaft für Informatik (Hrsg.): Die Industrieroboter. Linz 1982, 9-33; Die einschlägigen Beiträge in: Bodenwinkler, P., Pils, M., Weginger, G. und Zlabinger, R. (Hrsg.): Neue Technologien für den betrieblichen Einsatz. Wien 1985

[123] Vgl. Eversheim, W. und Schäfer, F. W.: Planung und Flexibilitätsbedarf von Industrieunternehmen. In: Die Betriebswirtschaft 1980, 229ff

[124] "BTX-Pilotprojekt" - Interner Forschungsbericht des EDV-Zentrums der Universität Linz

[125] Dijkstra, E. W.: Programming Methodologies, Their Objectives and their Nature. In: Bates, D.: Structured Programming, Berkshire 1976, 203-206

[126] Österle, H.: Ergebnisse einer methodischen Softwareentwicklung, Arbeitsbericht Nr. 11 des Lehrstuhls für Betriebsinformatik der Universität Dortmund. Dortmund 1980, 2

[127] Höcker, H. J.: Die Bewertung von Software-Entwurfsmethoden, Schriftenreihe des Fachbereichs Wirtschaft der Hochschule Bremen, Nr. 27. Bremen 1984, 178ff; siehe auch: Dworatschek, S. und Höcker, H.: Möglichkeiten einer Bewertung softwaretechnologischer Methoden. In: Angewandte Informatik 5/85, 183-190

[128] Rieke, F.: EDV-Schwachstellenanalyse - Wirksames und wirtschaftliches Instrument des Controlling. In: CW-CSE (Hrsg.): EDV-Revision & Controlling. München 1984, 55-104, 93

[129] PTF = Program Tool Facility

[130] Ein diesbezügliches Controllingschema mit Fallstudie findet sich bei Liessmann, K.: Controlling im Datenverarbeitungsbereich. In: Mayer, E., et al. (Hrsg.): Entwicklungen und Erfahrungen aus der Praxis des Controlling (II). Köln 1982, 345-388; Zum Aufbau eines Kosten- und Leistungsrechnungssystems siehe: Gerberich, C. W.: Aufbau eines Kosten- und Leistungsrechnungssystems als Basis eines EDV-Controlling. In: Das Rechenzentrum Heft 3/1984, 162-170; Zu den Kenngrößen des Systembetriebs siehe: Köstle, P.: Kenngrößen des Rechenzentrum-Betriebs. In: Das Rechenzentrum Heft 3/1979, 164-177

[131] Reinsch, K. G. und Schäfer, L.: Abrechnung von Rechenzentrums-Dienstleistungen. In: Das Rechenzentrum 2/1978, 101-105

[132] Seibt, D.: Controlling des Lebenszyklus von DV-Anwendungssystemen, 237f

[133] Österle, H.: Ergebnisse einer methodischen Softwareentwicklung,, Arbeitsbericht Nr. 11 des Lehrstuhls für Betriebsinformatik der Universität Dortmund. Dortmund 1980, 22

[134] Campbell, R. P. und Sands, G. A.: A modular approach to computer security risk management. In: NCC 1979, 293-303, 293

[135] Kraschnitz, L.: Bemerkungen zur Risikoanalyse aus theoretischer Sicht. In: ZfB 7/80, 800-808, 800

[136] Srinivas, S.: Error recovery in robots through failure reason analysis. In: NCC 1978, 275-282; Ramamoorthy, C. V. und Ho, G. S.: Fault tree analysis of computer systems. In: NCC 1977, 13-17

[137] Beispielsweise, Wong, K.: Computer Crime-Risk Management and Computer Security. In: DuD 4/83, 256-259; Zimmermann, J. S.:

Is your computer insecure. In: Datamation, May 15, 1985, 119-128; Knop, J. und Haverkamp: Aspekte des Datenschutzes und der Datensicherung bei der Einführung der automatisierten Datenverarbeitung. In: DuD 1/83, 24-32

[138] Army Regulation 380-380, Automated Systems Security, October 1977, zitiert bei Campbell, R. P. und Sands, G. A.: A modular approach to computer security risk management. In: NCC 1979, 293 (293-303)

[139] Siehe Liessmann, K.: Controlling im Datenverarbeitungsbereich. In: Mayer, E., et al. (Hrsg.): Entwicklungen und Erfahrungen aus der Praxis des Controlling (II). Köln 1982, 345-388, 374ff

[140] Ein punktuelles Risikostreben liegt den Analysen Wiedmanns zugrunde, vgl. Wiedmann, H.: Richtlinien zur Kontrolle der Sicherheit betrieblicher Informationsverarbeitungssysteme bei zunehmendem Einsatz von Personal Computern im Fachbereich. In: CW-CSE (Hrsg.): EDV-Revision & Controlling. München 1984, 105-145; Wägeli, H. P.: Arbeitsplatzrechner in der Unternehmung - Revisionsaspekte. In: Klopcic, H. G. et al. (Hrsg.), 154-171

[141] Beispiele für das Risikomanagement finden sich: Courtney, R. H. Jr.: Security Assessment in Electronic Data Processing Systems. In: NCC 1977; Hoffman, L. J., Michelman, E. H. und Clements, D.: Securate-Security evaluation and analysis using fuzzy metrics. In: NCC 1978, 531-540; Ramamoorthy, C. V. und Ho, S. G.: Fault tree analysis of computer systems. In: NCC 1977, 13-17; Martin, J.: Security, Accuracy and Privacy in Computer Systems. New Jersey 1973

[142] Campbell, R. P. und Sands, G. A.: A modular approach to computer security risk management. In: NCC 1979, (293-303), 294

7. Ein Anwendungsbeispiel für den Entwurf von Meßvorschriften

In diesem Kapitel wird der theoretische Ansatz des Controlling von Informations- und Kommunikationssystemen in ein Controllingkonzept umgesetzt, indem für Objekte des Sicherheitsstrebens Meßvorschriften entwickelt werden. Konzept wird im folgenden zweifach verstanden: Einerseits meint es die Bildung von Meßvorschriften in Abhängigkeit von Zielen, andererseits die Bildung eines Controllingmodells durch Kombination dieser Meßvorschriften für die Beurteilung realer Informations- und Kommunikationssysteme.

7.1. Ausgangssituation

Auf zwei im Verbund betriebenen Datenverarbeitungssystemen erfolgt für die Anwendungssysteme studentische Ausbildung, Forschung, Verwaltung und Dokumentationswesen sowohl die Programmentwicklung als auch die Systemnutzung [1]. Die beiden im Verbund betriebenen Datenverarbeitungssysteme stehen den Benutzern werktags von 7 bis 22 Uhr unter Operatorüberwachung zur Verfügung. Außerhalb dieses Zeitraums sind die Datenverarbeitungssysteme im operatorlosen Betrieb verfügbar. Ein Blick auf die Anwendungssysteme zeigt, daß im Informations- und Kommunikationssystem parallel sensible und nicht sensible Anwendungen betrieben werden.

7.2. Das Risikokonzept

Die strategische Managementebene definiert in bezug auf das Sicherheitsstreben eine hohe Produktivität bei angemessener Sicherheit. Es wird somit Sicherheit klar hinter Produktivität gestellt, jedoch ergänzt um das Adjektiv "angemessen". Was unter angemessen verstanden wird, soll als Ergebnis des Risikomanagement definiert werden. Die Anwendung des im Kapitel 6.11. vorgeschlagenen Risikomanagement führt zu nachfolgender Vorgehensweise.

7.2.1. Die Risikoanalyse

Die Sensibilität der Anwendungssysteme zeigt Abbildung 7/1.

Anwendungssystem	Grad der Sensibilität
Studentische Ausbildung	xx
Forschung	xx
Verwaltung	xxxx
Dokumentationswesen	xx

Legende:

x = geringe Sensibilität. Die Störung der Integrität hat keine nachhaltigen Folgen.

xx = Sensibilität. Die Störung der Integrität kann mit einfachen Maßnahmen (z.B. Datenrücksicherung aus Sicherungsbestand) behoben werden.

xxxx = hohe Sensibilität wegen der Verarbeitung personenbezogener Daten.

Abb. 7/1: Sensibilität der Anwendungssysteme

Wie Abbildung 7/1 zeigt, ist eine "hohe Sensibilität" bei Anwendungssystemen der Verwaltung gegeben. Bei allen anderen Anwendungssystemen existiert eine "Sensibilität"; Störungen können jedoch relativ rasch behoben werden.

Abbildung 7/2 zeigt die Auswirkungen des Ausfalls des Informations- und Kommunikationssystems auf die einzelnen Anwendungssysteme.

Für die Gefahrenidentifikation 1 ergibt sich, daß von Umgebungsfaktoren vor allem Gefahren durch Blitzschlag ausgehen. Die zweite empirische Studie zeigt, daß die größte Gefahr für das Informations- und Kommunikationssystem von authorisierten Benutzern ausgeht. Die Gefahr durch nicht authorisierte Benutzer ist derzeit als gering anzusehen, sodaß in der Analyse auf deren Berücksichti-

Ausfalldauer \ Anwendungssystem	Studentische Ausbildung	Forschung	Verwaltung	Dokumentationswesen
bis 1/2 Tag	x	x	x	x
bis 1 Tag	xx	x	xx	x
bis 3 Tage	xx	xx	xx	x
bis 7 Tage	xxxx	xxx	xx	xx

Legende:

x = geringe Auswirkungen. Der Betrieb des Anwendungssystems ist kaum eingeschränkt. Mit Hilfsmitteln der manuellen Organisation kann der Ausfall überbrückt werden.

xx = Auswirkungen. Der Betrieb des Anwendungssystems ist eingeschränkt. Mit Hilfsmitteln der manuellen Organisation kann der Ausfall nicht mehr überbrückt werden.

xxx= schwere Auswirkungen. Der Betrieb des Anwendungssystems ist so stark beeinträchtigt, daß Projektverzögerungen zu erwarten sind.

xxxx = katastrophale Auswirkungen. Der Betrieb des organisatorischen Teilsystems ist so stark beeinträchtigt, daß Projektverzögerungen eintreten.

Abb. 7/2: Auswirkungen des Ausfalls des Informations- und Kommunikationssystems auf einzelne Anwendungssysteme

gung verzichtet werden kann.

Abbildung 7/3 stellt die Beziehung zwischen der Gefahrenidentifikation 1 und der Gefahrenidentifikation 2, als Ergänzung der zweiten empirischen Studie für den Zeitraum Oktober 1985 bis Mai 1986, dar.

Im Ergebnis zeigt Abbildung 7/3, daß die größte Gefahr für das Informations- und Kommunikationssystem von authorisierten Benutzern ausgeht. In erster Linie sind es softwareorientierte Techniken, die diese Benutzer zum Penetrieren des Informations- und Kommunikationssystems einsetzen. Mit weitem Abstand folgt der Versuch

Gefahrenidentifikation 2 \ Gefahrenidentifikation 1	HT	ST	FT
Umgebungsfaktoren	9		
Authorisierte Benutzer		3238	4
Nicht authorisierte Benutzer			57

Legende:

HT = Hardwareorientierte Techniken
ST = Softwareorientierte Techniken
FT = Formalorientierte Techniken

Abb. 7/3: Beziehungen zwischen Gefahrenidentifikation 1 und Gefahrenidentifikation 2

nicht authorisierter Benutzer, mit Hilfe formalorientierter Techniken zu penetrieren.

Die im Rahmen der Verwundbarkeitsanalyse durchgeführte Identifikation der Verwundbarkeit ergibt nachfolgende Schwachstellen:

- unkontrollierter Zugang zu den Datensichtgeräten sowie unkontrollierter Abgang während 24 Stunden täglich;
- Möglichkeit der unkontrollierten Inbetriebnahme der Datensichtgeräte;
- Paßworte werden unter den Benutzern unkontrolliert weitergegeben.

Setzt man diese Schwachstellen in Beziehung zu den softwareorientierten Techniken der Gefahrenidentifikation 2 aus Abbildung 7/3, so droht die höchste Gefahr durch die "Möglichkeit der unkontrollierten Inbetriebnahme der Datensichtgeräte". Wenn authorisierte Benutzer 3238 mal mit Hilfe softwareorientierter Techniken versuchen, ein System zu penetrieren, kommt der unkontrollierten Inbetriebnahme der Datensichtgeräte eine ganz große Bedeutung zu.

7.2.2. Die Bildung von Objekten

Die Risikoanalyse ergab, daß bei allen Penetrationsversuchen das "Paßwort" eine zentrale Stellung einnahm. Damit gibt es für das Sicherheitsstreben bereits ein Objekt auf operativer Managementebene. Ein zweites Objekt kann mit der "Penetrierung" gebildet werden. Aus Abbildung 7/3 läßt sich aus den formalorientierten Techniken schließlich als drittes Objekt die "Zugriffsberechtigung" ableiten. Um den Fall nicht noch komplexer zu machen, wird von der Bildung weiterer Objekte Abstand genommen.

Objekte lassen sich für die taktische Managementebene mit dem Sicherungssystem, dem Katastrophenmanagement und dem Informationsrecht bilden. Diese drei Objekte, in das Fehlerbaumkonzept eingebunden, zeigt Abbildung 7/4.

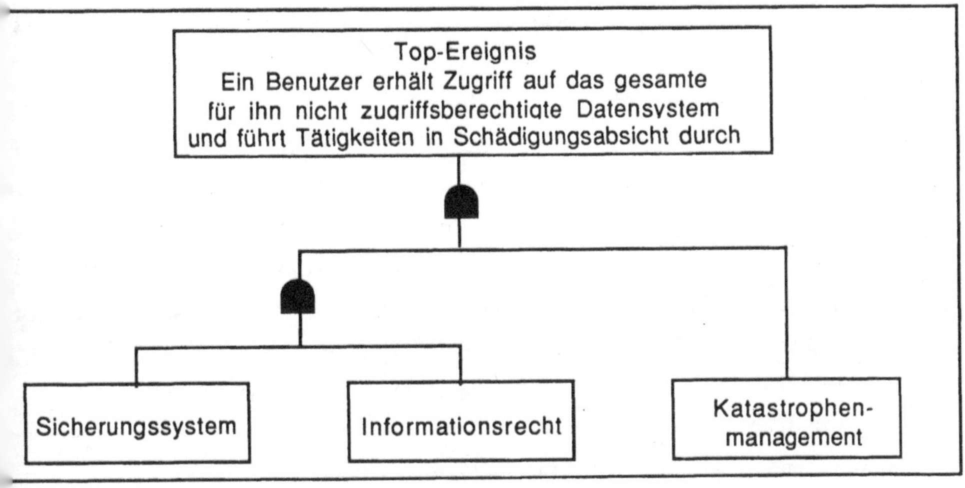

gende:

= UND-Verknüpfung

). 7/4: Makrologik für das Sicherheitskonzept auf taktischer Managementebene

Als Top-Ereignis wird angenommen, daß der nicht authorisierte Benutzer einen unkontrollierten Zugriff auf das gesamte, für ihn normalerweise nicht zugriffsberechtigte Dialogsystem erhält und eine Schädigungsabsicht verfolgt. Drei Objekte führen zum Top-Ereignis: Das Sicherungssystem, das Informationsrecht und das Katastrophenmanagement. Das Sicherungssystem und das Katastrophenmanagement sind zwei durch die Informationssystemfunktion beeinflußbare Objekte. Kaum beeinflußbar, mit Ausnahme der vertragsrechtlichen Regelungen, ist das Informationsrecht. Wenn man bei der folgenden Überlegung davon ausgeht, daß das Objekt Informationsrecht eine gegebene Größe darstellt, so kann das Top-Ereignis nur über das Sicherungssystem und das Katastrophenmanagement beeinflußt werden. Ein mangelhaftes Sicherungssystem, verbunden mit einem schwachen Informationsrecht, zusätzlich zu einem schwachen Katastrophenmanagement führen zum Top-Ereignis.

Für das zu beurteilende Informations- und Kommunikationssystem gilt das österreichische Informationsrecht, das, wie reale Fälle zeigen, für das hier geschilderte Top-Ereignis keine ausreichenden Sanktionen vorsieht.

Eine weitere Detaillierung von Abbildung 7/4 führt zur Darstellung des Objektzusammenhangs für das zu beurteilende Informations- und Kommunikationssystem, wie dieser in Abbildung 7/5 dargestellt ist. Dabei werden die Objekte Paßwort, Authentifikation und Zugriffsberechtigung gebildet. Diese Objekte werden unter Verwendung von Meßvorschriften (z.B. MVP1) gemessen. Ob nun ein Objekt ein Kandidat für das Top-Ereignis wird, hängt von den Ergebnissen, die mit den Meßvorschriften erzielt werden, ab, ergänzt um die logischen Verknüpfungen wie in Abbildung 7/5 dargestellt.

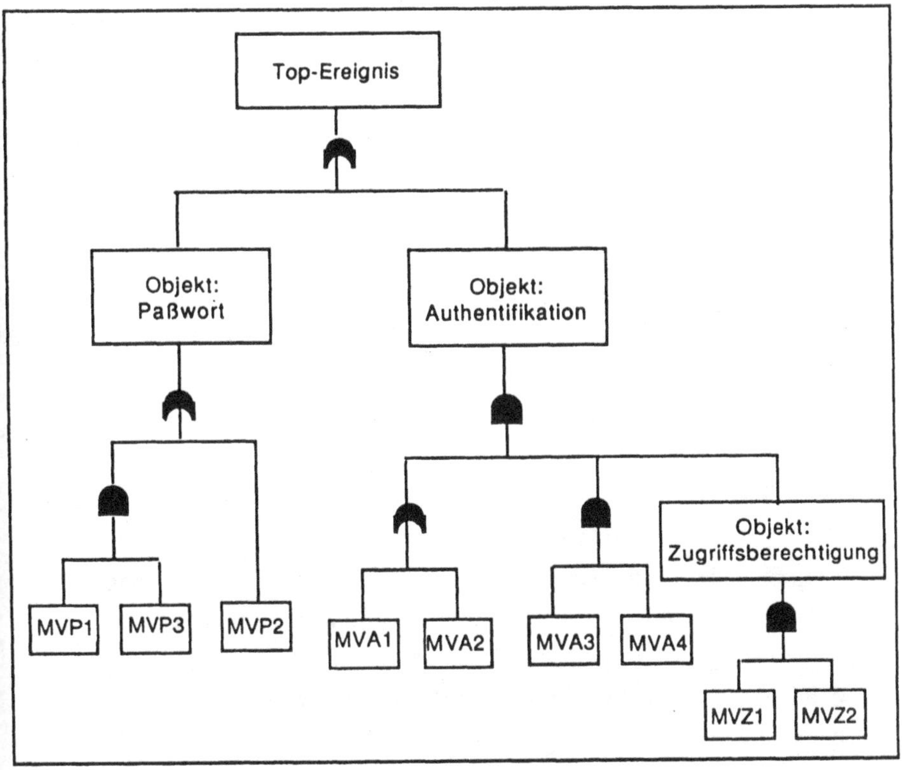

Legende:

= UND-Verknüpfung

= ODER-Verknüpfung

Abb. 7/5: Controllingkonzept nach dem Fehlerbaumkonzept unter der Einbeziehung von Objekten und Meßvorschriften

7.2.3. Die Bildung von Meßvorschriften für die Objekte des Sicherungssystems

Für das Objekt Paßwort wird eine Meßvorschrift wie folgt entwikkelt:

Objekt: **Paßwort**

Meßvorschrift: Bestimmen der Struktur des Paßworts (MVP1)

1. Meßziel: Es ist zu messen, ob die Struktur des Paßworts für das Sicherheitsstreben geeignet ist
2. Meßobjekt: Vorschriften für die Bildung des Paßworts
3. Meßgröße:
   - Meßgröße 1: Maximale Anzahl signifikanter Zeichen zur Paßwortbildung
   - Meßgröße 2: Zulässiger Zeichenvorrat zur Paßwortbildung
   - Meßgröße 3: Zulässige Kombination des Zeichenvorrats
4. Meßpunkte:
   - Meßpunkt 1: Entsprechendes Kapitel im Handbuch
   - Meßpunkt 2: Test an den Datenendgeräten
5. Meßinstrumente:
   - Meßinstrument 1: Handbuch (Benutzerhandbuch, Generierungslisten)
   - Meßinstrument 2: Test an den Datenendgeräten (Versuch eines Log-On)
6. Sollwerte:
   - Meßgröße 1: Mindestens 5 signifikante Zeichen
   - Meßgröße 2: Der aus dem gewöhnlichen Alphabet und den Ziffern bestehende Zeichenvorrat
   - Meßgröße 3: Beliebige Kombination der Zeichen der Meßgröße 2
7. Meßformel:

   Meßformel für Ermittlung der Meßgröße 1:

   Ergeben Meßpunkt 1 und Meßpunkt 2 unterschiedliche Werte, so gilt für Meßgröße 1 der Meßpunkt 2. Unter Umständen ist eine Anpassung von Meßpunkt 2 an den Meßpunkt 1 notwendig. Dies ist dann der Fall, wenn bei der Systemgenerierung nicht die maximale Anzahl signifikanter Zeichen für die Bildung des Paßworts vorgesehen wurde

Meßformel für Ermittlung der Meßgröße 2:

Analog zur Meßformel für die Ermittlung der Meßgröße 1

Meßformel für Ermittlung der Meßgröße 3:

Analog zur Meßformel für Ermittlung der Meßgröße 1

8. Maßstab: Nominale Skala mit zwei Wertkategorien
9. Meßgenauigkeit: Keine Unschärfen
10. Meßgrößentransformation:

   In Anlehnung an Abbildung 7/5 wird die Meßvorschrift dann ein Kandidat für das Top-Ereignis, wenn alle drei Meßgrößen von den Sollwerten abweichen

12. Sicherheitshandbücher des verwendeten Betriebssystems.

   So z.B.: VAX/VMS Systems Security, Order Number: AA-Y510A-TE, AA-Y510A-T1, July 1985

Das Objekt "Paßwort" wurde also mit <u>einer</u> Meßvorschrift gemessen. Durch Ergänzung mit einer zweiten Meßvorschrift ist es möglich, das Objekt "Paßwort" hinsichtlich des Inhalts zu messen. Die Anwendung dieser Meßvorschrift ist nur dann sinnvoll, wenn eine einfache Möglichkeit besteht, den Inhalt der verwendeten Paßworte nach Sicherheitsklassen zu ordnen. Eine wertvolle Hilfe für den Entwurf dieser Meßvorschrift gibt die zweite empirische Studie. Eine Schwachstelle wurde dort im Paßwortinhalt erkannt. Es ist somit notwendig, eine Meßvorschrift zum Bestimmen des Paßwortinhalts zu entwickeln. Die folgende Meßvorschrift ist dafür geeignet.

Objekt: **Paßwort**

Meßvorschrift: Bestimmen der Paßwortinhalts (MVP2)

1. Meßziel: Es ist zu messen, ob der Paßwortinhalt für das Sicherheitsstreben geeignet ist
2. Meßobjekt: Paßwortinhalt
3. Meßgrößen:

   Meßgröße 1: Paßwortinhalt (Semantik)

   Meßgröße 2: Anzahl der verwendeten Zeichen

4. Meßpunkte:
    Eröffnen einer gemeinsamen Sitzung am Datenendgerät mit dem Eigentümer des Paßworts
5. Meßinstrumente:
    Test am der Datenendgerät
6. Sollwerte:
    Meßgröße 1: Mindestens 5 alphanumerische Zeichen
    Meßgröße 2: Beliebige alphanumerischen Zeichenkombination, die keine Beziehung zu Namen, Blumen, Automarken usw. ergibt
7. Meßformel: nicht definiert
8. Maßstab: Nominale Skala mit zwei Wertkategorien
9. Meßgenauigkeit: Keine Unschärfen
10. Meßgrößentransformation:
    Die Meßvorschrift wird ein Kandidat für das Top-Ereignis, wenn beide Meßgrößen vom Sollwert abweichen.
14. Siehe Abbildung 7/5.

Die Qualität eines Sicherungssystems ist, wie die Ergebnisse im Kapitel fünf zeigen, wesentlich von der Paßwortlebensdauer abhängig. Die folgende Meßvorschrift ist für die Bestimmung der Paßwortlebensdauer geeignet.

Objekt: **Paßwort**
Meßvorschrift: Bestimmen der Paßwortlebensdauer (MVP3)
1. Meßziel: Es ist die maximale Zeitdauer zu bestimmen, während der ein Paßwort unverändert für die Authentifikation verwendet werden kann
2. Meßobjekt: Paßwortlebensdauer
3. Meßgröße: Paßwortlebensdauer in Tagen
4. Meßpunkte:
    Meßpunkt 1: Entsprechendes Kapitel im Handbuch
    Meßpunkt 2: Systemgenerierungsdokumentation
    Meßpunkt 3: Test an der Datensichtstation
    Meßpunkt 4: Benutzerbefragung

5. Meßinstrumente:

   Meßinstrument 1: Einsichtnahme in Unterlagen

   Meßinstrument 2: Testdurchführung

   Meßinstrument 3: Benutzerbefragung (Interview)

6. Sollwerte: 30 Tage

7. Meßformel:

   Ergeben die Meßpunkte 1-4 unterschiedliche Werte, so gilt für den Istwert Meßpunkt 3

8. Maßstab: Kardinale Skala

9. Meßgenauigkeit: Keine Unschärfen

10. Meßgrößentransformation:

    Die Meßvorschrift ist ein Kandidat für das Top-Ereignis, wenn der Istwert $>$ 30 Tage beträgt.

14. Siehe Abbildung 7/5.

Für die Beurteilung des Paßworts können weitere Meßvorschriften entwickelt werden; die drei Beispiele reichen jedoch zur Erklärung aus.

Im Informations- und Kommunikationssystem nimmt das Objekt "Authentifikation" eine bedeutende Stellung ein. Authentifikation ist die von einem Datenverarbeitungssystem veranlaßte Überprüfung der Identität eines Benutzers, der Zugang zum System haben will. Im Dialog zwischen System und Benutzer erfolgt die Identifikation anhand bestimmter Merkmale. Es ist notwendig, in Ergänzung zum Paßwort auch Meßvorschriften für die Authentifikation zu entwickeln, wie dies mit den folgenden vier Meßvorschriften geschieht. Die erste Meßvorschrift mißt die Reaktion eines Sicherungssystems bei einer ungültigen Authentifikation.

Objekt: **Authentifikation**

Meßvorschrift: Bestimmen der Abbruchsbedingung während des Authentifikationsvorgangs (MVA1)

1. Meßziel: Es ist zu messen, ob bei einer ungültigen Authenti-

fikation eine Sperre des Terminals und/oder eine Sperre der Benutzernummer erreicht wird

2. Meßobjekt: Authentifikationsvorgang
3. Meßgröße: Sperrbedingung durch ungültige Authentifikation
4. Meßpunkte:
   Meßpunkt 1: Anzahl fehlerhaft eingegebener Paßworte, bevor die Benutzernummer gesperrt wird
   Meßpunkt 2: Anzahl fehlerhaft eingegebener Paßworte, bevor die Datensichtstation gesperrt wird
5. Meßinstrumente:
   Meßinstrument 1: Lesen im Handbuch
   Meßinstrument 2: Test an der Datensichtstation
6. Sollwerte:
   Sollwert 1: <5
   Sollwert 2: <5
7. Meßformel: nicht definiert
8. Maßstab: Kardinale Skala
9. Meßgenauigkeit: Keine Unschärfen
10. Meßgrößentransformation:
   Die Meßvorschrift ist ein Kandidat für das Top-Ereignis, wenn beide Istwerte ≥ 5 sind.
14. Siehe Abbildung 7/5.

Die zweite Meßvorschrift überprüft, ob die Richtung der Paßwortverschlüsselung eine Einwegverschlüsselung ist, oder ob es sich um eine Zweiwegverschlüsselung handelt. Im zweiten Fall ist eine Schwachstelle im Sicherungssystem gegeben.

Objekt: **Authentifikation**
Meßvorschrift: Verschlüsselung des Paßworts (MVA2)
1. Meßziel: Richtung der Verschlüsselung
2. Meßobjekt:
   Meßobjekt 1: Richtung der Verschlüsselung
   Meßobjekt 2: Klartextspeicherung des Paßworts

3. Meßgröße 1 zu Meßobjekt 1: Richtung der Verschlüsselung
   Meßgröße 2 zu Meßobjekt 2: Klartextspeicherung des Paßworts
4. Meßpunkte:
   Meßpunkt 1: Für beide Meßgrößen das entsprechende Kapitel im Handbuch
   Meßpunkt 2: Für beide Meßgrößen Listen des Paßworts über Drucker
5. Meßinstrumente:
   Meßinstrument 1: Lesen im Handbuch
   Meßinstrument 2: Starten eines Systemprogramms mit hoher Authorität, das eine Liste der gespeicherten Paßworte erzeugt
6. Sollwerte:
   Sollwert 1: Es ist nicht möglich, eine Liste der Paßworte zu erzeugen (Einwegverschlüsselung)
   Sollwert 2: Das Paßwort kann nicht im Klartext angezeigt werden
7. Meßformel: nicht definiert
8. Maßstab: Nominale Skala mit zwei Wertkategorien
9. Meßgenauigkeit: Keine Unschärfen
10. Meßgrößentransformation:
    Die Meßvorschrift ist ein Kandidat für das Top-Ereignis, wenn entweder der Istwert 1 vom Sollwert 1 abweicht, oder der Istwert 2 vom Sollwert 2 abweicht.
14. Siehe Abbildung 7/5.

Eine hohe Qualität des Sicherungssystems kann u.a. dadurch erzielt werden, daß Authentifikationsvorgänge aufgezeichnet werden. Geeignet dafür ist ein Authentifikationslog, wie es in der dritten Meßvorschrift dargestellt wird.

Objekt: **Authentifikation**
Meßvorschrift: Ereignisaufzeichnung des Authentifikationsvorgangs (MVA3)

1. Meßziel: Es sind die Ereignisse, die während eines gelungenen oder abgebrochenen Authentifikationsvorgangs eintreten, zu messen
2. Meßobjekt: Inhalt des Logs
3. Meßgröße:
   - Meßgröße 1: Physische Adresse des Datenendgeräts, von dem der Authentifikationsvorgang gestartet wurde
   - Meßgröße 2: Benutzernummer, von der aus der Authentifikationsvorgang gestartet wurde
   - Meßgröße 3: Zeitpunkt, zu dem der Authentifikationsvorgang gestartet wurde
   - Meßgröße 4: Anzahl der mißlungenen Authentifikationsversuche
   - Meßgröße 5: Grund für den mißlungenen Authentifikationsversuch (z.B. Fehlercode)
4. Meßpunkte: Logauswertung
5. Meßinstrumente:
   Auswertungsprogramm, das eine Auswertung nach unterschiedlichen Fragestellungen ermöglicht
6. Sollwerte:
   Für die Meßgrößen 1-5 existierten im Log vollständige Aufzeichnungen
7. Meßformel: nicht definiert
8. Maßstab: Nominale Skalierung
9. Meßgenauigkeit: Keine Unschärfen
10. Meßgrößentransformation:
   Die Meßvorschrift ist ein Kandidat für das Top-Ereignis, wenn eine der Meßgrößen 1-5 im Log nicht enthalten ist.
14. Siehe Abbildung 7/5.

Die regelmäßige Auswertung des Authentifikationslogs ist die Voraussetzung dafür, daß Penetrationsversuche festgestellt und damit Schwachstellen im Sicherungssystem gefunden werden können. Die vierte Meßvorschrift mißt, ob eine regelmäßige Auswertung des Authentifikationslogs erfolgt.

Objekt: **Authentifikation**

Meßvorschrift: Regelmäßige Auswertung des Authentifikationslogs (MVA4)

1. Meßziel: Es ist zu messen, ob das Authentifikationslog regelmäßig ausgewertet wird und eine Grundlage für Sicherheitsentscheidungen bildet
2. Meßobjekt: Auswertung des Authentifikationslogs
3. Meßgröße:
   Meßgröße 1: Das Authentifikationslog wird wöchentlich einmal analysiert
   Meßgröße 2: Die Ergebnisse bilden eine Grundlage für Sicherheitsentscheidungen
4. Meßpunkte:
   Meßpunkt 1: Logauswertung
   Meßpunkt 2: Den Entscheidungsträgern wird über die Meßgrößen berichtet
5. Meßinstrumente:
   Auswertungsprogramm, das eine Auswertung nach unterschiedlichen Fragestellungen ermöglicht
6. Sollwerte:
   Das Authentifikationslog wird einmal wöchentlich ausgewertet und bildet eine Grundlage für Sicherheitsentscheidungen
7. Meßformel: nicht definiert
8. Maßstab: nicht definiert
9. Meßgenauigkeit: Keine Unschärfen
10. Meßgrößentransformation:
   Die Meßvorschrift ist ein Kandidat für das Top-Ereignis, wenn Meßgröße 1 > als 1 Woche ist, oder wenn die Ergebnisse keine Grundlage für Sicherheitsentscheidungen bilden.
14. Siehe Abbildung 7/5.

Die Benutzung eines Informations- und Kommunikationssystems setzt formale Anforderungen, wie z.B. ein Genehmigungsverfahren, voraus. Da die Benutzung eines Informations- und Kommunikationssystems überwacht werden muß, macht dies notwendig, die formalen Anforderungen in Meßvorschriften darzustellen.

Die folgende Meßvorschrift mißt, ob in einem Informations- und Kommunikationssystem die formalen Anforderungen für die Benutzung erfüllt werden.

Objekt: **Zugriffsberechtigung**

Meßvorschrift: Formalanforderungen für den Benutzerantrag (MVZ1)

1. Meßziel: Es sind zu messen, ob für die Zugriffsberechtigung zum Datenverarbeitungssystem Formalanforderungen existieren
2. Meßobjekt: Benutzerantrag
3. Meßgrößen:
   Meßgröße 1: Standardisiertes Benutzerantragsformular
   Meßgröße 2: Hinweis auf Benutzerordnung
4. Meßpunkte: Siehe Meßgrößen
5. Meßinstrumente:
   Einsicht in Standardformular
6. Sollwerte:
   Meßgröße 1: Standardisiertes Benutzerantragsformular hat für alle Benutzer Gültigkeit
   Meßgröße 2: Hinweis auf eine existierende Benutzerordnung ist vorhanden
7. Meßformel: nicht definiert
8. Maßstab: nicht definiert
9. Meßgenauigkeit: Keine Unschärfen
10. Meßgrößentransformation:
    Die Meßvorschrift ist ein Kandidat für das Top-Ereignis, wenn Meßgröße 1 und Meßgröße 2 vom Sollwert abweichen.
14. Siehe Abbildung 7/5.

Die Messung der Formalanforderungen ist für die Beurteilung der Zugriffsberechtigung noch nicht ausreichend. Es ist auch zu messen, ob das Benutzerantragsformular den materiellen Anforderungen entspricht. Eine solche Messung kann mit der folgenden Meßvorschrift durchgeführt werden.

Objekt: **Zugriffsberechtigung**

Meßvorschrift: Materielle Anforderungen für den Benutzerantrag (MVZ2)

1. Meßziel: Es ist zu messen, ob das Benutzerantragsformular für die Zugriffsberechtigung zum Datenverarbeitungssystem den materiellen Anforderungen entspricht
2. Meßobjekt: Benutzerantragsformular
3. Meßgrößen:
   Meßgröße 1: Antragsteller
   Meßgröße 2: Projektbeschreibung
   Meßgröße 3: Ressourcenbedarf
   Meßgröße 4: Projektdauer
4. Meßpunkte: Benutzerantragsformular
5. Meßinstrumente:
   Einsicht in eine zufällige Anzahl von Benutzeranträgen (mindestens 20)
6. Sollwerte:
   Für die Meßgrößen 1-4 existieren in den Benutzeranträgen Eintragungen
7. Meßformel: nicht definiert
8. Maßstab: Nominale Skalierung
9. Meßgenauigkeit: Unschärfen können durch unvollständige Eintragungen bei den Meßgrößen 1-4 auftreten
10. Meßgrößentransformation:
    Fehlt Meßgröße 1 oder fehlt eine der Meßgrößen von 2-4, so ist die Meßvorschrift ein Kandidat für das Top-Ereignis.

Das in diesem Kapitel entworfene Controllingkonzept zeigt, daß das Controlling von Informations- und Kommunikationssystemen eine Vielzahl von Meßvorschriften erforderlich macht, die, wie in Abbildung 7/5 dargestellt, zum situationsgerechten Controllingmodell zusammengefügt werden müssen. Die in diesem Kapitel entwickelten Meßvorschriften verfügen über eine sehr hohe Meßgenauigkeit. Dies ist jedoch nicht bei allen Meßvorschriften der Fall; insbesondere bei Meßvorschriften, mit denen das Durchdringungsstreben gemessen wird, ist die Meßgenauigkeit nicht so hoch.

Anmerkungen

[1] Zur Darstellung der Anwendungssysteme im Detail siehe Heinrich, L. J. und Roithmayr, F.: Die Bestimmung des optimalen Distribuierungsgrades von Informationssystemen - Entscheidungsmodell und Fallstudie. In: HMD 121/1985, 40

8. Das Controlling-Informations- und Kommunikationssystem

Das Controlling von Informations- und Kommunikationssystemen wird daran beurteilt, wie weit das verwendete Controllingkonzept zur Erreichung des gesetzten Ziels einen Beitrag leistet. Ein Controlling-Informations- und Kommunikationssystem ist ein Informations- und Kommunikationssystem, mit dessen Hilfe das Controlling von Informations- und Kommunikationssystemen durchgeführt wird. Ansätze für solche Controlling-Informations- und Kommunikationssysteme sind bei EPSOS [1], ACL [2], ACL/INDA [3], FOCUS [4], SIROS [5] und der EDP-AUDITOR [6], [7]. Der Nachteil dieser Ansätze besteht darin, daß ihr Einsatz nur für ganz spezielle Fragestellungen möglich ist, ein umfassendes Controlling von Informations- und Kommunikationssystemen jedoch nicht unterstützt wird.

Die Basis eines Controlling-Informations- und Kommunikationssystems bilden Methoden- und Modellbanken, erweitert um Datenbanken. Inhalt der Methodenbanken sind die Meßvorschriften für die Objekte des Sicherheitsstrebens, des Durchdringungsstrebens, des Anpassungsstrebens und des Effizienzstrebens.

Der logische Zusammenhang der Meßvorschriften und Objekte - wie er beispielhaft in Abbildung 7/5 dargestellt wird - ist der Inhalt der Modellbanken. In den Modellbanken werden Controllingkonzepte für Standardfälle bereitgehalten, die durch Einbeziehung bzw. Weglassung von Objekten und/oder Meßvorschriften der jeweiligen Situation angepaßt werden können. Die Ergebnisse des Controlling werden in der Datenbank bereitgehalten und stehen für Vergleichszwecke mit anderen Perioden oder anderen Informations- und Kommunikationssystemen zur Verfügung.

Ein Konzept des Controlling-Informations- und Kommunikationssystems muß folgende Anforderungen erfüllen:

- Es muß flexibel sein, um sich unterschiedlich strukturierten Informations- und Kommunikationssystemen anzupassen;

- es muß leicht (d.h. einfach und schnell) an sich ändernde Ziele des Informations- und Kommunikationssystems anpaßbar sein;

- es müssen fertige Modelle für Standardfragestellungen angeboten werden;

- aus den vorhandenen Meßvorschriften muß die Generierung situationsgerechter Modelle möglich sein;

- es müssen Schnittstellen zum Datensystem vorhanden sein, um die für die Meßvorschriften notwendigen Daten bereitstellen zu können;

- es darf für die Benutzung keine speziellen Informatikkenntnisse erfordern; dies ist durch eine geeignete Bedienerführung, insbesondere beim Aufbau des Controllingkonzepts, sicherzustellen.

- es müssen die Controllingergebnisse in einer Ergebnisdatenbank abgespeichert werden können;

- integraler Bestandteil des Controllingkonzepts muß die Berichterstellung sein;

- es müssen statistische Methoden, wie sie teilweise bereits in Prüfungssprachen verfügbar sind, bereitgestellt werden;

- es muß portabel sein. Die am Markt angebotenen Personal-Computer sind in der Lage, dies zu unterstützen. Bei Verwendung der auf Großrechnern verfügbaren Standardsoftware sind Prototypen wesentlich rascher erstellbar als dies auf Personal-Computern, bedingt durch die mangelnde Standardsoftware, möglich ist.

Abbildung 8/1 zeigt das Makroschema des Controlling-Informations- und Kommunikationssystems.

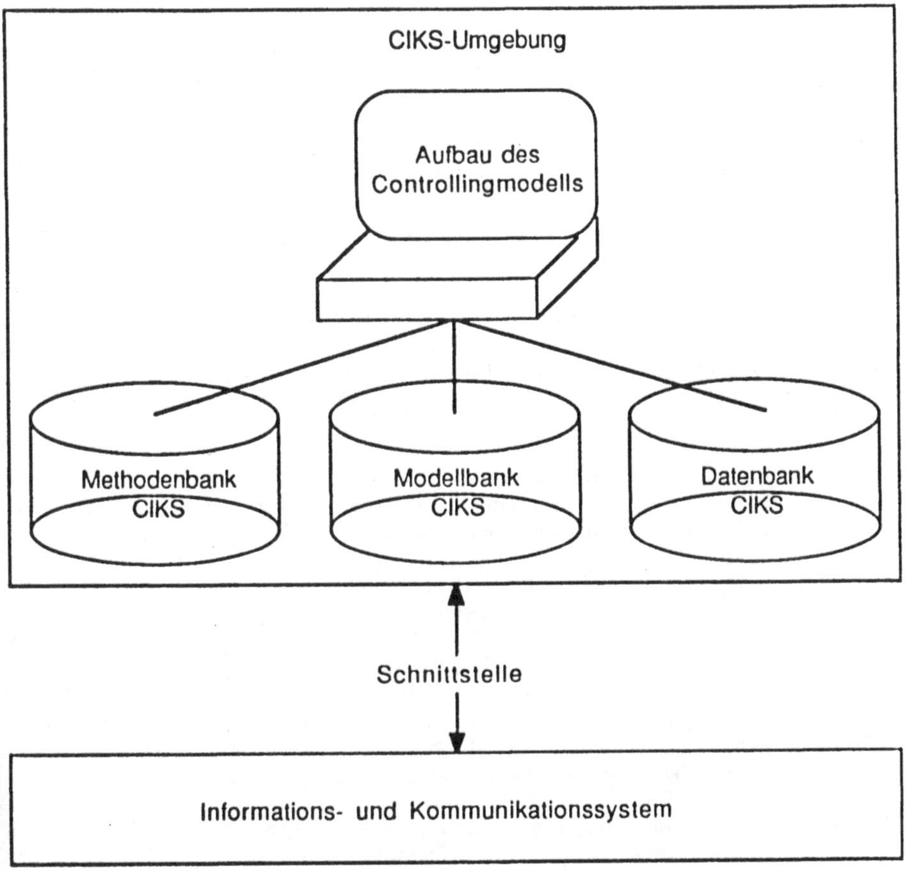

Abb. 8/1: Makroschema Controlling-Informations- und Kommunikationssystem

Anmerkungen

[1] Ahlers, J., Emmerich, W., Krcmar, H., Pocsay, A., Scheer, A. W. und Siebert, D.: EPSOS-D, Konzept einer computergestützten Prüfungsumgebung. In: Scheer, A. W. (Hrsg.) Veröffentlichungen des Instituts für Wirtschaftsinformatik an der Universität des Saarlandes. Saarbrücken 1982

[2] Will, H. J.: Audit Command Langue - eine Prüfungssprache für computergestützte Prüfungshandlungen (Teil I). In: Die Wirtschaftsprüfung, Heft 23/1974, 625-631, Teil II. In: Die Wirtschaftsprüfung, Heft 24/1974, 654-661

[3] ACL/INDA steht für Interaktive Daten-Analyse und ist ein von mbp Mathematischer Beratungs- und Programmierungsdienst GmbH, Dortmund entwickelte Prüfsprache

[4] FOCUS ist eine nicht-procedurale Programmiersprache, die von der Information Builders Inc., New York entwickelt wurde und Prüfaufgaben in einer IBM-Großrechner-Umgebung unterstützt. Eine Version für den IBM-Personal-Computer ist ebenfalls verfügbar

[5] Eine benutzerfreundliche, von Ton Beller Berater für Industrie und Handel GmbH, Bensheim entwickelte Prüfsprache, Versionen für Großrechner und Personal-Computer sind verfügbar

[6] Von Cullinan entwickeltes Softwaresystem, das von ADV/ORGA F.A. Meyer GmbH, Wilhelmshaven vertrieben wird. Obwohl es sich bei diesem Produkt um keine Prüfungssprache handelt, ist es für Prüfungsaufgaben sehr gut geeignet. Das System verfügt über eine Vielzahl von Modulen, die den Prüfer in seiner Standardvorgehensweise untersützen. Auswertungen von SMF- bzw. DOS/POWER Datensätzen sind möglich. Zusätzlich bietet das Softwaresystem die Untersützung bei Quellcode-Vergleichen

[7] Eine umfassende Zusammenstellung von Test-Software findet sich bei Schuppenhauer, R.: Grundsätze und Methoden der EDV-Prüfung. Düsseldorf 1983, 157ff

9. Schlußbemerkung

Die gesellschaftliche Bedeutung der Informations- und Kommunikationssysteme ist heute unbestritten. Dies ist jedoch nur eine Seite von Informations- und Kommunikationssystemen. Auf der anderen Seite wird das Ausmaß und die konzeptive Qualität der Informations- und Kommunikationssysteme die Konkurrenzfähigkeit der Unternehmen im nächsten Jahrzehnt wesentlich beeinflussen. Dieser Einfluß zeigt sich insbesondere in dem durch innovative Techniksysteme eingeleiteten Strukturwandel in den Unternehmen, aber auch in der Umwelt. Dieser Strukturwandel kann aber nicht mit den Methoden der 70-er und jener der frühen 80-er Jahre beherrscht werden, sondern es bedarf zur Steuerung dieses Strukturwandels situationsgerechter Ansätze. Die vorliegende Arbeit ist der Versuch, einen Beitrag zu diesem Strukturwandel mit Hilfe eines Controllingkonzepts für Informations- und Kommunikationssysteme zu leisten.

Für diesen Versuch sind vier Phasen kennzeichnend:

Informations- und Kommunikationssysteme müssen so strukturiert werden, daß eine bestmögliche Diagnose für die folgende Optimierung erzielt wird. Die Strukturierung nach dem Controllingkonzept ist ein geeigneter Ansatz, der die Analyse für die Dimensionen eines Informations- und Kommunikationssystems unterstützt. Diese erfolgte im Kapitel drei.

Die Kenntnisse über den Zustand realisierter Informations- und Kommunikationssysteme wurden in den beiden empirischen Studien in den Kapiteln vier und fünf vermittelt. Dies ist eine Voraussetzung für den Entwurf des Controllingkonzepts.

Ausgehend von den bisher erarbeiteten Phasen wird beim Entwurf der Meßvorschriften in den Kapiteln sechs und sieben ein modulares

Konzept verfolgt. Ziel beim Entwurf der Meßvorschriften war es, diese auf möglichst kleine Komponenten eines Informations- und Kommunikationssystems zu orientieren. Die Synthese dieser Meßvorschriften unter Verwendung des Fehlerbaumkonzepts ergibt das situationsgerechte Controllingkonzept.

Daß das theoretische Konzept auch in der Praxis einsetzbar ist, wurde im Kapitel sieben gezeigt.

Der praktische Einsatz des in dieser Arbeit entworfenen Controllingsystems ist, bedingt durch die Komplexität von Informations- und Kommunikationssysstemen, nur dann möglich, wenn entsprechende Techniksysteme (z.B. Expertensysteme), wie sie im Kapitel acht global angesprochen wurden, zur Unterstützung bereit stehen. Es ist nicht möglich, das Controlling von Informations- und Kommunikationssystemen mit manuellen Verfahren durchzuführen.

10. Literaturverzeichnis

Adams, D. L. und Mullarkey, J. F.: A survey of audit software. In: The Journal of Accountancy. September 1972, 39-66

Agthe, K.: Strategie und Wachstum der Unternehmung. Baden-Baden 1972

Ahlers, J., Emmerich, H., Krcmar, A., Pcsay, A., Scheer, A. W. und Siebert, D.: Epsos-D. In: Veröffentlichungen des Instituts für Wirtschaftsinformatik an der Universität Saarbrücken, Forschungsbericht Nr. 35. Saarbrücken 1982

Ahlers, J., Emmerich, W., Krcmar, H., Pocsay, A., Scheer, A. W. und Siebert, D.: Die Messung der Prüfungsgerechtigkeit von EDV-Buchführungssystemen. In: WPg 19/1982, 529-538

Amler, R.W.: Analyse und Gestaltung strategischer Informations- und Kommunikationssysteme der Unternehmung. Göttingen 1983

Andrä, B. O.: Die Zielhierarchie des Betriebes. Bern/Frankfurt a.M., 1975

Anselstetter, R.: Betriebswirtschaftliche Nutzeffekte der Datenverarbeitung. Berlin et al., 1984

Army Regulation 380-380, Automated Systems Security, October 1977, zitiert bei Campbell, R. P. und Sands, G. A.: A modular approach to computer security risk management. In: NCC 1979, 293-303

Balzert, H.: Quantitative Ansätze zur Bestimmung der Komplexität von Software-Systemen. In: Brauer, W. (Hrsg). GI - 11. Jahrestagung, Informatik-Fachberichte 50. München 1981, 170-190

Beckmann, A.: Nutzwertanalyse, Bewertungstheorie und Planung. Bern/Stuttgart, 1978

Bense, M.: Semiotik. Baden-Baden 1967

Bentele, G., Bystrina, I.: Semiotik Grundlagen und Probleme. Stuttgart u.a. 1978

Bergmann, R.: Computergestütztes Controlling von Groß-Projekten: Methoden-Verfahren-Vorgehensempfehlungen. In: CW-CSE (Hrsg.): EDV-Revision & Controlling. München 1984

Bernstein, H.: Stopp den Software-Klau, in Elektronikschau 3/86, 48-53

Bertl, R. und Fattinger, S.: Die Anforderungen der Wirtschaftsprüfer an den akademischen Berufsnachwuchs. Eine empirische Untersuchung in Österreich und ihr Vergleich mit der Untersuchung Sieben/Hunger in der Bundesrepublik Deutschland. In: WPg, Heft 22, 1984, 597-604

Bittner, K.: Prüfsprache für die EDV-Revision - Anforderungen an die Praxis. In: CW-CSE (Hrsg): EDV-Revision & Controlling. München 1984, 207-235

Blohm, H. und Heinrich, L. J.: Schwachstellen der betrieblichen Berichterstattung - Rationalisierung durch Ausschaltung von Störungen. Baden-Baden / Homburg 1965

Bodenwinkler, P., Pils, M., Weginger, G. und Zlabinger, R. (Hrsg.): Neue Technologien für den betrieblichen Einsatz. Wien 1985

Bornemann, H.: Controlling heute. Wiesbaden 1985

Bradshow, zitiert bei Horvàth, P. Controlling 1979, 35

Bramsemann, R., Controlling. Wiesbaden 1980, 19

Bretschneider, R.: Einstellung der österreichischen Bevölkerung zu Fragen der Technik und der Mikroprozessoren. In: FIM (Hrsg.): Mikroelektronik für den Menschen. Linz 1984, 856-871

Bright, H. S. und Emison, R. L.: Cryptography using modular software elements. In: NCC 1976, 113-127

Brockhoff, K.: Informationsverarbeitung in Entscheidungsprozessen, Skizze einer Taxonomie. In: ZfB 53.Jhg. (1983), 53-62

Browne, P. S.: Computer security - a survey. In: NCC 1976, 53-63

Bullinger, H. J.: An der Schwelle zur Büroautomation - vom Mythos zur Realität. In: ZfO. Heft 5-6/1984, 295-301

Bundesgesetzblatt der Republik Österreich 565/1978

Burris, J. R.: Computer network cryptography engineering. In: NCC 1976, 91-96

Campbell, R. P. und Sands, G. A.: A modular approach to computer security risk management. In: NCC 1979, 293-303

Carson, J. J., Summers, J. K. und Welch, J. S.: A microprocessor selective encryption terminal for privacy protection. In: NCC 1977, 35-38

Chaum, D.: Security without identification: Transaction systems to make big brother obsolete. In: Communications of the ACM, October 1985, Vol. 28, Nr. 10, 1030-1044.

Chmielewicz, K.: Forschungskonzeptionen der Wirtschaftswissenschaft. Stuttgart 1979

Clauswitz, C.: Vom Kriege. Reinbeck 1980

Cohen, M. D., March, J. G. und Olsen, J. P.: A Garbage Can Model of Organizational Choice. In: Administrative Science Quarterly 17 (1972), March, 1-25

Collins, G. und Blay, G.: Structured Systems Development Techniques: Strategic Planning to Systems Testing. London 1982

Courtney, R. H. Jr.: Security Assessment in Electronic Data Processing Systems. In: NCC 1977

Dahl, O. J., Dijkstra, E. W. und Hoare, C. A. R.: Structured Programming. London/New York 1972

Deutsches Institut für Interne Revision e.V.(Hrsg.): Die Interne Revision in der Bundesrepublik Deutschland - 1983. München 1984

Deutsches Institut für Normung e.V.: DIN 1319, Teil 1

Dewey, R.: Systems auditability and control in an EFTS environment. In: NCC, 1978, 185-189

Deyhle, A.: Controller Handbuch - Enzyklopädisches Lexikon für die Controller-Praxis Bd. I. Gauting b. München 1974

Deyhle: Controlling & the Controller. Augsburg 1984

Diebold Deutschland GmbH: Einsatzmöglichkeiten software-technologischer Methoden mit Normungseffekt, BMFT-Forschungsbericht DV-76-03. Frankfurt 1976

Diebold Statistik der installierten elektronischen Rechenanlagen in Österreich. Jährliche Hefte von 1980-1986

Dijkstra, E. W.: Programming Methodologies, Their Objectives and their Nature. In: Bates, D.: Structured Programming, Berkshire 1976, 203-206

Diskussionsergebnis der Tagung "Computerkriminalität" des "Kuratoriums Sicheres Österreich" am 29. Mai 1984 in Linz

Domsch, M. und Krüger, M.: Ausbildung, Arbeitsmarkt und Einsatz von Informatikern - Eine empirische Arbeitsmarktstudie. In: DBW 42/1982, 583-592

Döringer, H.: Zur Flexibilität integrierter Informationssysteme, Probleme und Lösungsansätze. In: ZfO 6/76, 311-319

Dorricott, K. D.: Appraising Computer Assisted Audit Techniques. In: CA-magazine. August 1975, 24-29

Douglas, A. S.: The U.K. privacy white paper 1975. In: NCC 1976, 33-38

Dworatschek, S. und Höcker, H.: Möglichkeiten einer Bewertung software-technologischer Methoden. In: Angewandte Informatik 5/85, 183-190

Eberle, H.: Planung und Realisierung technik-gestützter Informations- und Kommunikationssysteme

Egger A.: Betriebswirtschaftliche Grundlagen des Revisions- und Berichtswesens, Arbeitsunterlage Kammer der Wirtschaftstreuhänder (Hrsg.)

Eichhorn, P. und Schreier, K.: Neue Informationstechnologien und Wettbewerbsfähigkeit der Unternehmen. In: ZfB 53. Jg. (1983), H. 7, 668-678

Eisele, R.: AIDA-Home Banking über Bildschirmtext, Zugangs- und Transaktionssicherung. In: DuD 3/84, 192-196

Emmerich, W.: EPSOS-D, ein Werkzeug zur Messung der Qualität von Software-Systemen, Vortrag gehalten am 9.Jänner 1986 an der Johannes Kepler Universität Linz

Ergebnisse der 5. Saarbrückner Arbeitstagung Rechnungswesen und EDV. In: Kilger, W. und Scheer, A. W. (Hrsg.): Rechnungswesen und EDV. Würzburg/Wien 1984

Esser, W. M.: Technologiefolgen - Abschätzung und Unternehmensplanung. In: Bratschitsch, R. und Schnellinger, W. (Hrsg.): Unternehmenskrisen - Ursachen, Frühwarnung, Bewältigung. Stuttgart 1981, 85-121

Eversheim, W. und Schäfer, F. W.: Planung und Flexibilitätsbedarf von Industrieunternehmen. In: Die Betriebswirtschaft 1980, 229ff

FAMA-Stellungnahme 1/1974 Prüfung von EDV-Buchführungen. In: WPg 1974, 83 ff, WPg 1977, 433 und WPg 979, 16ff

FAMA-Stellungnahme 1/1975. Zur Auslegung der Grundsätze ordnungsmäßiger Buchführung beim Einsatz von EDV-Anlagen im Rechnungswesen. In: WPg 1975, 555ff

Fachgutachten Nr. 58 und Nr. 62 der Kammer der Wirtschaftstreuhänder.

Fernandez, E. B., Summers, R. C. und Wood, C.: Database Security and Integrity. Reading/Massachusetts u.a. 1981

Fragebogen zur Prüfung des Kontrollsystems bei Einsatz von EDV-Anlagen im Rechnungswesen (FAMA 1/74). In: WPg, Heft 3/1974, 87-91

Freyer, M. O.: Risk Assessment of Computer Controlled Systems. In: IEEE Transactions on Software Engineering, Vol.SE-11.NO, 1.January 1985, 125-129

Gehard, K.: EDV in der Gesellschaft; Fortschritt oder wachsende Abhängigkeit. In: Online 15 (1977), 58ff

Gerberich, C. W.: Aufbau eines Kosten- und Leistungsrechnungssystems als Basis eines EDV-Controlling. In: Das Rechenzentrum Heft 3/1984, 162-170

Gibson, C. F. und Nolan, R. L.: Managing the four stages of EDP-Growth. In: Harvard Business Review, Vol.52 (1974), No.1, 76-88

Glöckl, J.: Hypothese. In: Braun, E. und Radermacher, H.: Wissenschaftstheoretisches Lexikon. Graz/Wien/Köln 1978

Goti, G.: Wie die Unternehmungen den Arbeitsplatzrechner sehen; Ergebnisse einer Umfrage im Großraum Zürich. In: Klopcic, H. G. u.a. (Hrsg.): Arbeitsplatzrechner in der Unternehmung. Berichte des German Chapter of the ACM 23. Stuttgart 1985, 9-20

Götzen, G. und Kirsch, W.: Problemfelder und Entwicklungstendenzen der Planungspraxis. In: ZfbF, 31(1979), 162-194

Griese, J. und Mertens, P.: Industrielle Datenverarbeitung Bd. 2, Planungs- und Informations- und Kommunikationssysteme. Wiesbaden 1975

Griese, J.: Arbeitsunterlage zum Workshop, Strategische Informationssystemplanung, gehalten im Rahmen des IPO am 13.11.1985 in Steyr

Griese, J.: Software-Ergonomie. In: Angewandte Informatik 4/82, 230-235

Grochla, E., Albers, F. und Rüschenbaum, F.: Einsatz von Kleincomputern in Klein- und Mittelbetrieben. Ein datenschutzrechtliches und datensicherungstechnisches Problem. Ergebnisse einer empirischen Untersuchung. In: DuD 3/83, 186-191

Grochla, E.: Betriebliche Konsequenzen der informationstechnologischen Entwicklung. In: Angewandte Informatik 2/82, 62-71

Grochla, E.: Erkenntnisstand und Entwicklungstendenzen der Organisationstheorie. In: ZfB, 39. Jhg. (1969), 1-22

Guide to VAX/VMS System Security July 1985. Order Number AA-Y510A-TE, AA-Y510A-T1

Hahn, D.: Hat sich das Konzept des Controllers in Unternehmungen der deutschen Industrie bewährt? In: BFuP 30 (1978), 101-128

Hanisch, H.: Jahresabschlußprüfung bei Datenbanksystemen. Frankfurt u.a. 1986

Hasenbeck, M.: MAN-Bombe läßt DV-Sicherheitsleute aufhorchen. In: Computerwoche 1983/40, 1 und 5

Hauschildt, J.: Zielbildung - ein heuristischer Prozeß. In: ZfB 46.Jg. 4/5 1976, 327-340

Heilmann, H.: Modelle und Methoden der Benutzermitwirkung in Mensch-Computer-Systemen, 10.Jahrbuch der EDV (1981). Stuttgart/ Wiesbaden 1981

Heinen, E.: Grundlagen betriebswirtschaftlicher Entscheidungen. Wiesbaden 1976

Heinen, E.: Kostenlehre, 156ff, zit. bei: Heinen, E.: Grundlagen betriebswirtschaftlicher Entscheidungen. Wiesbaden 1976, 86

Heinrich, L. J.: Zum wissenschaftlichen Standort einer Betriebs- und Verwaltungsinformatik. In: Angewandte Informatik 1975, Nr. 7, 265ff

Heinrich, L. J.: Zur Arbeitsteilung zwischen Betriebswirtschaftslehre und Betriebsinformatik - zugleich eine Stellungnahme zu A. W. Scheer`s Beitrag "EDV-orientierte Betriebswirtschaftslehre. In: ZfB 56.Jhg. (1986), H. 9, 895-901

Heinrich, L. J.: Zur Diagnose und Optimierung von Informations- und Kommunikationssystemen. In: Heilmann, H. (Hrsg.), 4. Jahrbuch der EDV (1975). Stuttgart/Wiesbaden 1975, 15-33

Heinrich, L. J. und Roithmayr F.: Die Bestimmung des optimalen Distribuierungsgrades - Entscheidungsmodell und Fallstudie. In: HMD 121/1985, 29-45

Heinrich, L. J. (Hrsg.): Computerleistung am Arbeitsplatz. München/Wien 1978

Heinrich, L. J. und Burgholzer, P.: Informationsmanagement. München/Wien 1987

Heinrich, L. J. und Burgholzer, P.: Systemplanung Bd. 1. 2. A. München/Wien 1986

Heinrich, L. J. und Burgholzer, P.: Systemplanung Bd. 2. 2. A. München/Wien 1986

Heinrich, L. J. und Roithmayr, F.: Wirtschaftsinformatik-Lexikon. 2. A. München/Wien 1987

Heinrich, L. J.: Wirtschaftsinformatik als Wissenschaft; Entwicklung, Stand und Perspektiven, in: Heinrich, L. J. und Lüder, K. (Hrsg.): Angewandte Betriebswirtschaftslehre und Unternehmensführung, Festschrift zum 65. Geburtstag von Hans Blohm. Herne/Berlin 1985, 35-39

Heiting, W., Michael, K., Reusch, G., Scharwey, H. H. und Stanczyk, J.: Dokumentation von EDV-Verfahren. In: DuD 3/83, 197-202

Herrmann, O.: Analyse der Einflußfaktoren auf die Kosten von Softwareentwicklungen. In: Angewandte Informatik, 4/83, 139-148

Hesse, W.: Methoden und Werkzeuge zur Softwareentwicklung - Ein Marsch durch die Technologielandschaft. In: Informatik-Spektrum 4/1981, 229-245

Highland, E. H. und Highland, H. J.: A Guide to NBS Computer Security Literature. In: DuD, 1/85, 30-38.

Hinterhuber, H. H.: Strategische Unternehmensführung. Berlin u.a. 1984

Hirschmann, R.G.: Größere Flexibilität als Konzept eines mittelständischen Unternehmens. In: Zfbf 37(1985), 144-153

Höcker, H. J.: Die Bewertung von Software-Entwurfsmethoden. Schriftenreihe des Fachbereichs Wirtschaft der Hochschule Bremen Bd. 27. Bremen 1984

Hoffman, L. J., Michelman, E. J. und Clements, D.: Securate - Security evaluation and analysis using fuzzy metrics. In: NCC 1978, 531-540

Hofmeister, R. und Stiegler H.: Controlling. Linz 1986

Höhn, S.: Unternehmensplanung und Konzernsteuerung als Probleme des Informationsmanagements - dargestellt im Rahmen der Strategie des Volkswagenwerkes. In: Krallmann, H.(Hrsg.), Unternehmensplanung und -steuerung in den 80-er Jahren. Berlin 1982, 1-30

Holm, K. (Hrsg.): Die Befragung 1. München 1975

Holm, K. (Hrsg.): Die Befragung 2. München 1975

Horvàth, P.: Aufgaben und Möglichkeiten des Controlling in Klein- und Mittelbetrieben. In: Krallmann H.(Hrsg.), Unternehmensplanung und -steuerung in den 80-er Jahren. Hamburg 1981, 360-379

Horvàth, P.: Controlling in der "organisierten Anarchie". In: ZfB 52.Jhg (1982), 250-260

Horvàth, P.: Controlling. München 1979

Horvàth, P.: Planungsrechnung und Controlling. In: ZfB 55.Jg. (1985), H.8, 865-867

Hübner, H.: Informationsmanagement, Strategie-Gestaltung-Instrumente. Wien/München 1984

IBM (Hrsg.): Problem and Change Management in Data Processing. IBM Form Nr. GE 19-5201-0

Itzfeldt, W. D.: Beschreibungssystematik für Maße der Software-Qualität. In: Angewandte Informatik, 7/83, 273-281

Itzfeldt, W. D.: Methodische Anforderungen an Software-Kennzahlen, Angewandte Informatik, Heft 2/1983, 55-61

Jackson, J. H.: The Comptroller: His Functions and Organization. 2. Printing. Cambridge, Mass. 1949, zit. bei Horvàth, P.: Controlling. München 1979

KMG Computer Newsletter von Practice Development Unit. KMG Executive Office P.O.Box 7259 1007 JG Amsterdam Netherlands

KMG Computer Newsletter, September 1985

KMG Computer Newsletter, March 1985

KMG Computer Newsletter, June 1985

Kammer der Wirtschaftstreuhänder (Hrsg.): Fachgutachten Nr. 58. Die Ordnungsmäßigkeit der Buchhaltung beim Einsatz von Datenverarbeitungsanlagen - Fachsenat für Betriebswirtschaft und Organisation

Kargl, J.: Die Mitwirkung des Benutzers bei Planung und Betrieb von Anwendungssystemen der EDV. In: ZFO, 2/78, 74-82

Kato, I.: State and trend of the art of robotics seen from a japanese point of view. In: Österreichische Gesellschaft für Informatik (Hrsg.). Die Industrieroboter Bd. 1. Linz 1982, 348-360

Kaufman, D. und Auerbach, K.: A secure, national system for electronic funds transfer

Kaufmann, D. J.: A centralized approach to computer network security. In: NCC 1976, 85-90

Keith, O. and Dorricott, B.: Appraising computer assisted audit techniques. In: CA magazine. August 1975, 25-29

Kieser, A. und Kubicek, H.: Organisation. Berlin/New-York 1977

Kilger, W. und Scheer, W. A. (Hrsg): Plankosten- und Deckungsbeitragsrechnung in der Praxis, Saarbrücker Arbeitstagung. Würzburg/ Wien 1980

Kirsch, W. und Kieser, H. P.: Perspektiven der Benutzeradäquanz von Management-Informations-Systemen. In: ZfB 44. Jhg. 6/1974, 383-402

Kirsch, W.: Einführung in die Theorie der Entscheidungsprozesse, Bd. I. Wiesbaden 1977

Kirsch, W.: Entscheidungsprozesse. Wiesbaden 1970/71

Klopcic, H. G., Marty, R. und Rothauser, E. H., (Hrsg.): Arbeitsplatzrechner in der Unternehmung. Stuttgart 1985

Knoblich, H. und Beßler, H.: Informationsbetriebe. In: DBW 45/1985, 558-575

Knop, J. und Haverkamp: Aspekte des Datenschutzes und der Datensicherung bei der Einführung der automatisierten Datenverarbeitung. In: DuD 1/83, 24-32

Knop, W. und Kaarst: Eine Prüfungsstrategie zur Prüfung des Internen Kontrollsystems (IKS) einer Unternehmung durch den Abschlußprüfer (Teil II). In: WPg, Heft 13/1984, 348-355

Knop, W.: Die Prüfung des Internen Kontrollsystems (IKS) als Basis zur Planung ergebnisorientierter Prüfungshandlungen. In: WPg, Heft 14/1983, 413-419

Kolf, F.: Gegenwärtige Probleme und zukünftige Strategien bei der Entwicklung von Management-Informations-Systemen. In: Angewandte Informatik 4/77, 147-154

König, W. und Niederreichholz, J.: Der Fortschritt der Informationstechnik und seine Auswirkungen auf Managementtechniken. In: ZfB 56. Jg. (1986), Heft 1, 4-23

Koreimann, D. S.: Zum Einsatz des change Management. In: ZfO 2/78, 84-92;

Kostenstellenrechnung M11 von Plaut. Plaut Software AG, Villa Wellingtonia, CH-6918 Figino

Köstle, P.: Kenngrößen des Rechenzentrum-Betriebs. In: Das Rechenzentrum Heft 3/1979, 164-177

Kraschnitz, L.: Bemerkungen zur Risikoanalyse aus theoretischer Sicht. In: ZfB 7/80, 800-808

Kraus, H.: Neue Informationstechnologien als Chance und Herausforderung für die öffentliche Verwaltung. In: Traumüller, R., Fiedler, H., Grimmer, K. und Reinermann, H. (Hrsg.): Neue Informationstechnologien und Verwaltung. Berlin et al. 1984, 15-27

Kraus/Nagel, Journal UEC 1977, 128

Kretzschmar, M. und Mertens, P., Verfahren zur Vorbereitung der Zentralisierungs-/Dezentralisierungsentscheidung in der betrieblichen Datenverarbeitung. In: Informatik-Spektrum 5/1982, 237-251

Lange, P.: Die Sicherheit von Codes steht auf dem Spiel. In: CW, 2. August 1985, 22

Liessmann, K.: Controlling im Datenverarbeitungsbereich. In: Mayer, E., u.a. (Hrsg.): Entwicklungen und Erfahrungen aus der Praxis des Controlling (II). Köln 1982, 345-388

Lindemann, V.: DV-Katastrophen: Bankrott nach nur fünf Tagen. In: CW, Jhg. 1984/18, 1f

Link, J.: Die methodologischen, informationswirtschaftlichen und führungspolitischen Aspekte des Controlling. In: ZfB 52. Jhg (1982), 261-280

Löhner, B.: Erfahrungen bei der Realisierung technologieunterstützter Informationsprozesse. In ZfO Heft 5-6/1984, 307-314

Lorenz, G.: Größere Flexibilität durch Innovation. In: Zfbf 37 (1985), 138-143

Lück, W. und Schönbrunn, N.: Wirtschaftsprüfung und Treuhandwesen, Ergebnisse einer empirischen Untersuchung zur Studiengestaltung. In: DBW 44/1984, 411-426

Lundberg, B.: On correctness of information models. In: Information-Systems, Vol.8. No.2, 87-93, 1983

Lüscher, F. und Rüegg, P.: Der organisatorische Einsatz von Personal Computern in der "Zuerich"-Versicherung. In: Klopcic, H. G. u.a. (Hrsg.): Arbeitsplatzrechner in der Unternehmung. Berichte des German Chapter of the ACM 23. Stuttgart 1985, 137-153

Main Hurdman & Cranstoun, General Control Questionnaire for EDP Systems Form/AV 503 8/80

Martin, J.: Security, Accuracy and Privacy in Computer Systems. New Jersey 1973

Marx, G.: Probleme der Informationstechnik. In: Angewandte Informatik, 4/81, 140-143

Mayntz, R., Holm, K. und Hübner, P.: Einführung in die Methoden der empirischen Soziologie. Opladen 1972

Meffert, H.: Größere Flexibilität als Unternehmenskonzept. In: ZfbF 37 (2/1985), 121-137

Meffert, H.: Unternehmensführung und neue Informationstechnologien. In: DBW 44/1984, 461-465

Mertens, P.: Industrielle Datenverarbeitung. Wiesbaden 1969

Mertens, P.: Aufbauorganisation der Datenverarbeitung, Zentralisierung-Dezentralisierung-Informationszentrum. Wiesbaden 1985

Mertens, P.: Die zwischenbetriebliche Integration und Kooperation bei der automatischen Datenverarbeitung. Meisenheim 1966

Mertens, P. und Griese, J.: Industrielle Datenverarbeitung Bd. 2. Informations- und Planungssysteme. Wiesbaden 1972.

Mertens, P. und Puhl, W.: Computergestütztes Rechnungswesen als Planungshilfe. In: Krallmann, H. (Hrsg.): Unternehmensplanung und -steuerung in den 80iger Jahren. Berlin u. a. 1982, 144

Mertens, P., Anselstetter, R., Eckardt, T. und Nickel, R.: Betriebswirtschaftliche Nutzeffekte und Schäden der EDV-Ergebnisse des NSI-Projektes. In: ZfB 52.Jg (1982), 135-154

Mertens, P., Anselstetter,R. und Eckhardt, T.: Wirkungen von DV-Anwendungen. In: IBM-Nachrichten 31 (1981), Heft 256, 33-37

Mertens, P., Hansen, K. und Rackelmann, G.: Selektionsentscheidungen im Rechnungswsen - Überlegungen zu computergestützten Kosteninformationssystemen. In: DBW 37.Jg. 1977, 77-88

Mertens, P.: Industrielle Datenverarbeitung, Bd.1. Wiesbaden 1973

Meyer, C.W. und Hansen, H. R. u.a.: Vertriebsinformatik. Berlin/ New York 1973

Minz, G.: Ansätze einer Prüfungstheorie für computergestützte Buchführungssysteme (Teil I). In: WPg, Heft 18/1983, 521-526

Morris, Ch. W.: Grundlagen der Zeichentheorie, Ästhetik. Zitiert bei Amler, R.W.: Analyse und Gestaltung strategischer Informations- und Kommunikationssysteme der Unternehmung. Göttingen 1983

Morris, Ch. W.: Zeichen, Sprache und Verhalten. Düsseldorf 1983

Müller-Merbach, H.: Betriebsinformatik am Ende? In: ZfB 51. Jhg. (1981), 274-282

Mumford, E. und Welter, G.: Benutzerbeteiligung bei der Entwicklung von Computersystemen. Berlin 1984

Mumford, E. und Welter, G.: Benutzerbeteiligung bei der Entwicklung von Computersystemen. Berlin 1984

Nagel, K. und Zimmermann, S.: Ordnungsmäßigkeit der Speicherbuchführung. In: IBM-Nachrichten, 27. Jg (1977), Heft 193-198

Nielsen, N. R., Ruder, B. und Brandin, D. H.: Effective safeguards for computer system integrity. In: NCC 1976, 75-84

Nilgens, M.: Vorkehrungen für den Katastrophenfall (Datensicherung). In: IBM (Hrsg.), Datenverarbeitung und Textverarbeitung in Technik, Wirtschaft und Gesellschaft. Stuttgart 1980, 87

Nolan, R. L.: Managing the Computer Resource: A Stage Hypothesis. In: Communications of the ACM, Vol.16 (1973), No.1, 76-88

Österle, H.: Entwurf betrieblicher Informationssysteme. München/Wien 1981

Österle, H.: Ergebnisse einer methodischen Softwareentwicklung, Arbeitsbericht Nr. 11 des Lehrstuhls für Betriebsinformatik der Universität Dortmund. Dortmund 1980, 2

Pawlikowsky, G. J.: Punktuation von Grundsätzen der Datensicherung. In: DuD 2/85, 105-111

Pfeiffer, R. A., Amler, R., Schäffner, G. J. und Schneider, W.: Technologie-Portfolio-Methode des strategischen Innovationsmanagements. In: ZfO Heft 5-6/83, 252-261

Pfohl, H. C.: Planung und Kontrolle. Stuttgart u.a. 1981

Picot, A.: Zur Frage der Ableitung von empirisch überprüften Aussagen aus systemtheoretischen Ansätzen in der Organisationsforschung. In: Jehle (Hrsg.), Systemforschung in der Betriebswirtschaftslehre. Stuttgart 1975, 87-105

Posch, R., Haring, G., Gell, G. und Leonhardt, C.: Ein leistungsorientiertes Bewertungsverfahren zur Auswahl von Großrechnern. In: Angewandte Informatik, 2/79, 47-52

Ramamoorthy, C. V. und Ho, S. G.: Fault tree analysis of computer systems. In: NCC: 1977, 13-17

Randolph, R.: Pragmatische Theorie der Indikatoren. Grundlagen einer methodischen Neuorientierung. Göttingen 1979

Reber, G.: Wie rational verhält sich der Mensch im Betrieb? Ein Plädoyer für eine verhaltenswissenschaftliche Betriebswirtschaftslehre. Wien/New York 1975

Reichmann, T.: Controlling mit Kennzahlen. München 1985

Reinermann, H.: Controlling in mittleren und kleineren Kommunalverwaltungen. In: DBW 44/1984, 85-97

Reinsch, K. G. und Schäfer, L.: Abrechnung von Rechenzentrums-Dienstleistungen. In: Das Rechenzentrum 2/1978, 101-105

Revision der elektronischen Datenverarbeitung, Kommentierte Prüfungsfragen für die Revisionspraxis, Deutsches Institut für Interne Revision (Hrsg.). Berlin 1982

Riebel, P. und Sinzig, W.: Zur Realisierung der Einzelkosten- und Deckungsbeitragsrechnung mit einer relationalen Datenbank. In: Zfbf 33 (6/1981), 457-489

Riebel, P.: Zum Konzept einer zweckneutralen Grundrechnung. In: Zfbf 31 (1979), 785-798

Rieke, F.: EDV-Schwachstellenanalyse - Wirksames und wirtschaftliches Instrument des Controlling. In: CW-CSE (Hrsg.): EDV-Revision & Controlling. München 1984, 55-104

Rihaczek, K.: Fälschungssichere elektronische Orderpapiere. In: DuD 3/84, 197-204

Risak, J.: Die Gestaltung der mündlichen Kommunikation als Prüfungsobjekt und Prüfungsinstrument. In: WPg, Heft 19/1975, 524-529

Rockart et al.: Centralization vs Decentralization of Information Systems. A Preliminary Model for Decision Making M.I.T. Working Paper, April 1977

Roithmayr, F.: Schwachstellenanalyse in der Informationsverarbeitung - Fallstudie, Ergebnisse - Thesen. In: DuD, 208-212

Roithmayr, F.: Sicherheit in der Informationsverarbeitung. In: Universitätsnachrichten, Zeitschrift der Johannes Kepler Universität Linz, Juli/August 1984, 1f

Roithmayr, F.: Thesen zur Revision und Kontrolle von Informations- und Kommunikationssystemen. In: Schulz, A. (Hrsg.): Die Zukunft der Informationssysteme, Lehren der 80-er Jahre. Berlin u.a. 1986, 352-362

Rosenberg, J. M.: Human and organizational implications of computer privacy. In: NCC 1976, 39-43

Ruder B., u.a.: Systems Auditability & Control Study, data processing audit practices report. Altamonte Springs (Florida), October 1983

Ruhl, U.: Wirtschaftlichkeit von Rechnerverbund - Kriterien und Methoden zur Beurteilung von Verbundsystemen. In: Angewandte Informatik, 11/80, 452-461

Russel, H. S., et al.: Systems Auditability & Control practices report, Altamonte Springs (Florida) October 1983

SIR/DBMS 2.1.2., IBM VM/CMS Machine Dependencies, DBMS-MAN-00015, 01.Nov.83

SIR/DBMS Introductory Course, Workbook, DBMS-CRS-00008, 00.Dec.82

SIR/FORMS, Operators Guide, Forms-Prim-00062, 15.Dec.83

Salasin, J.: A control systems model of privacy. In: NCC 1976, 45-51

Schanz, G.: Traditionelle Wissenschaftspraxis und systemtheoretisch-kybernetische Ansätze. In Jehle, E.(Hrsg.), Systemforschung in der Betriebswirtschaftslehre. Stuttgart 1975, 1-22

Schauer, R.: Handlungsmaßstäbe der Verwaltung. In: Wenger, K., Brünner, C., und Oberndorfer, P. (Hrsg.): Grundriß der Verwaltungslehre, Wien/Köln 1983, 313-326

Scheer, A. W.: Die Stellung der Betriebsinformatik in Forschung und Lehre. In ZfB 11-12/80, 1279-1283

Scheer, A. W.: Einsatz von Datenbanksystemen im Rechnungswesen - Überblick und Entscheidungstendenzen. In: Zfbf 33 (6/1981), 490-507

Scheer, A. W.: Personal Computing - EDV. Einsatz in Fachabteilungen. In: DBW 44/1984, 25-49

Scheer, A.W.: Revision und Controlling im informationstechnischen Wandel. In: EDV-Controlling, Wirtschaftlichkeit und Sicherheit in der Informationsverarbeitung, CW-CSE (Hrsg.). München 1983

Schiebel, W.: Corporate Language. In: ZfO, Heft 7/81, 397-402

Schmitz, P., Bons H. und Megen van R.: Software-Qualitätssicherung - Testen im Software-Lebenszyklus. Braunschweig 1982

Schmitz, P.: Die Nutzung des ADV-Leistungspotentials in der Unternehmung - Ergebnisse einer Expertenbefragung. In: Angewandte Informatik 5/81, 185-190

Schraft, R. D.: Industrieroboter - Stand der Technik, neue Einsatzfelder, Grenzen der Automatisierung. In: Österreichische Gesellschaft für Informatik (Hrsg.): Die Industrieroboter. Linz 1982, 9-33

Schulz, A.: Software-Entwurfsmethoden: Ein Vergleich des LITOS-Verfahrens mit der Jackson-Methode. Stellungnahme zu einer Leserzuschrift. In: Angewandte Informatik 3/80, 96-100

Schuppenhauer, R.: Grundsätze und Methoden der EDV-Prüfung. Düsseldorf 1983

SEAS (Hrsg.): Expert Systems, Proceedings Spring Meeting 1986, Vol.1 und Vol.2. Heidelberg 1986

Seibt D.: Controlling des Lebenszyklus von DV-Anwendungssystemen. In: EDV-Controlling. CW-CSE (Hrsg.): München 1983, 232-257

Seibt, D.: Konsequenzen der informationstechnologischen Entwicklung für das EDV-Controlling

Seibt, D.: Methoden, Verfahren und Systeme zur Untersützung des DV-Controlling

Serfling, K.: Controlling. München 1983

Sethna, R.: A Blueprint for generalized computer audit systems. In: CA magazine. August 1976.

Sieben, G. und Hunger, J.R.: Der akademische Berufsnachwuchs und die Anforderungen an die Wirtschaftsprüfer - Ergebnisse einer Umfrage. In: WPg, 32.Jhg.(1974), 221-234

Simons, W.: Technologieunterstützte Informationsprozesse - ein Praxisbeispiel aus der Versicherungswirtschaft. In: ZfO, Heft 5-6/1984, 315-316

Sparberg, L. W. F.: Neue Technologien - Wandel in der Bildung. In: IBM-Nachrichten 34 (1984), Heft 271, 15-20

Srinivas, S.: Error recovery in robots through failure reason analysis. In: NCC 1978, 275-282

Stahlknecht, P.: Betriebsinformatik - Wissenschaft oder Streit um Begriffe. In: ZfB 11-12/80, 1274-1278

Stegmüller, W.: Hypothese. In: Speck, J. (Hrsg.): Handbuch wissenschaftstheoretischer Begriffe. Bd. 2. Göttingen 1980, 284-287

Storn, H.: Die Prüfung programmierter Verfahren. In: WPg 4/1983, 105-114

Strebel, H.: Zielsystem und Zielforschung. In: DBW 41/1981, 457-475

Supplement der CW Nr. 11/14.3.1986, 4

Sydow, J., Hatthe, W. und Staehle, W.H.: Situative Analyse der Bildschirmarbeit, ein empirischer Test der Thesen der Gesellschaft für Organisation. In: ZfO, Heft 4/81, 215-223

Szyperski, N.: Strategisches Informationsmanagement im technologischen Wandel. Fragen zur Planung und Implementation von Informations- und Kommunikationssystemen. In: Angewandte Informatik 4/80, 141-148

Thomas, H.: Measurement structures and statistics. In: Katz, S. und Johnson, N. L. (Hrsg).: Encyclopedia of statistical sciences, Vol. 5, New York et al. 1985, 381-386

Tschörtner, K. A.: Integration von Aufgabengebieten durch neue Informationstechnologien. In: ZfO, Heft 5-6/1984, 317-328

Ulrich, H.: Die Unternehmung als produktives soziales System - Grundlagen der allgemeinen Unternehmungslehre. Bern/Stuttgart 1970

Vodrazka, K.: Prüfungswege unter besonderer Berücksichtigung der Systemprüfung, Arbeitsunterlage. Kammer der Wirtschaftstreuhänder, WT-Akademie (Hrsg.)

Voorhies, D. H.: The Function of Corporate Secretaries, Treasures and Comptroller, a survey of corporate practices conducted by the Department of Organization of the Standard Oil Company of California with the assistance of J. Hugh Jackson. San Franzisco 1944 (Standard Oil Company of California), zit. bei Horvàth, P.: Controlling. München 1979

Wägeli, H. P.: Arbeitsplatzrechner in der Unternehmung - Revisionsaspekte. In: Klopcic, H. G. et al. (Hrsg.): 154-171

Wallsten, T. S.: Measurement Theory. In: Katz, S. und Johnson, N. L. (Hrsg).: Encyclopedia of statistical sciences, Vol. 5. New York u.a. 1985, 387-389

Weber, M.: Wirtschaft und Gesellschaft. Grundriß der verstehenden Soziologie. Tübingen 1980

Wedekind, H.: Datenbanksysteme aus der Sicht der Wirtschaftsprüfung. In: WPg 13/1976, 354-361

Wedekind, H.: Datenorganisation. Berlin 1975

Wedekind, H.: Die Implementierung einer Sicherheitsmatrix. In: Angewandte Informatik 5/79, 191-197

Wedekind, H.: Was heißt und zu welchem Ende studiert man Betriebsinformatik. In ZfB 11-12/80, 1268-1273

Werner, A.: Ein pragmatischer Ansatz zur Beurteilung der Qualität von Softwareprodukten. In: Angewandte Informatik, 6/83, 242-251

Weston, J. F.: The Finance Function. In: The Journal of Finance Vol. XI(1954) No. 3. 265-282, zit. bei Horvàth, P.: Controlling. München 1979

Westphal, H.: Möglichkeiten und Grenzen der in der betrieblichen Praxis eingestzten Planungsverfahren. In: Krallmann, H. (Hrsg.): Unternehmensplanung und -steuerung in den 80er Jahren. Berlin 1982, 50

Wiedmann, H.: Richtlinien zur Kontrolle der Sicherheit betrieblicher Informationsverarbeitungssysteme bei zunehmendem Einsatz von Personal Computern im Fachbereich. In: CW-CSE (Hrsg.): EDV-Revision & Controlling. München 1984, 105-145

Will, H. J.: Audit Command Langue - eine Prüfungssprache für computergestützte Prüfungshandlungen (Teil I). In: Die Wirtschaftsprüfung, Heft 23/1974, 625-631

Will, H. J.: Audit Command Langue - eine Prüfungssprache für computergestützte Prüfungshandlungen (Teil II). In: Die Wirtschaftsprüfung, Heft 24/1974, 654-661

Will, H. J.: Computer-based auditing. In: Canadien Accountant. February 1972, 29-35

Will, H. J.: Gestaltungsgrundsätze ordnungsmäßig wirkender Informationssysteme. In: DuD 3/81, 158f

Will, H. J.: Grundsätze ordnungsmäßig wirkender Informationssysteme. In: Der GMD-Spiegel 2/81, 20-32

Will, H. J.: Prüf- und Controlling-Software - Entwicklungstendenzen und künftige Einsatzmöglichkeiten. In: CW-CSE (Hrsg.), EDV-Controlling. München 1983, 259-280

Will, H.: Prüf- und Controlling-Software - Entwicklungstendenzen und künftige Einsatzmöglichkeiten. In: CW-CSE (Hrsg.): EDV-Controlling. München 1983, 259-280

Will, H.J.: Computer based auditing, Part. I;

Will, H. J.: Computer based auditing, Part. II. In: Canadian Chartered Accountant, March 1972, 33-35

Witte, E.: Compunication als Organisationsproblem. In ZfO Heft 5-6/1984, 291-294

Witte, E.: Das Informationsverhalten in Entscheidungsprozessen. Tübingen 1972

Witte, E.: Organisatorische Wirkungen neuer Kommunikationssysteme. Eine Problemanalyse. In: ZfO, 7/77, 361-367

Wong, K.: Computer Crime in the UK Are You Vulnerable?. In: DuD 1/84, 34-36; Wong, K.: Computer Crime - Risk Management and Computer Security. In: DuD 4/83, 256-259

Wong, K.: Computer Crime-Risk Management and Computer Security. In: DuD 4/83, 256-259

Wood, H. M.: The use of passwords for controlling access to remote computer systems and services. In: NCC 1977, 27-33

Zangemeister, C.: Nutzwertanalyse in der Systemtechnik. München 1970

Ziegenbein, K.: Controlling. Ludwigshafen 1984

Zimmermann, G.: Customizing von Anwendersoftware. In: Angewandte Informatik 3/83, 114-119

Zimmermann, J. S.: Is your computer insecure. In: Datamation, May 15, 1985, 119-128

Zuberbühler, H.: Elektronische Datenverarbeitung in der Industrie - Ergebnisse einer empirischen Untersuchung. Bern/ Stuttgart 1972

o. A.: Bedarf an EDV-Revisoren ist nach wie vor groß. In: CW, 29. Juni 1984, 29

o. A.: "BTX-Pilotprojekt" - Interner Forschungsbericht des EDV-Zentrums der Universität Linz

o. A.: Computer Viren. In: KES 3/85, S.77-86

o. A.: DuD Checklist. In: DuD 2/81, 3/81, 4/81

o. A.: Erster offizieller Streik in deutschen Rechenzentren. In: Online 17 (1979), 637

o. A.: Manage the impact of systems on people. In: EDP-Analyzer, May 1985 Vol.23, No. 5, 1-14

o. A.: Revision der elektronischen Datenverarbeitung. Checklist. In: DuD 2/81, 3/81, 4/81

o. A.: Schuld daran war nur der Computer, Online 11 (1973), 92

o. A.: Six top information systems issues. In: EDP-Analyzer January 1985, Vol. 23, No. 1

o. A.: Speeding up application development. In: EDP-Analyzer, April 1985, Vol. 23, No. 4

Oldenbourg · Wirtschafts- und Sozialwissenschaften · Steuer · Recht

www.ingramcontent.com/pod-product-compliance
Lightning Source LLC
LaVergne TN
LVHW042237300926
849161LV00003B/377